都市・地域・環境概論

―持続可能な社会の創造に向けて―

大貝　彰
宮田　譲
青木伸一
［編著］

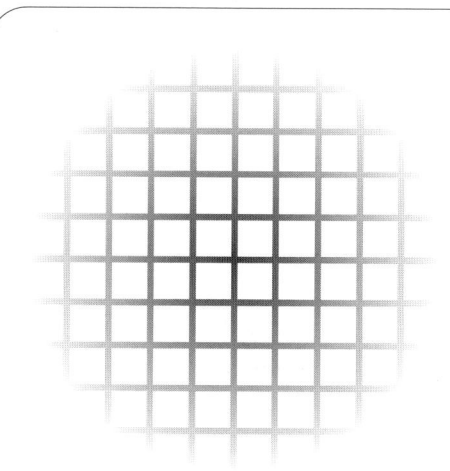

朝倉書店

執筆者一覧（50音順）

★1〜4,15	青木 伸一（あおき しんいち）	大阪大学 大学院工学研究科 地球総合工学専攻
	浅野 純一郎（あさの じゅんいちろう）	豊橋技術科学大学 大学院工学研究科 建築・都市システム学系
	井上 隆信（いのうえ たかのぶ）	豊橋技術科学大学 大学院工学研究科 建築・都市システム学系
	岩崎 正弥（いわさき まさや）	愛知大学地域政策学部
	姥浦 道生（うばうら みちお）	東北大学大学院工学研究科都市・建築学専攻
★10〜14,17	大貝 彰（おおがい あきら）	豊橋技術科学大学 大学院工学研究科 建築・都市システム学系
	太田 貴大（おおた たかひろ）	名古屋大学大学院工学研究科博士課程（後期課程）
	片山 健介（かたやま けんすけ）	東京大学大学院工学系研究科都市工学専攻
	加藤 茂（かとう しげる）	豊橋技術科学大学 大学院工学研究科 建築・都市システム学系
	鐘ヶ江 秀彦（かねがえ ひでひこ）	立命館大学政策科学部
	北田 敏廣（きた としひろ）	岐阜工業高等専門学校
	黍嶋 久好（きびしま ひさよし）	愛知大学地域政策学部地域政策学センター
	蔵治 光一郎（くらじ こういちろう）	東京大学大学院農学生命科学研究科附属演習林生態水文学研究所
	後藤 尚弘（ごとう なおひろ）	豊橋技術科学大学 大学院工学研究科 環境生命工学系
	渋澤 博幸（しぶさわ ひろゆき）	豊橋技術科学大学 大学院工学研究科 建築・都市システム学系
	志摩 憲寿（しま のりひさ）	東京大学大学院工学系研究科都市持続再生研究センター
	鈴木 輝明（すずき てるあき）	名城大学大学院総合学術研究科
	鷲見 哲也（すみ てつや）	大同大学工学部建築学科土木・環境専攻
	谷 武（たに たける）	豊橋技術科学大学 大学院工学研究科 建築・都市システム学系
	戸田 敏行（とだ としゆき）	愛知大学地域政策学部
	林 希一郎（はやし きいちろう）	名古屋大学エコトピア科学研究所
	氷鉋 揚四郎（ひがの ようしろう）	筑波大学生命環境系
	廣畠 康裕（ひろばた やすひろ）	豊橋技術科学大学 大学院工学研究科 建築・都市システム学系
	藤原 孝男（ふじわら たかお）	豊橋技術科学大学 大学院工学研究科 建築・都市システム学系
	水野谷 剛（みずのや たけし）	筑波大学生命環境系
★5〜9,16	宮田 譲（みやた ゆずる）	豊橋技術科学大学 大学院工学研究科 建築・都市システム学系
	吉田 登（よしだ のぼる）	和歌山大学システム工学部環境システム学科

★は編著者．数字は担当章を表す．

本書のねらいと構成

　人口減少下の日本は，地球温暖化問題，低炭素社会の実現，広域巨大災害対応，生活サービス再編など極めて困難な課題に直面している．本書は，持続可能な都市・地域・環境の創造に向けて，多様な分野の課題，その方策のあるべき方向性，技術者が対処すべき課題など，これからの都市・地域プランナー，国土環境マネージャーに求められる最新の知識をわかりやすく平易に解説している．都市・地域・環境に関わる専門分野は極めて多様で幅広い．各分野の詳細な知識はそれぞれの専門書に譲ることとし，本書では，都市づくり・地域づくりに関わる技術者が念頭に置くべき事項に焦点を当てている．

　本書は，「I. 国土と環境管理——気圏，水圏，地圏」，「II. 環境持続性と地域活性化」，「III. 持続可能な都市・地域戦略と広域連携」，「IV. ケーススタディ」の4編，全17章からなる．すべての編と章を通して，人間活動の基本である生態環境系，生活系，経済系，ならびにそれらの相互関係を"広域性"と"総合性"をもって捉えることの必要性，またそれらが持続性をもって機能するための方策として"広域連携"の重要性を説いている．以下では，各編のねらいと章構成を解説する．

I. 国土と環境管理 —— 気圏，水圏，地圏

　国土を健全に保つことは，そこに生きる人間にとって最も基本的なことである．ここにいう国土とは，単に土地だけを意味するのでなく，それを取り巻く水や大気，様々な生物からなる生態系も含めた概念である．国土は常にダイナミックに変化しており，その健全性は国土を構成する様々な要素の微妙なバランスのうえに成り立っている．つまり国土を健全に維持することは，そのバランスが崩れないようにすることに他ならない．本書で取り扱う「環境管理」とは，「人間活動の影響が過大になり，国土の健全性が損なわれることがないように自らの行為を管理すること」とでも定義されるものである．本編では，そのような意味での環境管理を念頭に，国土を形成する3要素（気圏，地圏，水圏）に対応づけて，大気環境，土砂環境，および水環境の管理について詳述し，現状の問題点，将来の

方向性などについて解説している.

まず第1章では，大気を環境資源として管理することの重要性を示すとともに，大気汚染物質の種類やそれらの規制基準について解説している．放射性物質による被曝についても大気環境の面から言及している．第2章では，山，川，海における土砂問題とそれらの関連性について述べるとともに，流砂系での総合的な土砂管理の必要性を強調している．また土砂管理を行うための地形や土砂移動量のモニタリング技術などを詳しく解説している．第3章では，利水，治水を含む水環境の管理について，需要と供給，貯水，水利権などに関わる「量の管理」，「質の管理」のための環境基準や水質項目，および汚染物質の流出特性と負荷量の管理の必要性などについて詳述している．さらに，生態系保全のための「場の管理」の重要性についても述べている．第4章では，環境問題と管理主体のスケールの違いによる環境管理の構造的な問題について述べるとともに，管理主体が連携した環境管理を行うための1つの手段として，フロー型管理を提案している．

II. 環境持続性と地域活性化

2011年3月11日に起こった東日本大震災は，日本の価値観を変えるほどの大きなものであった．それまでの日本では，いかに地球温暖化ガスを減らし，持続的な経済成長を達成するかを課題としていた．しかしながら，東日本大震災からの復旧を優先するため，いましばらくは地球温暖化対策は優先順位を譲った政策課題に留まろう．一方，福島第一原子力発電所の悲惨な状況から，日本のエネルギー供給を原子力から再生可能エネルギーへ1日も早く切り替えていく姿勢がみられる．これは地球温暖化対策につながるものであり，「環境持続性と地域活性化」はいまだ重要な政策課題である．こうした問題意識のもと本編の各章では以下のような論点を提示している．

第5章では，広域幹線道路の経済効果と環境影響について述べている．特徴的な点は広域幹線道路整備により利便性が向上し，環境負荷も減るゾーンが存在することである．これは環境持続性と地域活性化を両立する好例である．第6章はバイオマスに焦点を当てている．地域の総エネルギー需要に対しバイオマスによるエネルギー供給は小さなものであるが，各地域が独立して持続的な発展を目指す好例を紹介している．第7章は，第5章とも関連するが，国としての環境持続性を交通面から論じたものである．読者は，伝統的な交通の役割に加え，EST（環境的に持続可能な交通）という新しい概念を学ぶことができる．続く第8章では，

大規模地震の防災復興投資について論じている．以上に述べた自然環境とはやや趣きを異にするが，大規模地震はもう1つの大きな環境変化である．この章では防災復興投資の考え方を紹介するとともに，地域活性化に向けた地域連携のあり方を示している．第9章では，中山間地域の発展にも寄与できるようなスマートコミュニティ事業を取り上げ，その投資分析をリアルオプションゲームの観点から論じている．

III. 持続可能な都市・地域戦略と広域連携

日本は，人口減少・少子高齢化という，かつて経験したことのない社会を迎え，都市・地域計画が取り扱うべき対象を拡大させている．気候変動に伴う新たな都市型災害や広域巨大地震，省資源・省エネルギー，低炭素社会，一方で地域の経済的自立と活性化など，単に都市や地域をどう創るかという従来型の都市・地域計画ではもはや対処できない領域を包含する必要性に迫られている．本編は，このような基本認識に立ち，カバーできる範囲は限られるが，これからの都市・地域計画に携わるプランナー・デザイナー・技術者が念頭に置くべき基礎知識をまとめたものである．

第10章は総論で，人口減少下の都市・地域計画の課題を包括的に解説し，都市と農村・中山間地域を一体とした持続可能な都市地域（シティリージョン）の形成に向けた広域空間計画の基本的な考え方を示している．第11章と第12章は，都市地域の課題を空間的に分けてみている．第11章は都市のコンパクト化と土地利用マネジメントに焦点をあて，集約型都市構造を目指すための郊外部の土地利用計画課題を取り上げている．一方，第12章は人口減少と少子高齢化の進行が著しい中山間地域の持続性の問題に焦点をあてている．中山間地域の存在意義を整理したうえで，集落の維持・活性化策について論じている．第13章は，広域の都市地域内で社会的サービス機能の提供を維持するための方策について論じている．第14章は，広域の都市地域計画の立案と実践に必要な空間戦略と空間ガバナンスについて解説している．

IV. ケーススタディ

第15～17章は，上記各編の理解を深める具体例として先進的な取組みを取り上げ，紹介している．第15章「国土環境と広域連携」では，森林，河川環境，内湾，そして山から海に至る流域の土砂管理の課題を取り上げている．第16章「環

境持続性と地域活性化」では，流域の環境総合評価，生物多様性と生態系サービス，炭素埋設農法を通じた地域開発事例，木質バイオマス利用による地域再生の試みを紹介している．第 17 章「都市・地域戦略と広域連携」では，都市郊外ないし縁辺部の土地利用誘導や中山間地域の移住・定住支援の取組み，日本の県境を跨ぐ地域や欧州の国境を跨ぐ地域の広域連携，さらには海外における空間計画と広域ガバナンスの事例を紹介している．

2013 年 1 月

編集担当　大貝　彰
　　　　　宮田　讓
　　　　　青木伸一

目　　次

I. 国土と環境管理 ── 気圏，水圏，地圏

1. **大気環境の管理** ……………………………………………（北田敏廣）…1
   1.1　大気質 ── 環境基準値　1
   1.2　経年変化　4
   1.3　狭域および広域の大気環境マネジメント　7
   1.4　大気環境からみた，県境を跨ぐ地域の持続的な
        森林生態系サービス体制への提言：三遠南信地区を例に　11

2. **流域圏での土砂の管理** ………………………………（青木伸一，加藤　茂）…13
   2.1　土砂管理の必要性　13
   2.2　土砂管理の技術的課題　17

3. **水環境と管理** …………………………………………………（井上隆信）…24
   3.1　量（水利用）の管理　24
   3.2　質の管理　26
   3.3　場の管理　31
   3.4　水環境管理の今後に向けて　31

4. **環境管理と広域連携** …………………………………………（青木伸一）…33
   4.1　環境管理の構造的問題　33
   4.2　連携管理の必要性　34
   4.3　フロー型管理による連携管理の実現　36

II. 環境持続性と地域活性化

5. 広域幹線道路と環境持続性 ……………………………………（宮田　譲）… 38
   5.1 対象地域のゾーニングと対象ネットワーク設定　38
   5.2 経済波及効果計測モデルの構築　39
   5.3 幹線道路整備による経済効果の計測　41
   5.4 環境負荷の計測　43
   5.5 今後に向けて　46

6. バイオマスと地域活性化 ………………………………………（後藤尚弘）… 48
   6.1 バイオマスと技術　49
   6.2 バイオマス事業事例　52
   6.3 バイオマス事業の評価手法　53
   6.4 バイオマスを用いた地域活性化　55
   6.5 バイオマスによる地域活性化を目指して　58

7. 環境持続性と交通施策 …………………………………………（廣畠康裕）… 59
   7.1 交通に関連する環境問題とその現状　59
   7.2 交通関連の環境問題への対策　64
   7.3 ESTの考え方に基づく地球環境問題への交通施策　65
   7.4 環境持続性からみた交通施策展開の課題　68

8. 地震の防災復興投資と地域連携 ………………………………（渋澤博幸）… 70
   8.1 防災復興投資の経済的な影響　71
   8.2 産業の生産活動　72
   8.3 防災復興投資と動学最適化　73
   8.4 地域間交易　74
   8.5 地震被害と防災復興投資の経済分析　75
   8.6 おわりに　78

9. スマートコミュニティ事業のオプションゲーム分析 …………（藤原孝男）… 80
   9.1 スマートコミュニティ事業参入とタイミングオプション　80

9.2　競争と新製品価値の劣化：独占・完全競争の比較　82
9.3　ウィン-ウィン関係のゲームツリー分析：寡占市場　85
9.4　将来に向けて　88

III. 持続可能な都市・地域戦略と広域連携

10. 広域空間形成と地域の持続性 ……………………………………（大貝　彰）…90
    10.1　社会の変化と都市・地域計画　90
    10.2　人口減少下の都市・地域計画の課題　93
    10.3　持続可能な都市・地域空間形成　96

11. 都市郊外部の土地利用マネジメントと持続可能性 ………（浅野純一郎）…100
    11.1　都市郊外の土地利用課題の変遷　100
    11.2　都市の持続可能性と郊外土地利用マネジメント　103
    11.3　郊外土地利用計画の諸制度と運用の課題　106

12. 中山間地域の維持・活性化 …………………………（岩崎正弥，黍嶋久好）…110
    12.1　中山間地域の現状　110
    12.2　中山間地域の存在意義　111
    12.3　様々な維持・活性化策　114

13. 社会的サービス機能の集約・分担・連携 …………………（姥浦道生）…120
    13.1　社会的サービス機能と"コンパクトな都市・地域"　120
    13.2　人口減少時代の社会的サービス機能の維持・対応に関する
         計画理論　122
    13.3　商業サービス機能の提供　125
    13.4　定住自立圏構想　126
    13.5　ドイツにおける社会的サービス機能維持のための広域的連携　127
    13.6　社会的サービス機能のための地域連携の課題　128

14. 広域ガバナンスと都市・地域戦略 ……………（片山健介，志摩憲寿）…130
    14.1　広域ガバナンスと都市・地域戦略の必要性　130

14.2 世界の動き　132
14.3 日本の現状と課題　135

IV. ケーススタディ

15. 国土環境と広域連携 ……………………………………………… 138
15.1 森林再生の課題と取組み　（蔵治光一郎）　138
15.2 河川環境の再生・創造の取組み　（鷲見哲也）　143
15.3 三河湾再生の取組み　（鈴木輝明）　147
15.4 天竜川と遠州灘海岸の土砂管理　（青木伸一）　154

16. 環境持続性と地域活性化 ………………………………………… 159
16.1 流域管理と3つの収支　（氷鉋揚四郎，水野谷剛）　159
16.2 地域における生物多様性・生態系サービスの受益とその重要度
　　　（林希一郎，太田貴大）　166
16.3 炭素埋設農法を通じた持続可能な地域開発「亀岡モデル」
　　　（鐘ヶ江秀彦）　171
16.4 木質パウダー燃料による地域再生の試み　（吉田　登）　174

17. 都市・地域戦略と広域連携 ……………………………………… 181
17.1 都市郊外や都市縁辺部の住居系土地利用誘導事例
　　　（浅野純一郎）　181
17.2 中山間地域における体験居住の取組み　（谷　武）　188
17.3 県境地域の広域連携：三遠南信地域の事例から　（戸田敏行）　193
17.4 欧州の国境を跨ぐ広域連携の事例　（大貝　彰）　197
17.5 空間計画と広域ガバナンスの事例　（片山健介，志摩憲寿）　203

索　引　209

I. 国土と環境管理 ── 気圏，水圏，地圏

1 大気環境の管理

　大気は水と同じく地球環境を構成する媒体の1つである．水（特に，淡水）については，水資源という言葉があるように，人間が生存するために必要な資源として古くから認識されている．一方，「清浄大気」は，同じく人間の生存に不可欠のものでありながら，地球表面のどこにでも存在する，その豊富さゆえに資源としての認識が乏しかった．しかしながら過去150年間の化石燃料使用の増加は，二酸化炭素の排出量に換算して，1860年の2.5億tから，2010年の306億tまで，約122倍に及ぶ．このことは，例えば燃焼を起源とする大気汚染物質についても，同倍の量が地表面近くで放出されていることを意味する．人間が呼吸する空気としてふさわしい質を確保するために，大気を資源として捉え，その管理をする必要性がある．「大気資源」を良好に保つためには，「汚染物質」の特定，排出源のリストアップと制御が求められる．さらに，大気中に放出された汚染物質は地域特有の大気流れに乗って運ばれることが多いため，そのことを考慮した地域計画，都市計画も必要となる．本章では，大気汚染物質（大気資源劣化の要因）の環境基準値など規制の実態，環境濃度の現状・経年変化，空間スケールに応じた濃度予測と制御の必要性，大気環境管理の今後の展開について述べる．

1.1　大気質 ── 環境基準値

　地球大気は，水蒸気を除くと約78%（78万0840 ppm）の窒素（N_2）と約21%（20万9460 ppm）の酸素（O_2）を主成分とし，その他の多くの微量物質を含む．微量物質には，二酸化炭素（CO_2），メタン（CH_4），亜酸化窒素（N_2O），クロロフルオロカーボン類（CFCs）などの温室効果ガスから，一酸化炭素（CO），二酸化窒素（NO_2），二酸化硫黄（SO_2），オゾン（O_3）のような大気汚染ガス，ピネン類（$C_{10}H_{16}$）やイソプレン（$CH_2C(CH_3)CHCH_2$）など植物起源のものも含む炭化水素類のほかに，ススなどの無機炭素粒子（EC），有機炭素粒子（OC），硝酸イオン（NO_3^-），硫酸イオン（SO_4^{2-}）などの粒子状物質がある．

　多くの物質は，人為的に発生するだけでなく自然の発生源も持つ．人為的なものとしては，化石燃料などの燃焼を起源とするCO_2，CO，一酸化窒素（NO），

表 1.1 大気汚染常時監視対象物質[1]

大気汚染常時監視

項目 \ 物質	二酸化硫黄 (SO_2)	二酸化窒素 (NO_2)	一酸化炭素 (CO)	浮遊粒子状物質 (SPM)	光化学オキシダント (O_x)	PM2.5
環境基準	1時間値の1日平均値が0.04 ppm以下であり、かつ、1時間値が0.1 ppm以下であること。(1973年5月16日環境庁告示)	1時間値の1日平均値が0.04 ppmから0.06 ppmまでのゾーン内またはそれ以下であること。(1978年7月11日環境庁告示)	1時間値の1日平均値が10 ppm以下であり、かつ、1時間値の8時間平均値が20 ppm以下であること。(1973年5月8日環境庁告示)	1時間値の1日平均値が0.10 mg/m^3以下であり、かつ、1時間値が0.2 mg/m^3以下であること。(1973年5月8日環境庁告示)	1時間値が0.06 ppm以下であること。(1978年5月8日環境庁告示)	1年平均値が15 μg/m^3以下であり、かつ、1日平均値が35 μg/m^3以下であること。(2009年9月9日環境省告示)
典型的な濃度(愛知県年平均値,2008年度)	0.002〜0.003 ppm	0.017〜0.027 ppm	0.4〜0.5 ppm	0.029〜0.033 mg/m^3	0.022〜0.031 ppm	22.2 μg/m^3(名古屋市, 2007年)

NO_2, SO_2, ススなど, 農業活動などに起因する CH_4, N_2O, アンモニア (NH_3) など, さらに冷媒・有機溶剤・農薬などの用途に人間が化学合成した CFCs, ハイドロクロロフルオロカーボン (HCFCs), トルエン ($C_6H_5CH_3$), キシレン ($C_6H_4$2(CH_3)) などがある. また, 人為的に放出された物質から, 環境大気中での光化学スモッグ反応などの化学反応により生成する O_3, SO_4^{2-}, NO_3^-, あるいは, 廃棄物などの燃焼により不作為の副産物として生成するダイオキシン類などがある.

　これらの人為的な排出物質のうち人体に有害な物質には環境基準値が定められ, 自治体の環境行政当局は, 環境大気中のこれら物質の濃度を基準値以下に保つように施策を講じる義務を持つ. 表1.1, 1.2に, これらの環境基準値を示す[1]. 表1.1の物質は, 「大気汚染常時監視」の対象物質として連続測定がなされている. SO_2から光化学オキシダント (O_x) までは, 1973年および1978年に環境基準値が定められた古くからの大気汚染物質である. なお O_x は, 中性ヨウ化カリウム水溶液からヨウ素を分離する大気中の酸性物質を吸光光度法により定量して得られるが, 現在はオゾンとほぼ同意とみなされている. 一方, PM2.5[*1]は, 従

---

*1：粒径2.5 μm以下の微粒子.

1.1 大気質——環境基準値

表 1.2 有害大気汚染物質[1]

物質 項目	ベンゼン	トリクロロエチレン	テトラクロロエチレン	ジクロロメタン	ダイオキシン類
環境基準	1年平均値が0.003 mg/m^3（=3μg/m^3）以下であること．(1997年2月4日環境庁告示)	1年平均値が0.2 mg/m^3（=200 μg/m^3）以下であること．(1997年2月4日環境庁告示)	1年平均値が0.2 mg/m^3（=200 μg/m^3）以下であること．(1997年2月4日環境庁告示)	1年平均値が0.15 mg/m^3（=150 μg/m^3）以下であること．(2001年4月20日環境庁告示)	年間平均値が0.6 pg-TEQ/m^{3}以下であること．(1999年12月27日環境庁告示)
典型的な濃度 (愛知県年平均値2008年度)	1.5 μg/m^3	0.5 μg/m^3	0.23 μg/m^3	2.6 μg/m^3	0.015～0.076 pg-TEQ/m^3 (2009年度)

来のSPM[*2]のうち，より有害度の高い微小粒子の汚染に対処するために2009年9月に定められた．また表1.2は，発がん性を持つ「有害大気汚染物質」として1997～2001年にかけて定められた，ベンゼン[*3]，トリクロロエチレン[*4]，テトラクロロエチレン[*5]，ジクロロメタン[*6]の4物質の環境基準値を示す．さらに1999年には，塩化ビニルや食塩など塩素原子を含む廃棄物の焼却から発生する猛毒のダイオキシン類[*7]にも環境基準値が定められた．

2011年3月11日の東日本大震災時の東京電力・福島第1原子力発電所の事故に伴い，漏出した放射性物質が降水により内陸部に沈着したことから，放射性物質に対する関心が高まった．人体の放射線への曝露には，内部被曝（体内に取り込んだ物質による）と外部被曝（体外に存在する放射性物質による）があり，これに放射線医療による被曝も合わせて，年間の総被曝量が推定できる．日本人の自然放射線による平均的な被曝は，食品，宇宙線，大地放射線，大気中の物質（ラドン，トロン）から合計2.1 mSv/年と推定されている[*8]．医療からは，胸部レントゲン0.1 mSv，胃部透視1.16（集団検診）～15 mSv（精密検査），歯科X線

---

*2：浮遊粒子状物質．粒径10 μm以下の微粒子すなわちPM10に該当する．
*3：C_6H_6，炭素を多く持つ物質の不完全燃焼で生成，常温で液体，引火性．
*4：$ClCH=CCl_2$，有機溶剤，油脂洗浄，揮発性．
*5：$Cl_2C=CCl_2$，ドライクリーニング使用，揮発性．
*6：CH_2Cl_2，有機溶媒・溶剤，金属機械の油脂洗浄．
*7：ポリ塩化ジベンゾ-パラ-ジオキシン，ポリ塩化ジベンゾフラン，コプラナーポリ塩化ビフェニル．
*8：Sv（シーベルト）は，人体への放射線被曝の危険度を考慮した等価線量の単位．1 mSv（ミリシーベルト）は，1 Svの1000分の1．

2 mSv 程度とされている．したがって，胸部レントゲン，集団検診による胃部透視，歯科 X 線を，それぞれ年 1 回受けた人は，合計 3.26 mSv/年の医療被曝を受ける．これに自然放射線による被曝を合わせると，5.36 mSv/年の放射線を浴びていることになる．今回の事故で放出され，大地に蓄積されたセシウム 134 と 137 による放射線量は，2011 年 8 月 9 日の時点で，事故現場から北西方向に 30 km 離れた浪江町で 16 μSv/時[2)]とある．これを 1 年間浴びた場合，被曝量は 140 mSv/年となり，平均的な日本人が浴びる年間放射線量 5.36 mSv/年の 25 倍を超える．100 mSv 以上の被曝からは人体への確定的な影響があるとされており，影響を受けると想定される原子力発電所などを近辺に持つ自治体は，事故に備えて放射性物質の拡散と降水による地表への沈着を予測し，対策を立てておく必要がある．

◯ 1.2 ◯ 経 年 変 化

1960 年代から始まった日本の高度経済成長期（図 1.1 参照）には，大量の化石燃料使用および人為有害物質の大量排出に伴って，各地でいわゆる公害問題が生じた．大気汚染の例では，三重県四日市市の「四日市ぜんそく」が有名である．石油コンビナートでの重油燃焼に起因する SO_2 排出が原因であった．そのほか，各地で起きた大気汚染，水質汚濁の公害は看過できない状況となった．大気汚染

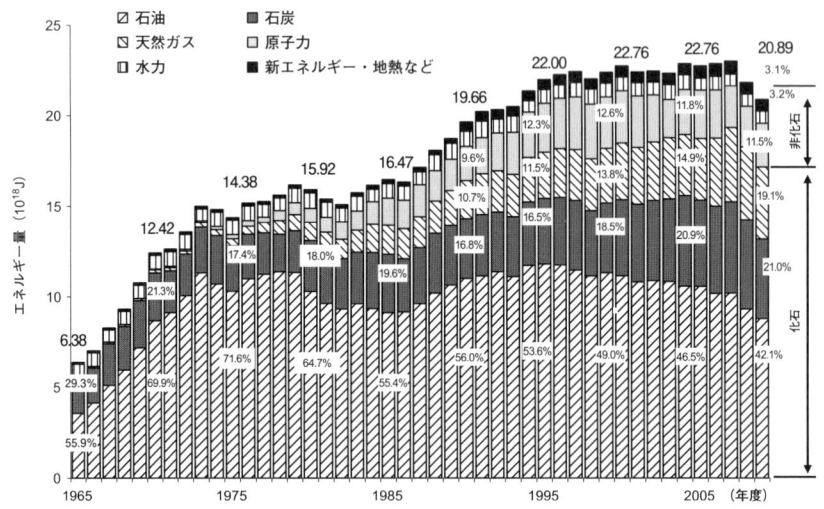

図 1.1 エネルギー使用の経年変化[4)]
1960 年代から 1970 年代にかけて急激な増加を示している．

については，ばい煙の規制に関する法律（1957年）や大気汚染防止法（1968年）の制定を経て，1970年のいわゆる「公害国会」で公害関係14法案が成立し，環境問題解決のための本格的な規制が始まった．さらに，大気汚染の発生源についても，それまでの固定発生源（工場の煙突など）から，1つ1つの規模は小さくとも数が多い移動発生源（自動車）に対する規制，すなわち「自動車排ガス規制」が1973年（昭和48年．いわゆる48年度規制）に始まり，時代とともに規制強化が進められ現在に至っている．

個々の排出基準が守られたとしても，排出源の集中する地域ではそれらが重なり合い，結局は環境が守られないため，地域の排出量全体に網掛けをする，いわゆる「総量規制」の考え方が大都市域に導入された．例えば名古屋を中心とする愛知県では，1977年にSO_2に対して，1992年に窒素酸化物（NO_x）に対して総量規制が始まった．これらの総量規制は固定発生源（工場の煙突など）を対象とするものであったが，特に窒素酸化物や浮遊粒子状物質については自動車排出の割合が年々増加したため，これらの物質に対しては自動車排出の汚染物質も含めての総量規制の考え方が避けられず，東京，神奈川，大阪を皮切りに導入された．愛知県は2006年に，この規制の根拠となる，いわゆる「NO_x-PM法」の対象地域となり，同様の規制が始まった．

以上に述べた排出規制により，多くの大気汚染物質濃度が着実に減少している．図1.2aは，愛知県におけるSO_2濃度の経年変化である．1960年代の「四日市ぜんそく」の元凶であり，多くの発展途上国で現在も深刻な大気汚染を引き起こしているこの物質の濃度減少は劇的である．NO_2, SPMについても，自動車排出に関する単体規制の強化，NO_x-PM法の施行により，2006年度以降，濃度は着実に減少している（図1.2b, d）．2010年度，これらの物質の環境基準達成率は，一般環境大気測定局で100%，自動車排ガス測定局でも，NO_2（96%）を除いて，SO_2, SPMは100%である（図1.3a, b, d）．一方，図1.2で唯一，濃度が増加している物質がO_x（先述のようにO_3とほぼ同じ）である．O_3は，成層圏で紫外線による酸素の光分解で生まれると同時に，地表面近くでは窒素酸化物と炭化水素類の混合物に太陽光が当たること（光化学スモッグ反応）によって生まれる．この光化学スモッグによるO_3生成は，窒素酸化物（$NO_x = NO + NO_2$）と炭化水素類濃度に対して非線形な関係にあり，窒素酸化物のみの単純な削減は，かえってO_3生成を促進することが知られている．したがって，上に述べたNO_2濃度削減のための各種の規制がO_3濃度の増加をもたらした可能性があり，国（および

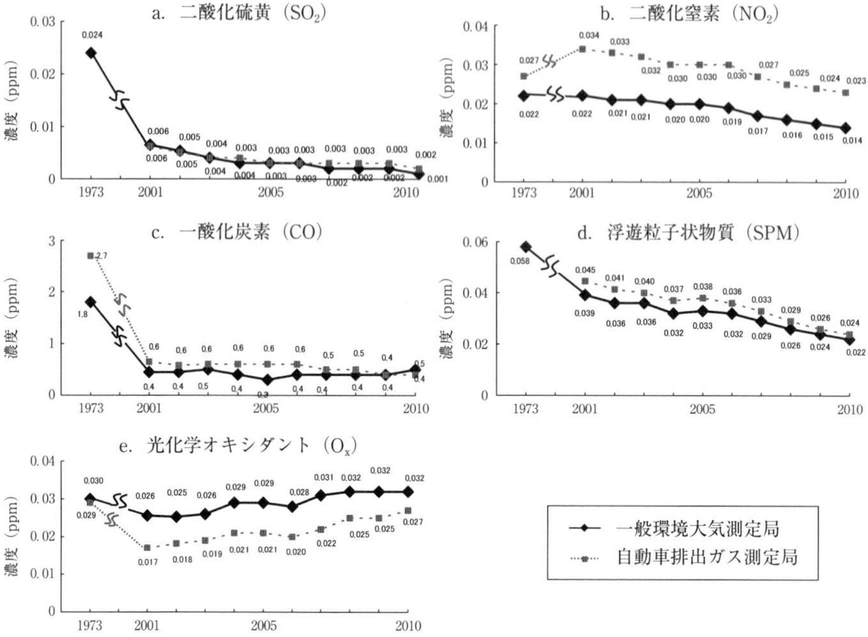

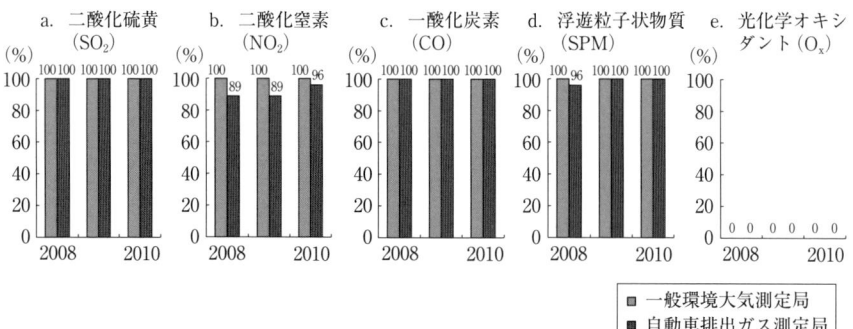

図 1.2 愛知県における大気汚染物質・年平均濃度の経年変化[1]

図 1.3 愛知県における大気汚染の環境基準達成率（2008〜2010 年度）[1]
達成率＝達成局数／各カテゴリーの総局数．

愛知県）は 2006 年より揮発性炭化水素類（VOCs, volatile organic compounds）の排出規制を開始し，VOCs の環境濃度は漸減の傾向にある．また O_3 については，中国，韓国の光化学スモッグで生まれたものが日本に運ばれてくる影響もあると推測されている．愛知県における $O_3(O_x)$ の環境基準達成率は，0% である（図

1.3e).この傾向は全国的なものであり,O_xの環境基準達成率は,際立って低い.

オキシダントとならび環境基準達成率の低い物質は,2010年度から環境基準値が施行されたPM2.5である.2010年度の結果は,PM2.5を観測している全国の一般大気環境測定局34局の環境基準達成率は32.4%,年平均値は15.1 μg/m^{3}であり,同じく自動車排出ガス測定局12局の環境基準達成率は8.3%,年平均値17.2 μg/m^{3}である[3].

1.3　狭域および広域の大気環境マネジメント

1.3.1　狭域の大気環境管理

現在,日本では排出源の管理が強力に推し進められている.例えば自動車排ガス中の窒素酸化物については,1973年4月～1974年9月以前の当該未規制車1台当たりの排出量を100とすると,ガソリン乗用車1.6(2005年10月規制車),ディーゼルトラック・バス重量車4～6(2010年10月規制車)と大幅に削減されており,自動車の排ガスに関する単体規制は,ガソリン車,ディーゼル車について極限まで進められている.各種の自動車によるNO_xや粒子状物質の排出に関する国の単体規制の経年変化については,例えば,愛知県環境白書[1]に詳細が記されている.さらに,ハイブリッド車,電気自動車などの新技術が導入され,将来の自動車起源の大気汚染物質排出量はますます減少すると考えられる.実際,自動車排出の寄与が大きい沿道大気の汚染物質濃度は,1.2節でみたように平均的には減少しつつある.現在は交通が集中する大都市域の沿道で,環境基準値の未達成の地点が点あるいは線として局所的に残されており,この解決が重要な課題となっている.先にみたように,この解決のために,すべての自動車に対してさらなる単体規制の強化を図ることは難しい状況にある.このような局所的な大気汚染の制御のために試みられている施策として,①交通渋滞緩和のための信号制御,道路ネットワークへの交通量の分散制御などの交通流政策(第7章参照),さらに②高活性炭素繊維(ACF, activated carbon fibers)[6]や酸化チタン(TiO_2)など,高効率で汚染物質を大気中から除去できる素材を用いたフェンスなどの環境装置の沿道設置などが試みられている.ACFは化学活性が高く,かつ比表面積が大きいために沿道の汚染空気との接触効率もよく,都市空間の各所に設置してエネルギーを使わずに汚染物質を除去できる可能性を秘めている[5,6].

1.3.2　広域の大気環境管理

大気は,「縫い目のない織物」と形容されるように国境・県境に縛られず自在に移動する．世界のどこかで排出された汚染物質は地球を巡って全世界に影響を及ぼす．ただ,大気中に排出された種々の物質は,それぞれの化学的な性質に従って大気中での寿命が異なる．速やかに化学反応によって変化し,雨や雪に吸収・吸着されて地表面に落下しやすく,したがって大気中での寿命の短い物質から,CO_2（温暖化物質）や CFCs（成層圏オゾン層破壊物質かつ温暖化物質），さらに POPs（PCB,DDT などの残留性有機汚染物質,persistent organic pollutants）のように化学的に安定で,一度排出されると長く大気中に滞留し世界中に広がってゆく物質まで様々な種類がある．人間の健康に影響を与えるいわゆる大気汚染物質のうち,1日～数週間の寿命を持つ物質については,都市・県（場合によっては国）を跨がって運ばれるため,県境を跨ぐ広域の管理が必要となる．$O_3(O_x)$ は,ローカルに排出された NO_x と炭化水素を含む汚染気塊が移動する間に化学反応によって発生する物質であって,県境を跨ぐ管理が必要な典型的な物質である．また,O_3 は植物の生育を阻害する効果も持つため,単に人間の健康影響だけでなく長期的な農業などへの影響も考慮しなければならない．

この O_3 を念頭に置いて,愛知県東部の三河,静岡県西部の遠江,長野県南部の南信濃にまたがる地域いわゆる三遠南信を例に大気環境の広域管理について考える．まず,県境を跨ぐ広域環境マネジメントの観点から,「大気環境」を制御する意義は,第一にその地域に暮らす人間の健康を守ることにある．そのために環境行政の当局は,管轄の市街地に各種のモニタリングサイトを設け,常時計測された濃度データをもとにして排出源制御の施策を講じる．このときの問題点は,地理的に近接していて互いに他の県・市町の排出源の影響を受けていると推測される場合に,問題解決のために,異なる行政単位間でうまく連携できる体制があるかないかである．特に土地利用計画の段階で,環境に配慮した立地を,異なる行政単位間で協議できる体制があることが重要と考えられる．例えば,東京都を中心に数県が存在する南関東は,巨大な人口と排出源を抱え,夏季の内陸地域にしばしば起こる高 O_3 濃度が問題となっている．広域管理について日本で最も注目され,進んでいる地域と考えられるが,この高 O_3 濃度については,その都度の注意報は出せても,広域の排出源制御・排出源計画について必ずしも有効な管理の施策が打てていないと考えられる．

広域の大気環境制御の第2の意義は,森林生態系や農業への長期的な影響の回

避である.この点についても,関東平野縁辺部では,森林被害に対する酸性雨や高 O_3 濃度の影響が調査・研究されているが,三遠南信では O_3 濃度の上昇による樹木成長の阻害などの森林生態系への影響,農業生産への影響を意識した調査は少なく,これからの課題である.

◯ 1.3.3 愛知県東部‒静岡県西部地域:三遠地域に跨がるオゾン輸送の実例

愛知県と静岡県の県境に近い東三河(新城市)の尾根筋に七郷一色地区(図1.4)がある.標高400 m にある旧七郷一色小学校を利用して O_3 の計測が行われた.計測が行われた2007年は,これまで光化学スモッグの注意報が出されたことのなかった東三河(田原市)で初めて注意報が出されことから,高オゾン濃度の原因に注目が集まった年であった.七郷一色地区は地形的に豊川の川筋を遡った地点にあり,川筋に沿った谷風が発達すると考えられることから,豊川河口の三河湾沿岸にある豊橋を中心とする地域の大気汚染の影響を受けると推測された地点である.しかし現実には,2007年のほぼ1年間行われた O_3 計測の結果より,日本列島を覆う夏季の気圧配置のパターンによって,七郷一色の大気は,豊川沿いの谷風よりも遠州灘からの海風によって,より強く影響を受けることが示された.すなわち,愛知県奥三河の大気は,静岡県浜松の大気汚染の影響を強く受け,三遠地区の大気環境には一体感のあることが示された[7].図1.5は,その典型例である.2007年7月27日,浜松地区は昼頃から深夜に至るまで120〜160 ppb という注意報発令レベル(120 ppb)を越える高オゾン濃度(図b)が継続したが,

図1.4 七郷一色の位置

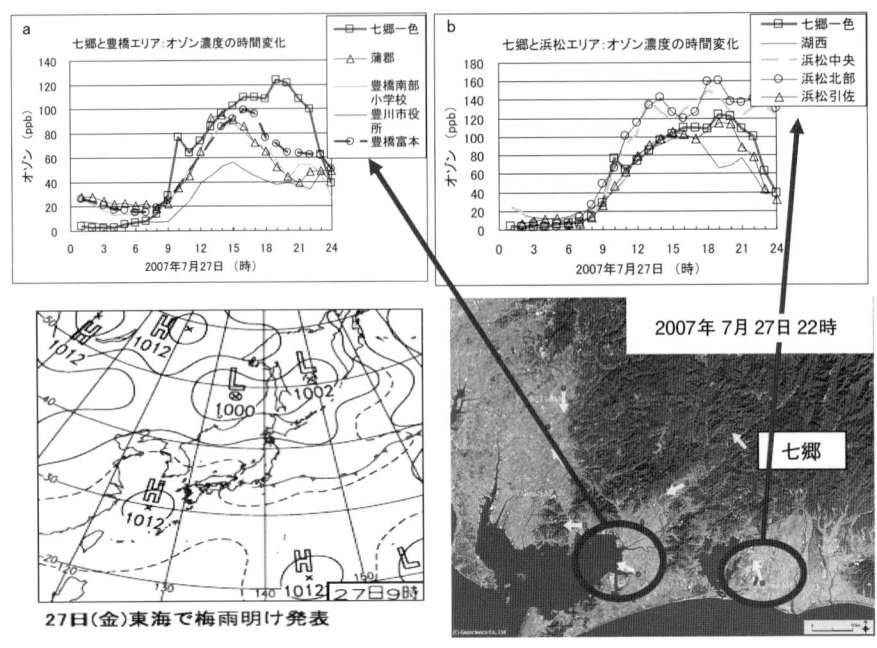

図1.5 七郷一色のオゾン濃度の日変化（2007年7月27日）[7]
a. 七郷と豊橋エリア，b. 七郷と浜松エリア．

対照的に豊橋は15時頃にこの日の最高値100 ppbに到達した後，急速に濃度が減少する通常の晴天日の変化（図a）であった．このとき，図a, bが示すように，七郷一色では豊橋をはるかに越えるオゾン濃度が午後から夜間まで継続し，19時および20時には120 ppbの高濃度に達しており，浜松を起源とする高O_3濃度気塊が奥三河の七郷一色に到達していることを示唆する．

このように，愛知県と静岡県の県境をなす尾根筋に設置したオゾン計の観測値から，この県境に跨がる森林地帯は愛知県の三河湾沿岸部および浜松地区の双方の都市部から排出された大気汚染物質の影響を受けていることが示唆された．しかも，その濃度レベルは都市部であれば注意報が発令されるような高濃度が頻繁に起きていることが示された．図1.5は，東三河，浜松の大気汚染制御が奥三河の森林環境に保全にとって重要であること，すなわち大気-森林生態系の面から，三遠南信を一体感のある地域環境として捉える必要があることを示唆する．図1.4の地形図および図1.5のO_3濃度から，自由に移動し三遠南信に縛られるようにはみえない大気の動き（大気汚染物質の動き）も，我々の暮らす地表面近く

では谷筋に沿った山谷風や海陸風に影響され，沿岸都市の空気は内陸の山間部に届き，逆に山の冷気が沿岸都市に達することが示唆される．つまり三遠南信では，複数の流域を統合した地形から，その上の大気流れ・大気環境を考えることができる．沿岸都市部での大気汚染物質排出源計画によって，三遠南信に跨がる森林生態系の種々の機能（森林生態系サービス）を阻害しないことが重要な課題となる．

◎1.4◎ 大気環境からみた，県境を跨ぐ地域の持続的な森林生態系サービス体制への提言：三遠南信地区を例に

　三河湾や浜名湖などの，地域を代表する環境資源も，上流部の「三遠南信の森林生態系」が健全であって初めて，その資源価値を持続できる．沿岸都市部での活動が大気経由で内陸部に影響し森林生態系の将来を変える可能性があるが，その認識が必ずしも県境を跨ぐ形で共有されていない現状を踏まえて以下の提言をしたい．三遠南信地域の持つ地形的な普遍性からみて，日本の多くの地域が似た状況にあると考えられる．

① 三遠南信に跨がる地域自治体に大学・研究機関を交えて，大気汚染物質の排出源計画を検討する場の設置．

この共通の場で実施する事項として，

② 沿岸部での経済活動，住民の生活に起因する各種の大気汚染物質排出源情報の統一的なフォーマット（例えば，1km×1kmの空間メッシュ）に基づくデータベースの形成と更新．

③ 森林（樹種分布など），土壌など，生態系を支える情報の収集とデータベース（例えば1km×1kmの空間メッシュ）の作製と更新．

④ 都市部での整備された既存の観測網に加えて，森林における大気経由インパクトを評価できる計測ネットワークの形成．

⑤ 地域の天気図（気象情報）と化学天気図（大気環境情報）の日常的な作製．大学，自治体研究所などにベースを置く気象モデル・化学輸送モデルなどのシミュレーションツールの日常的な運用と結果の配信．この場合，オゾン濃度の予測精度を保つためにも1km×1km程度の高い空間解像度であることが重要である．

⑥ ⑤の経験が蓄積した段階で，②のベースとなる土地利用，都市計画，地域経済活動計画に，内陸部の森林生態系の持続的なサービスを可能にする視

点を反映させる.

②～⑥のシステムを運用する体制が形成されれば，このシステムに付加する形で，例えば，

⑦ 深化する温暖化に伴う三遠南信地区の環境予測とその適応策の検討体制の確立.

など，温暖化影響の適応策の検討にも利用することができる.　　　　[北田敏廣]

文　献

1) 愛知県 (2011)：愛知県環境白書（平成23年版）.
2) 朝日新聞 (2011)：2011年8月11日（木）朝刊.
3) 環境省 (2011)：第4章：大気環境，水環境，土壌環境の保全. 平成23年版環境白書.
4) 資源エネルギー庁 (2011)：エネルギー白書.
5) 下原孝章，新谷俊二，三苫智子，吉川正晃，北田敏廣 (2011)：高活性炭素繊維（ACF）を用いた大気浄化技術──I. ACFのNO_x浄化特性と強制採気による大気浄化技術. 大気環境学会誌, **46**：187-195.
6) 長野　誠，北田敏廣，下原孝章，神崎隆男，市川陽一，吉川正晃 (2008)：ACF (Activated Carbon Fiber) 装着フェンスによる沿道NO_x濃度の軽減：通風性と除去反応性の影響評価. 土木学会地球環境研究論文集, **16**：63-72.
7) Kitada T. (2012)：Episodic high surface ozone in central Japan in warm season：relative importance of local production and long range transport. Air Pollution Modeling and its Application XXI, Steyn, D. G. and Castelli, S. T. (eds.), Springer, 233-238.

I. 国土と環境管理 —— 気圏，水圏，地圏

2 流域圏での土砂の管理

2.1 土砂管理の必要性

2.1.1 土砂災害と土砂管理

　狭隘な山間部をも居住地としてきた日本では，台風などによる豪雨に見舞われることも多く，地盤の弱い地域では崖崩れ，地滑り，土石流などの土砂災害にしばしば見舞われてきた．山間部での重要な土砂管理の1つの側面は，このような土砂災害の防止である．特に近年は，記録的な集中豪雨により，毎年のように土砂による被害が報告されている．日本では砂防堰堤，床固工，地すべり対策工などの土砂対策工に長い歴史と技術の蓄積があり，「砂防（sabo）」は世界共通語となっているほどである．しかしながら，このような種々の防災対策を講じてきた一方で，新たな宅地開発により土砂災害の危険箇所を増大させている面もある．土砂災害防止法[*1]では，上記のようなハード対策と併せて，危険区域の明確化と開発規制，警戒避難体制の整備など，ソフト対策の重要性を指摘している．まず現地調査により基礎的な地盤情報を収集し，土砂災害の危険度を把握することが土砂管理の第一歩である．

　構造物によるハードな土砂災害対策が，山からの土砂の流出特性を大きく変えたのも事実である．土砂対策は，山腹崩壊などによる土砂生産を抑制すること，および生産された土砂の流下を抑制することの2つを基本としており，これらの対策は山地から河川への土砂供給量を急激に減少させることになった．これにより，局所的には，砂防堰堤下流域での河床低下などの問題が発生している．また流域圏全体でみても，土砂生産域での流出抑制は，海岸まで含めた下流（流砂系）の土砂環境を大きく変化させ，影響の大小はあるものの海岸侵食などの問題にも関係している．この意味で，上流域の土砂対策も下流域への影響をみながら進める必要がある．

---

*1：土砂災害警戒区域等における土砂災害防止対策の推進に関する法律．

2.1.2 森林・河川の環境と土砂管理

土砂生産域である山間部の土砂問題は，上述の防災対策のみならず，森林管理の問題とも深く関係している．15.1節で事例を含めて詳細に述べているが,近年，輸入木材の増大により日本の林業が廃れ，山には多くの人工林が放置されている．間伐などの手入れがなされていない人工林では，木材が痩せて価値がなくなるばかりでなく，下草が茂らず地盤の脆弱化をもたらす．このような森林は河川の上流域に広範囲に広がっているところが多く，土砂災害や流木による災害の温床となっている．森林の保水効果がダム建設との関係で注目されているが，森林を適切に管理することは，土砂災害の防止にもつながるものであり，流域圏全体の問題として考えなければならない．

河道内の土砂環境は山（土砂生産域）の影響を受けるが，河道内で発生する問題も存在する．その最も大きなものは，ダムによる流下土砂の遮断である．ダムには，土砂そのものの流下阻止を目的に上流域に建設される砂防堰提と，水資源の確保や水力発電（利水）および洪水対策（治水）を目的に建設される貯水池があるが，いずれも土砂の流下を遮断する構造物である．これらに加えて，河道からの土砂採取も大きな影響を及ぼした．1960年代には，全国各地の河川において建設資材として大量の土砂が採取され，河床の低下が急速に進展した．河道内の土砂採取は，流下能力を確保する意味では，河川管理者にとっては必ずしも悪い面ばかりではないが，適切に実施しなければ大きな問題を引き起こすことになる．静岡県を流れる安倍川では，行きすぎた土砂採取によって海岸への土砂供給が激減し，駿河湾沿岸の静岡・清水海岸に深刻な侵食を引き起こした（図2.1）．1980年代には砂利採取が規制されたものの，海岸侵食は現在も進行している．その半面，安倍川の下流域では河床の上昇がみられ，治水上の問題も生じている．このように，土砂の問題は一面的な対策では別の問題を引き起こす可能性が高く，その管理には細心の注意を払う必要がある．

土砂の問題は河道内の生態環境にも影響を与える．河道内土砂の減少は，河道の固定化による地形の多様性の低下と，それによる生物棲息場の質の低下，高水敷の樹林化など様々な影響があることが指摘されている[1]．

図2.1 静岡海岸の侵食対策

◉ 2.1.3　海の利用・防護・環境と土砂管理

　これまでに述べた山や川での土砂の問題は，とりもなおさず海の問題へとつながっている．川を通して山から海にもたらされる土砂は，沿岸域の地形を形作ってきただけでなく，栄養塩など様々な物質の海への輸送媒体としても重要な働きをしている．土砂は水と異なり蒸発散・降水という自然の循環システムを持たないために，土砂の流れに及ぼすインパクトは水に比べて不可逆的であることが多い．特に，陸域から供給される土砂で形成される砂浜は，海と陸とのバッファーゾーンとして重要な機能を提供している．海岸では波の力により土砂は常に輸送されているため，陸域からの供給量が海岸での輸送量よりも少なければ，海岸の侵食を招くことになる．近年の日本では，毎年およそ 160 ha もの砂浜が海岸侵食によって消失しているといわれている．一方，沿岸域の利用や防護を目的として建設された種々の構造物によって海岸を動く土砂が捕捉され，海域での土砂の流れにも不均衡が生じている．特に，日本の海岸線の 8.5 km に 1 つの割合で存在する港湾や漁港（4000 以上）は，沿岸での土砂輸送を遮断し，各地で周辺海岸の侵食を招いている．このように土砂輸送の遮断・不均衡がもたらす海岸侵食が最近，特に顕著になっており，沿岸の防災力の低下や環境劣化を引き起こしている．

　海岸侵食に対する従来の考え方は，構造物によって土砂を静的に安定化させようとするものである．すなわち，海岸での土砂の輸送を抑えることによって侵食を防ごうとするもので，日本の海岸のいたるところで目にする突堤や離岸堤などの構造物はこれを目的としている．構造物によって土砂を静的に安定化させようとする技術は，局所的には目的を達成しやすいが，広域での土砂の輸送を考えれば，構造物の設置は土砂の流れを遮断することに他ならず，近隣の海岸に新たな海岸侵食を誘発してしまい，恒久策にはならない．さらには，自然海岸に設置された人工構造物は，例えば構造物周辺の流れや地形・底質の変化，生物の生息環境の連続性の遮断などによって，海浜生態系を乱す要因となっている．このような海岸侵食問題に対する具体的な事例については，15.4 節で詳述する．

　海の土砂の問題は，砂浜海岸だけの問題ではなく，内湾の環境に対しても大きな影響を与えている．15.3 節で述べる三河湾の事例にみられるように，高度経済成長期に消失した内湾域の浅場や干潟は，内湾の水質や生態系に大きな影響を与えたことが明らかになっている．三河湾では，国や自治体が連携して内湾環境の修復に取り組んでいるが，その最も重要な鍵は，失われた干潟・浅場の再生で

ある.そのためには土砂の調達が必要であり,ダムに貯まった土砂の有効利用が検討されている.さらに,造成した干潟・浅場を維持するためには継続的な管理が必要であり,内湾環境の維持のためにも,流域圏での適切な土砂管理が求められている.

2.1.4 総合的な土砂管理の必要性

以上,山,川,海のそれぞれで生じている土砂の問題を述べるとともに,土砂管理の必要性を示した.これらの多くは局所的な対応で解決できる問題ではなく,流域圏(流砂系)全体で総合的に考えなければならない問題である.総合的な土砂管理を実現するうえで乗り越えなければならない大きな課題もいくつかある.

まずは行政の壁である.規模の大きな1級河川は国が直接管理しているが,海岸の管理者は通常,都道府県であるため,河川と海岸の連携が難しい構図になっている.また,海岸においても,省庁の管轄によって4つ(国土交通省:河川と港湾,農林水産省:農林と水産)に色分けされていることが多い.また,土砂管理は県境を越えて行うべきものであるが,地方自治体の宿命として,行政区域を越えた事業を起こすことは簡単ではない.

それでも,いくつかの流域圏においては,総合土砂管理が検討されている.代表的な土砂河川である安倍川では,静岡・清水海岸までを検討対象に含め,国と静岡県が連携して総合土砂管理計画の検討を進めており,以下を土砂管理の基本原則として掲げている.①国土の維持・保全に必要な土砂は流砂系内でまかなう,②土砂の流れの連続性を確保する,③主要地点での目標土砂移動量を設定する,④土砂移動現象の速度の違いを反映した管理を行う,⑤土砂動態を評価する時間スケール(計画対象期間)は数十年間(30年程度)とする,⑥目標年度は設定しない.持続的に実施していくが5〜10年を一応の管理サイクルとする.

一方,土砂管理を実施するうえでの技術的な問題も多く残されている.ダムから効率的・連続的に排砂するための技術,河川の治水機能や河川生態系への影響の評価法,海岸での土砂移動と地形変化の精度の高い予測,モニタリングと予測モデルを組み合わせて自然の変化に適切に対処できる順応的土砂管理技術,海浜地形の自然な変動を許容したうえで防災力が確保されるような海岸管理法などは,土砂管理を行ううえでさらに発展させなければならない技術である.構造物によるローカルな対応を主とする従来型の土砂対策技術は,求められる機能が明確であったため技術開発が進んだ面があるが,総合的な土砂管理という視点で改

めて既存の技術を見直してみると，その機能評価や精度に不備な点が多いことに気付かされる．これについては，2.2 節で詳述する． ［青木伸一］

文　献
1) 河川環境管理財団河川環境総合研究所（2005）：流量変動と流送土砂量の変化が沖積河川生態系に及ぼす影響とその緩和技術．河川環境総合研究所資料，**16**．
2) 国土交通省静岡河川事務所：安倍川総合土砂管理計画検討委員会ウェブサイト（http://www.cbr.mlit.go.jp/shizukawa/02_sabo/07_iinkai/abe_sougo/index.html），2012 年 12 月 12 日アクセス．

◎2.2◎　土砂管理の技術的課題

前節では各種の土砂管理の必要性が述べたが，実際の現場において流域全体で連携のとれた理想的な土砂管理（総合土砂管理）が実施されている例はほとんどない．総合土砂管理を実施するためには，管理者間での連携だけでなく，実際に土砂の移動量や賦存量，移動によって生じる地形の変化を効率的・効果的に調査・モニタリングすることが必要である．また，適切な情報を収集・分析し，順応的な対応・管理に活かすことが必要である．ここでは，現在，土砂管理に利用可能な技術や実用されている技術，それらの課題，今後開発が必要となる技術などについて紹介する．

◎2.2.1　地形モニタリング技術と土砂生産・移動量の推定

総合土砂管理を実施するためには，流砂系内での土砂の生産やその移動過程の把握が必要である．さらに，山地における土砂生産は斜面崩壊や土石流などのイベント的な現象が支配的であるため，異常時の土砂動態を高精度に把握することが必要である．より詳細な情報を得るために土砂生産・移動を数値シミュレーションによって推定する手法もとられているが，現状では現象の複雑さから十分な予測手法が確立されているとは言い難い．したがって，地形計測を行い，その変化量から土砂生産量や移動量が推定されている．最近では，山間部の河川およびその周辺域を対象に航空レーザープロファイラ（LP）測量により詳細な地形を計測し，その変化量から山間部での土砂生産量を推定する試みも行われている．土砂生産・移動量を直接計測することが困難な現状では，移動した結果として生じる地形変化を適切に監視（モニタリング）する技術が必要である．

海域での地形モニタリングは，対象範囲が広大であることや作業条件が限られ

ることなどにより，実施コスト（費用）が高額となるため，年に1～数回程度の頻度で地形測量が実施されている．しかしながら，地形変化の様子を適切に把握するためには高頻度の地形測量が必要不可欠である．近年では，RTK-GPSやマルチビームソナーなどの高精度機器を用いることで平面的に高精度な地形計測[*2]が行えるようになってきている．高精度化することで1つの計測データに対する情報量は増加しているものの，空間的または時間的な情報量はそのままである．土砂管理の観点からは，精度の高度化よりも，空間的かつ時間的な情報量を増加させ，高頻度かつ広範囲の地形モニタリングを実現することが重要であると考えられる．陸上地形のモニタリングの一例としては，デジタルカメラを用いた簡易的な3次元地形測量システムが開発されており，一部ではすでに市販化されている．この既存技術を利用することで，陸上地形の継続的な地形モニタリングは実現可能であると考えられる．一方，海底地形のモニタリングに関しては現時点では確立された手法はなく，開発段階にある．その1つとして，操業中の漁船が魚群探知機で取得している水深データを収集し，それを用いて海底地形のモニタリングを実現しようとする試みがある（図2.2）[7,17]．従来の測量結果に比べて計測精度的にはやや劣るものの，1年を通してほぼ毎日操業する漁船の取得情報を活用することで，高頻度で広範囲の海底地形モニタリングが実現可能である．また，この手法は漁業従事者と管理者（主に行政）が連携して沿岸域の管理を実施する点においても，総合的な土砂管理のツールとして有効であると考えられる．今後，データ蓄積やデータの利用方法，地形モニタリングツールとしての有効性が確認

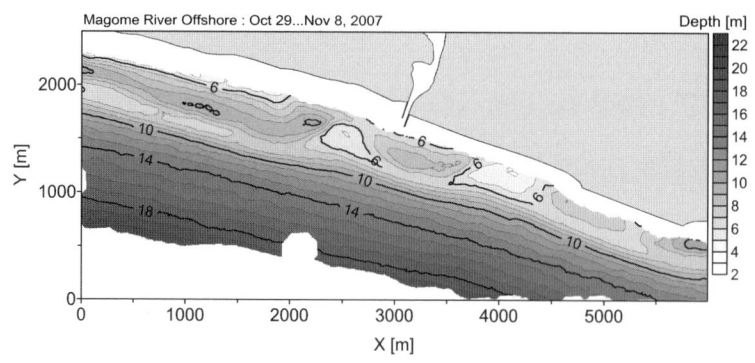

図2.2　シラス漁船の操業データを利用して作成した海底地形図

[*2]：計測精度としては数 cm オーダー．

2.2 土砂管理の技術的課題

され,実用に耐えうるモニタリング技術になることが期待される.

○ **2.2.2 土砂移動量の推定技術**

上流から下流へと一方向に移動してきた土砂は,河口・沿岸域に到達すると,沿岸の波や流れによって途端に平面的な広がりを持つ.一部は海浜に打ち上げられ,それが風によって陸上の地形変化に寄与することにもなる.こういった沿岸部の陸域・海域に広がった土砂を管理するためには,そこでの土砂移動量や移動によって生じる地形変化の傾向,量を適切に把握することが必要である.また,緩やかに変化する地形においては継続的にモニタリングすることが必要である.

土砂移動量を把握するための調査としては,一般的には波・流れ・濁度の現地調査が実施される.近年では,波や流れについては平面的な調査が可能となりつつある[14]が,濁度については固定点(定点)での調査が大半であり,平面的な土砂移動の様子を精度よく把握することは困難な状況である.また,土砂移動量の把握のために用いられる濁度計測は,「水の濁り具合」の計測であり,「水中を移動している(浮遊している)土砂量」の計測とは異なるため,濁度から土砂量(浮遊土砂濃度)に変換する必要がある.その変換式は現地の状況に強く影響されるため,濁度から土砂量に変換するための調査や実験も必要になるという課題もある.それに対して,超音波を利用した平面的な濁度計測の試み[15]や,濁度ではなく直接,浮遊土砂濃度を推定する試み[8]も行われるようになってきた.これらの計測技術が確立されれば,移動土砂の計測・推定精度は向上し,より適切な土砂管理の実現につながるであろう.

土砂の移動を直接追跡する方法としては,古くから人工的に色付けされた着色砂や蛍光砂を用いた調査が広く行われてきた(例えば,文献16,18).これらの方法は水の中だけでなく,陸上(砂浜や砂丘など)での風による砂の移動(飛砂)の調査にも用いられている[19].特に着色砂を用いた調査は,視覚的にも現象を把握しやすいというメリットがあり有効な手段といえる.しかし,これらの方法は,現地で採取した土砂の中から投入した着色砂・蛍光砂を検出するのに多大な時間と労力を必要とするため,流砂系全体での調査には不向きである.着色砂の検出を自動化する技術開発も行われている[11]が,実用化にはさらなる開発・改良が必要である.また,天然鉱物をトレーサーとして,対象域の土砂に含まれる鉱物を判別し,対象域全体での判別結果からその土砂の起源や移動経路を推定する方法も用いられている[3]が,この方法は鉱物の判別に経験を要するという問題があ

る．このような状況の中で，近年では，マクロ的な土砂動態（移動状況）調査として光励起ルミネッセンス（optically stimulated luminescence：OSL）や熱ルミネッセンス（thermoluminescence：TL）を利用した調査手法も提案されている（例えば，文献9, 13）．ルミネッセンスとは，鉱物が光や熱に曝されること（露光）によって生じる発光現象のことである．これらの調査方法は，自然状態の砂粒子のルミネッセンス信号強度の差異が砂粒子の露光環境の差異を表すことを利用して，流砂系内での土砂の移動過程を推定する方法である．1990年代後半から，土砂移動過程の調査における有効性が主張されるようになってきたばかりであり，今後さらに調査実施例の増加やその結果の妥当性の検証が期待される．

2.2.3　土砂管理のための技術開発

前項までに触れた「土砂管理のための計測・モニタリング技術」以外にも，実際に管理を行ううえで必要となる「土砂を適切に動かす技術」の開発も待たれている．

流砂系内での土砂管理を考える場合，河川上流域からの土砂供給量の管理は重要である．その際に問題となるのは，ダム湖における堆砂（＝河川域での土砂移動連続性の遮断）である．中部地方の代表的な水系である天竜川水系を例にとると，天竜川本川には5基のダム（下流から船明，秋葉，佐久間，平岡，泰阜）があり，その支川には合計10基のダムが建設されている．佐久間ダムより上流では，ほとんどのダムで堆砂率（堆砂量/総貯水量）60%を超えており，大量の土砂がダムで堰き止められている[10]．流砂系全体での土砂管理には，河川上流域で捕捉されているこの大量の土砂を下流へ流すことが必要である．そのために，上流からの土砂をダム湖に貯めることなくダム下流へ流すための排砂バイパストンネルが整備され[*3]，その効果や管理技術としての実用性の検証が行われている．その他にも，ダム本体に設置された排砂ゲートにより，ダム湖内の土砂を下流に流す試みも行われている[*4]．しかし，ほとんどの技術が試行・調査段階であり，今後は下流域の生態系も含めた河川環境や治水・利水対策への影響を検討したうえで，河川域での適切な土砂管理手法・技術としての確立が求められている．

上記のように，排砂バイパストンネルなどによって河川域での土砂の連続性が

---

*3：2004年，美和ダムに完成．
*4：例えば，黒部川水系，出平ダム．

2.2 土砂管理の技術的課題

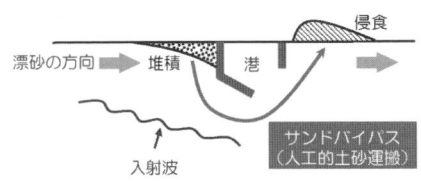

図 2.3 サンドバイパスの概要（文献 12 より抜粋）

回復されたとしても，それが沿岸域の土砂環境の回復に寄与するには相当の年月が必要である．河川域からの土砂供給量が回復するまでの間，沿岸域に供給された貴重な土砂を沿岸の流砂系内で効率的に利用し，海岸侵食などの沿岸災害に対応することが必要である．限られた土砂量を有効活用する技術としては，同じ流砂系内（ここでは沿岸漂砂系内）で土砂の豊富な場所（堆積域）から土砂の少ない場所・減少傾向にある場所（侵食域）に，人工的に土砂を移動させるサンドバイパス，サンドリサイクルが挙げられる．サンドバイパスは，海岸構造物などにより沿岸方向の土砂の連続性が阻害され，構造物の上流側で堆積，

図 2.4 福田漁港・浅羽海岸でのサンドバイパスシステムの概要（文献 12 に加筆）
漁港の西側は堆積が進み，東側の砂浜はやせ細っている．
①福田漁港海岸（1980 年 12 月），②福田漁港海岸（2011 年 1 月），③浅羽海岸（2011 年 9 月．台風による侵食），④浅羽海岸（2007 年 10 月．自転車道の被災），⑤福田漁港（堆積が進み，航路浚渫の費用が増大）．

下流側で侵食が生じた場合に，構造物を"バイパス（迂回）"して上流から下流に人工的に土砂を移動させる方法である（図2.3）．一方，サンドリサイクルは，土砂移動の下流側で堆積した土砂を上流側の侵食域に移動させ，土砂を"リサイクル（再利用）"する方法である．これらはすでに多くの侵食海岸で用いられており，海岸の状況に応じて，その都度（例えば年に1回），実施が検討される．これに対して，静岡県の福田漁港・浅羽海岸では，海岸に設置したジェットポンプによって漁港防波堤の上手側に堆積した土砂を吸い込み，侵食している下手側の浅羽海岸へパイプラインを通して運ぶ恒久的なサンドバイパスシステムを日本で初めて実施している（図2.4．2012年12月現在）．

近年では潮流，特に河口部での下げ潮による沖への土砂損失を低減し，かつ河口の下手側海岸の保全を図る新たな地形制御手法「サンドレイズ工法」[4]や，現地海岸が混合粒径（様々な粒径の土砂が混ざり合っている状態）であることを考慮した土砂輸送方法「波による砂礫の選択的供給手法」[5]，砂と礫など粒径に応じた土砂動態の違いに着目した動的土砂管理手法「MGB工法」[6]が開発されており，現在，現地への適用によってその有効性，土砂管理ツールとしての実用性が検証されている． 　　　　　　　　　　　　　　　　　　　　　　　　　　　　[加藤　茂]

文　献

3) 青島　晃・佐藤友哉・鈴木竜成・下谷豪史（2011）：遠州灘の海岸の砂に含まれるざくろ石の性質と起源の推定．伊那谷自然史論集，**12**：19-24.
4) 宇多高明・芹沢真澄・三波俊郎・古池　鋼・石川仁憲・宮原志帆（2009）：沖合への土砂損失防止のためのサンドレイズ工法の提案．海岸工学論文集，**56**：731-735.
5) 宇多高明・田代洋一・石川仁憲・古池　鋼・三波俊郎・芹沢真澄（2010）：混合粒径土砂の盛土養浜時の広がり予測．土木学会論文集B2（海岸工学），**66**：651-655.
6) 宇多高明・石川仁憲・宮原志帆・芹沢真澄（2011）：Moving Gravel Body工法の提案．土木学会論文集B2（海岸工学），**67**：661-665.
7) 岡辺拓巳（2011）：広域土砂管理のための沿岸地形モニタリング手法に関する研究．豊橋技術科学大学学位論文．
8) 加藤　茂・Syamsidik・岡辺拓巳・青木伸一（2009）：超音波を用いた浮遊砂計測法の開発に関する研究．海岸工学論文集，**56**：1436-1440.
9) 岸本　瞬・劉　海江・高川智博・白井正明・佐藤愼司（2008）：長石の熱ルミネッセンス特性に基づく流砂系の土砂移動の分析．海岸工学論文集，**55**：686-690.
10) 国土交通省（2008）：第92回河川整備基本方針検討小委員会資料（http://www.mlit.go.jp/river/shinngikai_blog/shaseishin/kasenbunkakai/shouiinkai/kihonhoushin/080319/080319-siryo.html），2012年6月21日アクセス．
11) 齋藤晴久・坂本　繁・鈴木　誠・尼崎貴大・加藤　茂・青木伸一・上山　聡・佐藤愼司（2010）：土砂動態の高頻度モニタリングのための着色砂分析システムの開発．海岸工学論文集，

57：1391-1395.
12) 静岡県（2012）:「福田漁港・浅羽海岸サンドバイパスシステム」パンフレット．
13) 白井正明・劉 海江・高川智博・岸本 瞬・佐藤慎司（2009）：広域的な露光率分布から見た天竜川・遠州灘における砂粒子の運搬過程．日本地質学会第115年学術大会．
14) 武若 聡・高橋 悠・田島芳満・佐藤慎司（2008）：Xバンドレーダーによる天竜川河口域の地形と流動の観測．海岸工学論文集，55：651-655．
15) 橘田隆史・横山 洋・橋場雅弘・新井 励（2011）：ADCPの超音波反射強度を利用した濁度計測技術について．河川流量観測の新時代，2：49-56．
16) 野田英明・的場善博・小林幹和（1986）：写真撮影方式による蛍光砂調査法の研究．第33回海岸工学講演会論文集：248-251．
17) 畑中勝守・和田雅昭（2006）：漁船を活用した海底地形情報取得システムのデータ解析に関する考察．海岸工学論文集，53：1386-1390．
18) 日野幹雄・山下俊彦・米山 晋（1981）：着色砂による岸沖方向の海浜過程に関する実験．第28回海岸工学講演会論文集，183-187．
19) Junaidi・青木伸一・加藤 茂・片岡三枝子・若江直人・尼崎貴大（2009）：中田島砂丘における飛砂の特性と短期的地形変化に関する研究．海岸工学論文集，56：621-625．

I. 国土と環境管理——気圏，水圏，地圏

3 水環境と管理

　日本は世界からみれば水に恵まれた国であり，飲料水に困ることなく，農業および工業の基盤となる良質な水を非常に低価格で，しかも豊富に入手可能である．しかし，局所的，短期的にみれば水不足が生じており，水を確保できるかどうかで農業の形態も決まっていた．農耕地は，水が確保できれば水田として開拓され，水田に必要な水が十分確保できなければ畑作，それも無理であれば荒れ地となっていた．水量が十分でない地域に，水が豊富な地域から輸送するシステムは古代から開発されている．紀元前ではローマ水道が有名であり，ペルシア帝国では蒸発を防ぎながら灌漑用水を輸送する地下水路（カナート）が作られていた．日本でも用水は各地で作られており，愛知県には明治用水，豊川用水，愛知用水などがある．また，上流と下流で生じた水の争奪の解決策として水利権（水を確保する権利）も確立された．

　一方，水はその量が多くなると洪水を引き起こし，住居を押し流し，農地を冠水させ，人々の生命を奪うこともしばしばあった．これら洪水の被害から人々の生命や農地を守るために，堤防が築かれている．それでも防げない洪水のために，豊川では堤防を不連続にし，洪水時には堤防の不連続部分から水を堤内地に流れ込むようにして，下流の氾濫を防ぐ霞堤が築かれている．また，両岸のうち一方の堤防を低くし，氾濫する場所と守る場所をあらかじめ決めている区域も全国各地に存在していた．

　河川の管理では利水と治水が重要であるが，これらに加えて環境への配慮が求められてきており，1997年の河川法の改正では，河川環境（水質，景観，生態系など）の整備と保全の項目が加わった．

3.1　量（水利用）の管理

　人為的にエネルギーを加えない限り，水は高いところから低いところにしか流れない．このため，地球の自然の作用で蒸発した水蒸気のうち，降水として高いところにもたらされた水のみが利用可能になる．豊富な地下水も，もとをただせば，降水が地下に浸透したもので，どこからか湧いてくるものではない．長期的

3.1 量（水利用）の管理

視点でみれば，ある流域で我々が利用できる水の量は，その流域の降水量に依存する．日本では水が豊富に存在し，いままでの行政施策の成果で，ダムなどにより必要な水の供給体制が整い，その恩恵を受けているため，この水量による制限があることが，しばしば忘れられている．

量の管理で難しいことは，1年を通して河川の流量が一定ではなく洪水のような大流量時から渇水時の小流量まで，その変動範囲が大きいことである．図3.1に例として豊川の布里地点の流量を示す[4]．降水に伴い流量が増加し，その後流量が低減することを繰り返している．1年間365日の流量を大きい順に並べて，95番目の豊水流量は$20\,m^3/s$，185番目の平水流量は$11.8\,m^3/s$，275番目の低水流量は$6.9\,m^3/s$，355番目の渇水流量は$4.9\,m^3/s$になり，渇水流量は豊水流量の約1/5になっている．地表に到達した降水がすべて河川を通して流出しているわけではなく，一部は蒸発散により再び大気に戻り，地下水となるものもある．河川に流出した水もすべて利用できるわけではない．洪水時の水は利用されることなく海に到達し，渇水時にも河川環境の保全のためには河川に最低限の維持流量を流す必要が生じ，これらの水は利用できない．

一方，水の利用については，生活用水や工業用水は年間を通して一定であり，農業用水も作付される作物により，河川水量に関係なく，水の必要な時期が決まっている．年間を通して，需要が供給を上回らないように管理する必要がある．この供給側と需要側の時間的なミスマッチを解消するための最も合理的な手法は，水を貯めることになる．

水を貯める場所として自然に作られたものには湖沼があり，その周囲や下流域では湖沼から恩恵を受けている．ただし，湖沼は周辺の土地よりも低いところにあり，その水を利用するためには，エネルギーを用いて高いところに輸送する必要があるし，湖沼の水位と高さが同じ湖岸域では，湖沼の水位の変化によって水没するところも出てくるため，対応する施設も必要になる．人工的に水を蓄える施設としては，ため池が古くから作られており，現在では数多くのダムや河口堰も作られている．

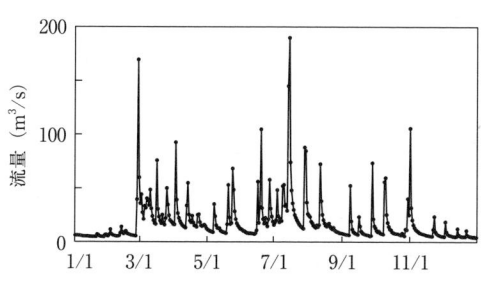

図3.1 河川流量の例（豊川の布里地点．2010年）

河川の水を利用する権利である水利権は，慣行水利権として明治以前から確立しており，その後の生活用水や工業用水の取水のためには，上流にダムを作り，渇水時にも水を流す必要があった．また水利権では維持用水のことが考慮されていない場合が多く，例えば豊川の支流の宇連川では，大野頭首工で豊川用水を取水しており，下流に水を流さない瀬切れ（断水）が1年のうち200日以上ある．現在，ダムの是非が問い直されているが，河川環境の保全，我々の豊かな生活，農業や工業での水利用など，流域に暮らす人々にとって，どのように河川の水を利用するのがよいかを流域単位で，いま一度考え直すときに来ているようである．

◯3.2◯ 質 の 管 理

◯3.2.1 環境基準項目の管理

日本における水質汚染は，最初の公害とされている足尾鉱毒事件の銅，四大公害のうち，水俣病・新潟水俣病の水銀，イタイイタイ病のカドミウムにみられるように工場や鉱山から排出される金属類による汚染であった．この解決のために，人の健康の保護に関する水質項目として，カドミウム，鉛，ヒ素，水銀などの金属類の環境基準が規定されている．その後，家庭や工場などから有機物質が多量に都市内の河川に排出され，これらの有機物質を分解するために溶存酸素が消費され，河川の酸素濃度が低く魚の住めない「死の河川」が現れた．これらの問題を解決するために，生活環境の保全に関する水質項目にBOD（生物化学的酸素要求量），COD（化学的酸素要求量），DO（溶存酸素）の環境基準が設定された．また，流域から多量に栄養塩が流入したために，湖沼でアオコが異常に増殖する現象がみられ，閉鎖性海域でも赤潮が発生した．これらの解決のため，富栄養化要因物質の窒素，リンが，湖沼と海域の環境基準として設定された．その後，半導体工場やクリーニング工場で使用される有機塩素化合物による汚染が明らかになり，その他の化学物質も含めて，トリクロロエチレンやテトラクロロエチレンが人の健康の保護に関する環境基準に追加された．また，日本では環境基準が定められていないものの，抗生物質などの医薬品やフッ素化合物など，水質汚染が問題となる化学物質は多数に上っている．

現在の人の健康の保護に関する環境基準項目は27項目である．2009年度に環境項目に加えられた1,4-ジオキサンと，総水銀が検出された場合に測定されることが多いアルキル水銀を除いて，2009年度には河川：1830〜3377地点，湖沼：443〜856地点でモニタリングが実施されている．2009年度に環境基準値を超過

表3.1 人の健康の保護に関する基準項目の基準値超過項目の調査地点数と超過地点数（2009年度）

水質項目	調査地点数	超過地点数
鉛	4471	7
ヒ素	4424	24
ジクロロメタン	3542	1
1,2-ジクロロエタン	3525	1
硝酸性窒素および亜硝酸性窒素	4287	2
フッ素	2983	15
1,4-ジオキサン	727	1

した水質項目とその地点数[3]を表3.1に示す．超過した項目は7項目で，残りの20項目は，調査した地点では超過していない．超過した地点がある水質項目でも，超過地点数はごくわずかで，ほぼすべての河川や湖沼では，人の健康の保護に関する環境基準を満たしている．超過地点数が24と最も多いのはヒ素であるが，温泉の流入など自然的な要因で超過している地点が多い．いずれにしても，毎年数多くの環境基準点でモニタリングが行われており，日本の河川や湖沼の水質が基準値を超えないよう監視されている．

これに対して生活環境の保全に関する項目では，水の利用に基づいて類型が指定されており，その類型の基準値を満たしているかどうかが判断されている．有機物質の2009年度の達成状況[3]を表3.2に示す．河川ではBOD，湖沼と海域ではCODが指標とされている．なおBODは平均値ではなく，低いほうから並べ

表3.2 有機物質の環境基準の達成状況（2009年度）

水域	類型	水域数	達成数	達成率（%）
河川 (BOD)	AA	358	328	91.6
	A	1261	1184	93.9
	B	534	478	89.5
	C	280	251	89.6
	D	82	78	95.1
	E	46	44	95.7
	合計	2561	2363	92.3
湖沼 (COD)	AA	33	5	15.2
	A	133	85	63.9
	B	18	2	11.1
	C	0	0	0.0
	合計	184	92	50.0
海域 (COD)	A	260	171	65.8
	B	211	177	83.9
	C	119	119	100.0
	合計	590	467	79.2
総合計		3335	2922	87.6

たときの75%値が用いられている．2009年度の達成率は河川：92.3%，湖沼：50.0%，海域：79.2%で湖沼の達成率は低いが，湖沼が河川や海域に比べて汚染されているわけではない．例えば河川の類型AAのBODの基準値は1 mg/Lであり，類型Eでは8 mg/Lになっている．このため，類型AAに指定された地点で1.5 mg/Lであれば基準超過になるが，類型Eに措定された地点ではBODが6 mg/Lでも基準を満たしていることになる．水道利用目的では，河川の類型Aと類型Bが湖沼の類型Aに対応しており，河川では類型Dや類型Eに指定されている地点も多いことが，河川の達成率が高くなっていることに寄与している．国が類型を指定している水系では類型指定の見直しが実施されているが，都道府県が指定する水系では類型の見直しはあまり進んでいない．現在の水利用の状況や将来どのような河川にすべきかの議論を踏まえて，随時類型指定を見直す必要があると考えられている．

　このように，日本では，人の健康の保護に関する環境基準と生活環境の保全に関する環境基準によって水質の管理がなされている．これらの水質項目は定期的（年4回や12回など）にすべての項目について測定されているが，特に人の健康の保護に関する環境基準項目はその多くが基準値以下で，しかも基準値の1/10の定量下限以下の地点も多い．モニタリングに必要な費用の面から制約を受けるようになり，例えば定量下限以下の状況が数年間続いていれば，年12回の測定を4回，あるいは1回に減らすなどの対応がなされている．効率よく水域を管理するためには，流域の状況と流出源別の汚染物質の流出特性を把握しておく必要がある．

◯ 3.2.2　流出源別の汚染物質の流出特性

　管理すべき水質とその流出源についてまとめたのが表3.3である．多くの流出源に「◯」がついているように，汚染物質はいろいろな流出源から流出している．また，水質は時間とともに大きく変化している．季節的な変化を示す水質項目もあり，降雨時にはそれまで透明であった河川の水が濁水になるように，水質は大きく変化する．この場合，河川水質の管理を目的とするか，下流の湖沼や内湾の水質を管理するかで指標が異なる．河川水質を考えた場合は，濃度が重要になる．それに対して，下流の湖沼や内湾の水質管理では，濃度と流量の積である負荷量が重要になる．流域を管理するためには，単に濃度だけではなく，流域からの流出に対する物質収支の概念を導入した負荷量管理が必要になる．

表3.3 管理が必要な水質成分項目と流出源[2]

水質項目＼流出源	面源（非特定汚染源）					点源（特定汚染源）	
	乾性,湿性沈着	森林	水田	畑地果樹園	市街地	工場下水処理場	畜産
有機物質（BOD, COD, TOC）		○	○	○	○	○	○
栄養塩（窒素, リン）	○	○	○	○	○	○	○
金属		△		△	○	○	△
農薬	△		○	○			
その他化学物質	△		△	△	○	○	

○：管理が必要，△：管理が必要な場合あり

　まず，流域の上流に位置する森林からの流出で管理すべき項目は，栄養塩になる．降水に含まれる栄養塩濃度は意外と高く，全窒素で0.4～1.2 mg/L，全リンで0.007～0.1 mg/L[1] で，もし降水をプールに貯水したら富栄養化するレベルである．それに対して，森林の出口では濃度は低く全窒素で0.1～0.8 mg/L，全リンで0.007～0.048 mg/L[1] になり，降水や降雪などの湿性沈着と乾性沈着によるインプット量よりもアウトプット量が少なくなる場合が多い．これは，森林生態系にとって栄養塩は重要な物質であり，樹木の成長により栄養塩が取り込まれるためである．森林が十分管理されず木が成長できなくなった流域では，栄養塩が森林に吸収されないため流出負荷量が多くなる窒素飽和も問題になっている．

　森林の下流には農地が広がっている．農地からは栄養塩，有機物質，農薬が流出する．農薬の環境基準項目にはチウラム，シマジン，チオベンカルブの3種類が指定されている．しかし毎年新しい農薬が開発され，この3種類以外で使用量の多い農薬も数多く存在しており，環境基準項目の見直しが必要である．

　環境基準項目は年12回，あるいは年4回測定されているが，これで万全なのだろうか．例えば水田に散布される農薬の濃度変化を図3.2に示す．散布時期に対応して河川水中の除草剤濃度も高くなるが，その検出期間は約2カ月である．もし年4回の測定で，この2カ月に測定しなければ，農薬は検出されないことになる．人の健康の保護に関する環境基準はシアンを除いて年平均値での管理である．12回の測定の場合，2回は計測されるが，他の時期は定量下限以下になるため，年平均濃度は低くなる．一方，河川に棲息する動植物に対しては短期間であっても高濃度の時期が数日続くと影響を及ぼす．この場合，水質の管理として年平

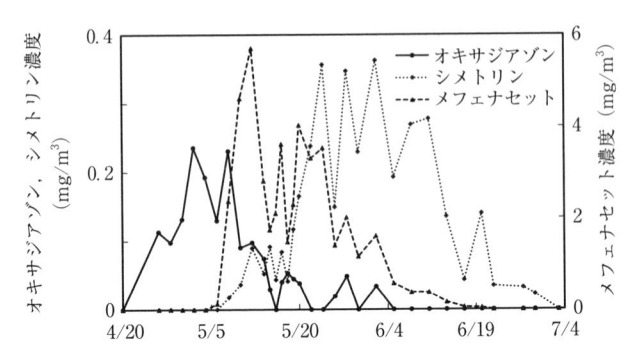

図 3.2 水田除草剤の河川における濃度変化の例（恋瀬川，1995年）

均値は意味をなさなくなり，状況に応じた管理が重要になる．

　農薬の登録時には水産動植物への影響の観点から，モデルを用いて最高濃度を予測し，予測した濃度が魚類，甲殻類，藻類への影響濃度より低いことを確認している．この観点からでは，最高濃度になると予想される時期の集中的な管理が必要になる．また，最近の農薬は分解性がよくなってきているが，殺菌剤や一部の除草剤や殺虫剤では分解速度の遅いものも存在する．このため，必ずしも河川で濃度が高い農薬が，下流の湖沼などでも濃度が高くなるわけではない．湖沼では希釈により河川より濃度は低いが，分解速度の遅い農薬の濃度が相対的に高くなる．

　栄養塩の流出は水田と畑地では大きく異なる．水田では，田植え前の代かき後の落水時に多くの栄養塩が懸濁態として流出することが知られている．このため，滋賀県では代かきした水を排水させない濁水対策が推奨されている．畑地や特に傾斜地の果樹園では，肥料散布後の降雨時に懸濁態として栄養塩が流出することが多い．また，茶やニンジンなど窒素の施肥量の多い作物の栽培地帯では，地下水の硝酸態窒素濃度が高くなっており，これらが流出する河川においても硝酸態窒素濃度が高くなる．

　市街地からの流出が問題になることも多い．晴天時に自動車から排出される粉塵やタイヤ屑など様々な粒子が，道路や屋根などに堆積している．これらの粒子が降雨時に雨に洗い流されて流出する．降雨初期のファーストフラッシュでは，特に，様々な物質の濃度が高い水が流出することになる．特に，分流式の下水道区域では，雨水は直接雨水管路を通して処理されずに河川に流出するため，これらの汚染物質が処理されずに環境水中に流出する．一方，合流式の下水道区域で

は，小さな降水や降雨初期の雨水は家庭からの排水と一緒に下水処理施設に輸送され処理されるが，降水量が多くなると家庭からの排水と雨水が混じった下水の一部が雨水吐より直接河川に流出することになる．初期に建設された下水道は合流式であったため，大規模な都市の中心部では合流式下水道の地域が多く存在する．現在，合流式下水道改善事業によって，流出する汚濁物質の量を削減するための対策が実施されているが，改善が進んでいないのが現状である．

特定汚染源として，工場からの排水は，大きな工場ではおおよそ一定量の流出負荷があると考えられる．しかし操業に合わせて排水される場合，回分式の処理施設では間欠的に排出されることから，それぞれの工場などによって流出特性は大きく異なる．また排出される成分も多種多様であり，それぞれの流域によって事情が異なる（例えば京都では染物工場からの排水が多い河川など特徴的な河川もある）．流域の特定汚染源の状況を把握し，それに基づいた管理が必要になる．

3.3 場の管理

水量と水質の管理が重要とされてきたが，水域の管理を考えた場合，生態系の維持の観点から，水が存在している空間も重要になる．河川では瀬と淵，ワンド，河畔林などが重要と考えられており，それぞれに適応した生態系が維持されている．また，産卵場所や稚魚が成長する場所も必要になる．治水のために，早く洪水が海に流れるように，直線化されたコンクリート護岸の堤防が各地でみられるが，生態系保全の観点からは，瀬や淵の構造を残す多自然護岸などが望まれており，2006年には「多自然川づくり基本指針」が策定され，各地で多自然川づくりが実践されている．

3.4 水環境管理の今後に向けて

公害に代表される各地の水環境汚染は，第二次世界大戦後の経済成長に伴い，より顕在化した．それ以前の水汚染に対しても同様ではあるが，対処療法的な対策がなされており，公害問題に対応して1967年に制定された法律も同じような性格の公害対策基本法であった．その後，公害対策基本法は1993年に環境基本法に改定され，それまでの対策中心から，地球規模の環境保全にも対応し，豊かな環境を維持する視点も取り入れられた．しかし多くの流域では，最悪の時期に比べて水環境が改善されたこともあり，それぞれの流域の水環境をどのような状態で維持すべきかについて，総合的な議論がなされてこなかった．これに対して

水循環の視点が重要であることが指摘され，例えば愛知県では2006年に「あいち水循環再生基本構想」を制定し，「安心して利用できるきれいな水」，「暮らしを支えて流れる豊かな水」，「水が育む多様な生態系（いのち）」，「人と水とがふれあう水辺」の4つを，構想の「めざす姿」として設定している．このような構想など，どのように水環境を保全，創造していくかについての統一的な取組みが各流域で必要である． ［井上隆信］

文 献

1) 井上隆信（2005）：雨水の窒素濃度，リン濃度．森林からの窒素，リンの流出機構．河川と栄養塩類（大垣眞一郎 監修），pp.142-145，技報堂出版．
2) 井上隆信（2011）：物質輸送のマネジメント．地域環境システム（土木工学選書，佐藤愼司 編），pp.144-158，朝倉書店．
3) 環境省（2011）：水環境の現状（1）公共用水域の水質汚濁．平成23年版 環境白書，pp.177-179（http://www.env.go.jp/policy/hakusyo/），2012年7月12日アクセス．
4) 国土交通省（2010）：水文水質データベース（http://www1.river.go.jp/），2012年7月12日アクセス．

I. 国土と環境管理——気圏，水圏，地圏

4 環境管理と広域連携

◯ 4.1 ◯ 環境管理の構造的問題

　ここでは，まず一般的な環境の管理とその管理主体について，特に空間スケールに着目して考えてみよう．環境問題の空間スケール（対象とする環境問題が関係する空間的な広がり）は，その環境問題に関わる物質の輸送のスケールにほぼ一致していると考えられる．すなわち，大気汚染問題を例にとれば，汚染物質の排出源から，大気の流れによって物質が広がる範囲が環境問題のスケールになるであろう．表4.1は，大気環境，水環境，土砂環境について，環境問題を引き起こす輸送流れ（外力），輸送物質，およびそれらの環境問題において最も大きいと考えられる空間スケールを示したものである．

　一方，環境を管理する管理主体については，EU諸国のように国家連合的な組織の場合もあるが，国および自治体など行政主体が一般的である．しかしながら，これらの管理主体の空間スケール（管理が及ぶ範囲）は，当然ながら上記の環境問題のスケールとは一致しない．つまり，環境管理においては，行政界を越えて移動している物質[*1]を管理する必要があり，環境問題はそもそも単独の管理主体では管理できない性質のものである．しかしながら，図4.1に示すように，一体として管理すべき環境を構成する空間を行政（管理者）単位で切り取り，個別に管理しているのが現状である．すなわち，ここに環境問題のスケールと環境管理のスケールの不一致が生じている．このような細分された管理体制では，管理主体ごとの局所最適化（管理区域内で最適な解を求める管理法）が行われがちであり，環境問題を本来の空間スケールで捉えた根本的な取組み（全体最適化）を達成しにくいという構造的な問題が内在している．

　さらに，環境の管理は多くの市民の環境意識[*2]に裏付けられていなければならない．そうでない場合には，いわゆる「総論賛成，各論反対」の構図となり，問

---

*1：水・土砂環境を例にとれば，水や土砂およびそれらを媒体として輸送される汚染物質や栄養分など．
*2：ここでは「環境問題を客観的に捉えて解決を図ろうとする積極的な意識」と定義する．

表4.1 環境問題に関わる物質輸送とその空間スケール

	輸送流れ（外力）	輸送物質	最大空間スケール
大気環境	大気の流れ，人為的輸送	大気汚染物質	地球スケール
水環境	水文循環，河川・海洋の水の流れ，人為的輸送	水質汚濁物質，栄養分など	流域・海洋スケール
土砂環境	大気の流れ，河川・海洋の水の流れ，人為的輸送	土砂，種々の物質	流域スケール

題の解決が難しくなる．一般的には，問題の因果関係が明確な問題ほど理解や共通認識が得やすい．言い換えれば，環境関連物質の流れが明確な問題（公害問題など）は対応しやすいが，ノンポイント汚染や二酸化炭素の排出などのように因果関係を明確にしにくい問題については，環境意識は総体的に高くても実際の対応が難しい場合が多い．すなわち，環境管理を実効的なものにするためには，市民の環境意識の成熟[*3]

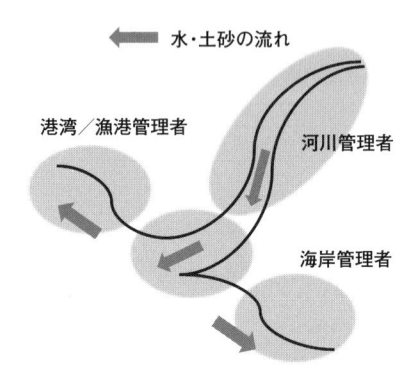

図4.1 水・土砂の流れと分割管理の構図

が同時に進まなければならないであろう．このように環境管理においては，単に管理者側の構造的な問題だけでなく，市民の環境意識とのマッチングも重要な要素である．

●4.2● 連携管理の必要性

日本の国土形成計画（2008）には，安全で美しい国土の再構築のために，広域ブロックでの政策課題対応が重要であると謳われている[1]．上述したように，環境管理の観点でもこのことは重要である．では，どのようにすれば広域の環境を統合的に管理することができるだろうか？　このために行政単位とは別に種々の環境問題のスケールに合わせた管理主体（例えば流域の水環境の管理を行うために組織された特別な管理主体など）を置くことは理想的である（例えば，文献3）．しかしながら，そもそも環境管理という目的で行政の枠を組み替えることは現実的には難しいし，港湾管理におけるポートオーソリティのような新しい管理主体

---
*3：環境問題のスケールや構造に対する正しい理解．

を環境管理のために置くことも現実的にはハードルが高い．したがって，行政単位を越えた環境管理を実現するためには，既存の管理主体が連携して全体最適化を目指すための新しい枠組み（体制づくり）や仕掛け（環境管理の方法や技術の開発）が必要となる．さらに，上述した市民の環境意識とのマッチングの重要性を考えれば，NPOなど市民団体と行政との連携も重要になる．

　流域圏での水環境および土砂環境の管理について具体的に考えてみよう．水および土砂は，あらゆる環境の基盤となっており，その適切な管理は極めて重要である．水は我々の生活に密接に関連しており，水量や水質の管理はこれまでも行政の重要な使命であった．一方，土砂管理については従来あまり注目されていなかったが，第2章で述べたように，近年その重要性がクローズアップされている．土砂問題はダム建設や土砂採取など人為的な土砂輸送の阻害に起因する場合が多く，土砂環境の変化による河川や海岸の変化が生態系などに大きな影響を及ぼすため，近年は各地でダムや河川からの土砂供給の重要性が指摘されるようになっている．しかしながら，これらに対する管理の考え方や環境意識は上流側と下流側で必ずしも一致していない．水や土砂の流れは上流から下流へと向かうため，一般に，管理者や市民の意識は下流側へ向かっては薄れがちである．このことは，図4.1のように流域圏が分割管理されている状況では，上流側での水や土砂の管理に下流側の問題が反映されにくいことを意味している．一方で，最下流に位置する海側では，山や川で生じるいろいろな問題が集約されて影響を及ぼすため，山から海までの広域で問題解決を図る必要性が認識されている場合が多い．このような状況の中で，管理者や市民がどのように連携し，統合的な環境管理を実現させるのか，いまその方向性が模索されている．

　連携した環境管理のための取組みの一例として，矢作川・三河湾流域圏では，国土交通省中部地方整備局が世話役となり，2010年に関連自治体（県，市町），山・川・海で活動する種々のNPO，および大学や研究所の学識者からなる「矢作川流域圏懇談会」を立ち上げ，民・学・官の連携・協働による環境管理に向けた取組みが開始されている（図4.2）．懇談会では，山，川，海のそれぞれの立場で環境問題について話し合い，さらにフィールド調査などを通してそれらの問題点を共有しながら，行政相互，市民グループ相互，行政と市民，市民と学識者など視点や考え方の異なる様々なグループが流域圏という共通の場の環境管理のあり方について意見交換している．このような連携組織は，山から海にわたる流域圏の総合的な環境管理のための1つのモデルと考えられるが，自律的に機能するよ

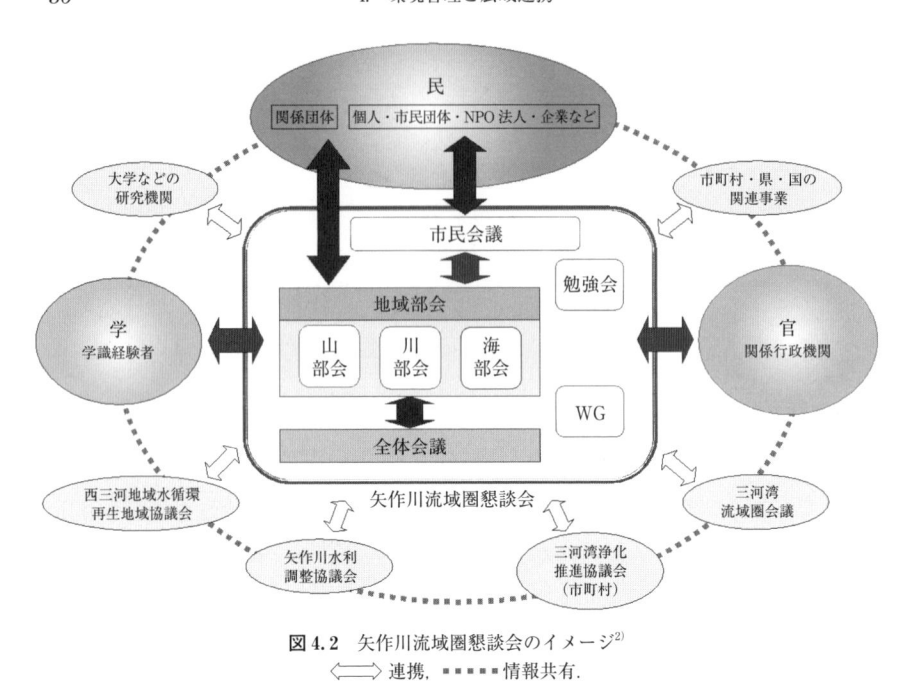

図 4.2 矢作川流域圏懇談会のイメージ[2]
⟺ 連携，▪▪▪▪ 情報共有．

うになるためには，まだ多くの問題点を有している．

4.3 フロー型管理による連携管理の実現

ここでは，異なる管理主体間で環境の連携管理を行うための1つの方法を提案しよう．従来の環境管理は，水環境にせよ土砂環境にせよ，いわゆる「ストック型」の管理であった．これは，管理区域内において水量や土砂量，水質や底質などといった，量と質を管理指標とする管理法である．このような管理法では，水量の確保や水質基準の達成が管理目標とされる．一方で，水や土砂およびそれに付随する物質など常に移動しているものの量や質は，管理対象とする領域への物質の流入・流出と大きく関係しているため，質や量の管理も，見方を変えれば流入・流出の管理ともいえる．このことを利用して，管理方法を「ストック型」から「フロー型」（流入・流出の管理）にシフトさせることにより，管理主体間の連携を生み出し，環境の連携管理を推進することができるのではないかと考えられる（図4.3）．すなわち，境界を接する管理主体間での物質のやりとりを常に監視し，それらを指標とする管理目標を設定することで，個々の管理主体をつなげた全体管

理を実現しようというものである．

上述した水と土砂の問題を例にとって考えると，流域内に位置する市町では，市街地や森林・田畑からの環境関連物質や土砂の河川への流出量をできるだけ正確に把握し，陸域からの流出量をフロー（kg/月など）として定量化する．県や国などの河川管理者は，それらの情報をもとに河川から海域への物質の流入負荷量（kg/月など）を推定するとともに水質，流量，土砂輸送量などの継続的なモニタリングによりこれらを検証する．さらに海域では，海域の管理者が流入河川からの負荷量の情報をもとに，海域での物質や土砂の動態について観測結果やモデルを利用して明らかにする．またこれらを河川や陸域にフィードバックし，流域圏の環境において何が問題か，どこの物質フローを制御すべきか，またどこに土砂を配分すべきかなどについて，管理者が議論する場を設け，総合的に環境の改善を図ることが考えられる．ただし，このようなフロー型管理には，物質フローの推定技術やモニタリング技術に関するさらなる技術開発が求められる．特に土砂管理については，水の流れに比べて土砂の流れは間欠的で年変動も大きいため，その実態を把握しにくく，第2章で述べたように，モニタリングや予測には今後の技術開発を必要とする点が多い．しかしながら，ここで提案したフロー型管理は，管理主体が連携して広域の環境問題に総合的に取り組むための1つの仕掛けであり，管理者側を環境問題に合わせて再構築するのではなく，既存の管理主体の連携を目指したものである．

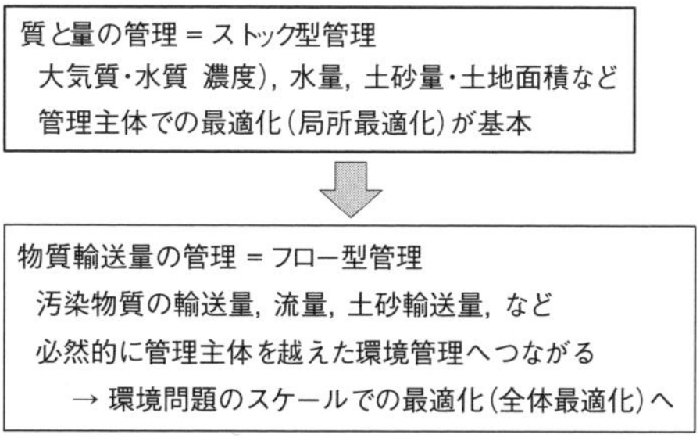

図4.3 ストック型管理からフロー型管理への転換

質と量の管理＝ストック型管理
大気質・水質 濃度），水量，土砂量・土地面積など
管理主体での最適化（局所最適化）が基本

物質輸送量の管理＝フロー型管理
汚染物質の輸送量，流量，土砂輸送量，など
必然的に管理主体を越えた環境管理へつながる
→ 環境問題のスケールでの最適化（全体最適化）へ

[青木伸一]

文　献

1) 国土交通省（2008）：国土形成計画（全国計画）．
2) 国土交通省豊橋河川事務所：矢作川流域圏懇談会ウェブサイト（http://www.cbr.mlit.go.jp/toyohashi/kaigi/yahagigawa/ryuiki-kondan/index.html），2012年12月12日アクセス．
3) 筒井信之（2010）：流域環境圏を基にこの国の形を創る，人間社．

II. 環境持続性と地域活性化

5 広域幹線道路と環境持続性

　近年，日本では，東日本大震災の影響に加え，国，地方双方の財政の逼迫，少子高齢化の進行，これに伴う人口の減少，地球環境問題，社会情勢や都市構造の変化などの様々な問題が生じている．そこで今後の政策の方針としては，限られた財源を有効に活用するとともに，必要性の高い分野に重点投資を図ることが不可欠であると考えられる．地域計画においては，将来的な経済性および都市構造を加味することが不可欠であり，経済性，環境影響など様々な観点からの評価を踏まえた計画が重要となる．さらに幹線道路整備による地域，環境への影響評価も極めて重要な視点である．

　本章では三遠地域[*1]を対象とし，この地域の幹線道路整備に着目し，環境・経済波及効果モデルの観点から環境・経済持続性について論じる．そして，複数の整備計画案を対象に整備効果を計測することによって，道路整備が対象地域にどの程度の経済波及効果と環境影響をもたらすのかを解説する．なお本書が教科書であるという性格を考慮して，モデルはかなり省略されている．詳細は原著論文[1,4)]を参照してほしい．

5.1　対象地域のゾーニングと対象ネットワーク設定

　本章では図5.1に示すように，豊橋市を中心とする愛知県東三河地域および浜松市を中心とする静岡県西遠地域からなる三遠地域を対象地域としている．ゾーニング方法は，1999年度道路交通センサスBゾーンを基本として，三遠地域の対象エリアを76ゾーンに分割して分析を行った．道路ネットワーク設定については，一般国道23号バイパス（豊橋東バイパス，豊橋バイパス），第二東名高速道路（第二東名），およびそれらに関連する幹線道路などの現在計画されている道路に既存（県道レベル以上）のものを含めた道路ネットワークとし，シナリオ1（短期整備計画），2（中期整備計画），3（長期整備計画）の3つのケースに対して評価計測を行うものとした．各シナリオの概要は表5.1に示す通りである．

[*1]：愛知県東部と静岡県西部で構成される．

5.2 経済波及効果計測モデルの構築

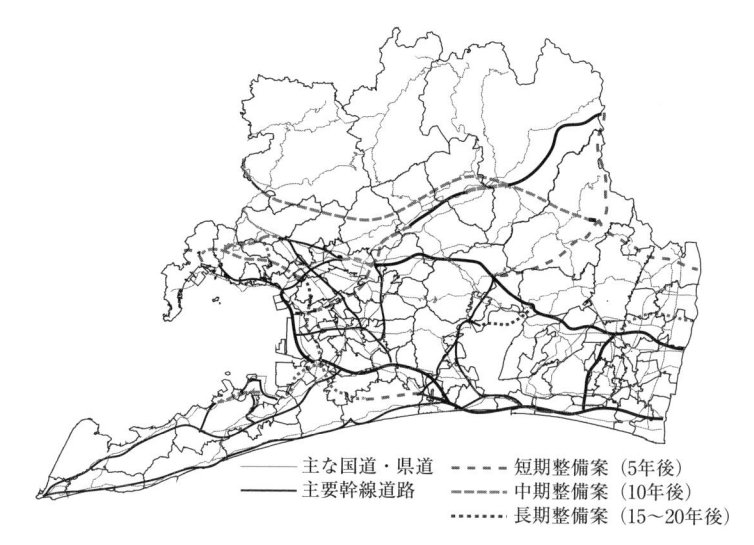

―― 主な国道・県道　 ---- 短期整備案（5年後）
―― 主要幹線道路　 ----- 中期整備案（10年後）
　　　　　　　　　 ...... 長期整備案（15～20年後）

図 5.1　対象地域のゾーニングと対象ネットワーク

表 5.1　各シナリオの整備計画案

シナリオ名	整備段階	設定した主な整備内容
シナリオ1	短期整備計画案	国道23号線バイパスの東西連結（蒲郡は除く），音羽蒲郡IC，豊川ICアクセスの強化，国道247号線バイパスの整備，豊橋渥美線明海地区の交差点改良など
シナリオ2	中期整備計画案	シナリオ1の整備プラス 三河港周辺地域産業幹線道路網の既成，国道23号線バイパスの暫定2車線全通及び一部4車線化，第二東名高速道路と三遠南信自動車道の構成など
シナリオ3	長期整備計画案	シナリオ2の整備プラス 三河港周辺地域産業幹線道路網の完成，国道23号線バイパスや臨港道路の4車線化による東西方向の交通処理能力の向上，（仮）豊橋三ヶ日道路の整備による国土幹線道路や地域幹線道路への連絡道路の強化など

● 5.2 ● 経済波及効果計測モデルの構築

● 5.2.1 新たな経済モデルの開発

　本章では応用都市経済（CUE）モデル[5)]を用いている．このモデルは図5.2で示すように立地均衡モデルと交通需要予測モデルから構成される．両者を同時に均衡させ，矛盾なく統合するために，交通需要予測モデルでは所与の活動立地のもとでの交通市場均衡解を求め，活動立地均衡モデルでは所与の交通費用のもと

での立地均衡解を求めるものとする．そして，それらの均衡解が収束するまで両モデルを交互に推計する全体モデル構造としている．

交通需要予測モデルは，立地均衡モデルで推計された家計・企業の立地分布および自由・業務トリップ数を用いて発生トリップ数を推計し，トリップを

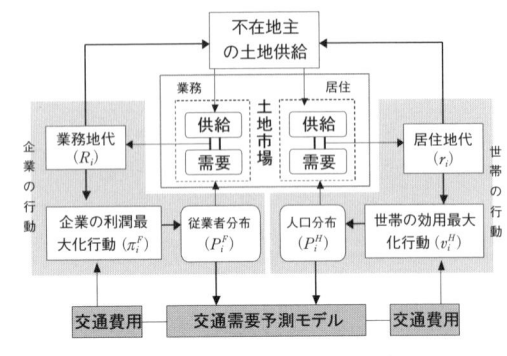

図5.2 応用都市経済モデルの概念図

交通ネットワーク上に配分させていくモデルである．交通需要予測モデルで推計された自由・業務トリップ一般化費用は立地均衡モデルへ戻され，立地均衡モデルと交通需要予測モデルが均衡するまで繰り返し計算される．

それらのモデルで均衡がとれた状態が，最終的なシミュレーション結果として扱われる．上記のモデル構造のもとで，効用最大化・利潤最大化に基づき立地均衡モデルの家計，企業の行動の定式化がなされる．最後にこのモデルの均衡条件は以下のように記述される．

5.2.2 均衡条件

上に述べた経済モデルにおいて，均衡させる市場としては土地市場のみを考える．このため財市場，労働市場については財価格，賃金率を固定的なものとする．対象地域が狭いため，すべての市場を対象とする一般均衡の考え方はかえって非現実的と思われるからである．一般均衡モデルについては，Trang・宮田（2011）などの研究[6]が参考となる．本研究の均衡条件は以下のように示される．

居住用地：

　　居住用地供給量（外生変数）＝1家計当たり居住用地需要量×家計数　　　(1)

業務用地：

　　業務用地供給量（外生変数）＝1企業当たり業務用地需要量×企業数　　　(2)

均衡土地需要は式（1）と式（2）を同時に満たす居住用地地代と業務用地地代を見つけることに帰着する．この計算には1つ1つの市場を均衡させるような地代を順番に求め，これを繰り返し行うというWalrasアルゴリズムを用いている．

◯ 5.2.3 CUE モデルの便益の定義

本研究の便益計測では，EV（等価的偏差，equivalent variation）を基本としている．この概念は経済評価，環境評価，プロジェクト評価などにおいて極めて重要である．そこで EV について CV（補償的偏差，compensated variation）と併せて解説しておこう．

まず記号を簡略化するために，家計を区別する添字 i を省略しよう．道路整備がない状態 A からある状態 B への間接効用関数[*2]の変化は $v^A \equiv v(q^A, \Omega^A)$ から $v^B \equiv v(q^B, \Omega^B)$ となる．ここで q は価格，Ω は所得を表している．

EV は変化後の効用水準 v^B を維持するという条件下で，変化 $A \to B$ を諦めるために家計が必要と考えられる最小補償額であり，CV は変化前の効用水準 v^A を維持するという条件下で，変化 $A \to B$ を獲得するために家計が支払うに値すると考える最大支払い意思額である．EV と CV は間接効用関数あるいは支出関数を用いて以下のように表される．

$$v \equiv v(q^A, \Omega^A + \mathrm{EV}) = v^B \equiv v(q^B, \Omega^B) \tag{3}$$

$$v \equiv v(q^A, \Omega^A) = v^A \equiv v(q^B, \Omega^B - \mathrm{CV}) \tag{4}$$

$$\mathrm{EV} \equiv e(q^A, v^B) - \Omega^A \tag{5}$$

$$\mathrm{CV} = \Omega^B - e(q^B, v^A) \tag{6}$$

社会的純便益は社会を構成する全世帯について EV あるいは CV を合計したものであり，ΣEV あるいは ΣCV で表す．ΣEV>0 あるいは ΣCV>0 のときに，そのプロジェクトの実施を認める判定基準を費用便益基準という．

◯ 5.3 ◯ 幹線道路整備による経済効果の計測

◯ 5.3.1 対象地域全体の便益

幹線道路整備の経済効果を計測するためには，交通需要予測が必要となる．本研究では発生集中交通量の予測モデルとして，重回帰分析モデルを用いるものとし，また分布交通量の予測においては重力モデルを用いた．そのパラメータ推定は線形化重回帰分析およびポアソン回帰分析によるものとした．

道路整備による経済効果の比較を図 5.3 に示す．ここでは線形化重回帰とポアソン回帰を用いた 40 年間の便益の総和が示されている．ポアソン回帰では道路整備による時間短縮効果が狭い範囲に留まるため，線形化回帰の場合に比べ，便

[*2]：予算制約下で最大化された効用値．

益が低く推計される傾向がある．ポアソン回帰では交通量ゼロのODペアを考慮できるが，本事業で対象とするような広域的な道路整備の効果については，慎重な吟味が必要とされよう．

○5.3.2 ゾーン別便益（線形化回帰のケース）

シナリオ1では，豊橋環状線や国道23号バイパスなどの整備により，その対象路線または隣接ゾーンなどで便益が発生している．特に三遠南信自動車道は引佐町と雄踏町（ともに現 浜松市）に大きな影響を与えていることがわかった．

また，第二東名の部分開通に伴い，ICを持つ浜北市1区と引佐町に便益が発生している．また，浜北ICから流れてくる自動車の影響からか浜松市内のゾーンの多くに便益が発生している．その他の道路整備についても，その整備対象路線を持つゾーン，あるいは，近隣ゾーンで便益が発生していることが図から読み取れる．

シナリオ2では，第二東名の延伸などの影響から，その対象路線や東名高速道路と第二東名を結ぶ連絡道路などに接しているゾーンで大きな効果がみられる．第二東名が引佐町から額田町（現 岡崎市）までつながることから，まず，新城市内のICを持つ新城市2区に便益が発生し，さらに，豊川市へつながるバイパスを持つ新城市1区に便益が発生していることがわかった．また，東三河港周辺の道路整備により，豊橋市7区をはじめとする港湾部のゾーンに便益が発生しており，豊橋市と田原市を結ぶ道路整備（国道259号線の4車線化）から，その路線に該当するゾーンにも，経済効果が発生していた．

シナリオ3では，豊橋三ヶ日のゾーンで便益が発生している結果となった．特に，新城市1区では，シナリオ3では便益が発生していなかったが，豊橋市内と三ヶ日町（現 浜松市）を結ぶ道路整備により，豊橋市13区，湖西市2区，三ヶ日町の3ゾーンに便益をもたらしている結果

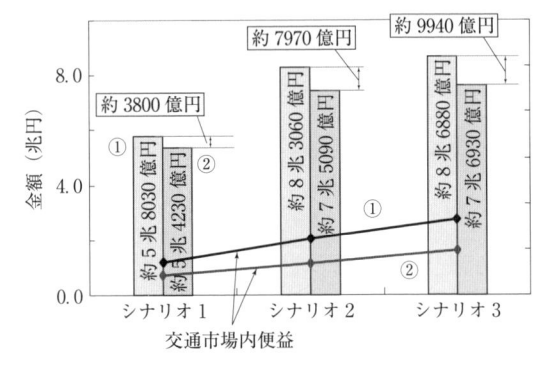

図5.3 道路整備による40年間の便益の推移
棒グラフは総便益を示す．①線形化重回帰分析，②ポアソン回帰分析．

が得られた.また,国道23号線と国道151号線の連結により,湖西市1区をはじめとする対象路線内のゾーン,または隣接ゾーンに便益が発生していることがわかった.なおポアソン回帰についても同様の分析を行っているが,ここでは省略する.

5.4 環境負荷の計測

道路整備は社会経済状況を大きく変えることが予想されるが,それに伴い地域への環境負荷の状態も変化する.ここでは自動車を移動発生源としたCO_2, NO_x, SPM(浮遊粒子状物質),企業の生産活動,家計の消費活動を固定発生源としたCO_2, NO_x, SO_xの排出量変化をみてみよう.

5.4.1 移動発生源の環境負荷排出原単位

本研究では環境負荷の推計を原単位法によって行っている.まず移動発生源については文献2に基づき,以下の関数形を用いている.

$$環境負荷排出原単位 = \frac{A}{V} + B \cdot V + C \cdot V^2 + D \tag{7}$$

ここで,V:平均走行速度,A, B, C, D:パラメータ.

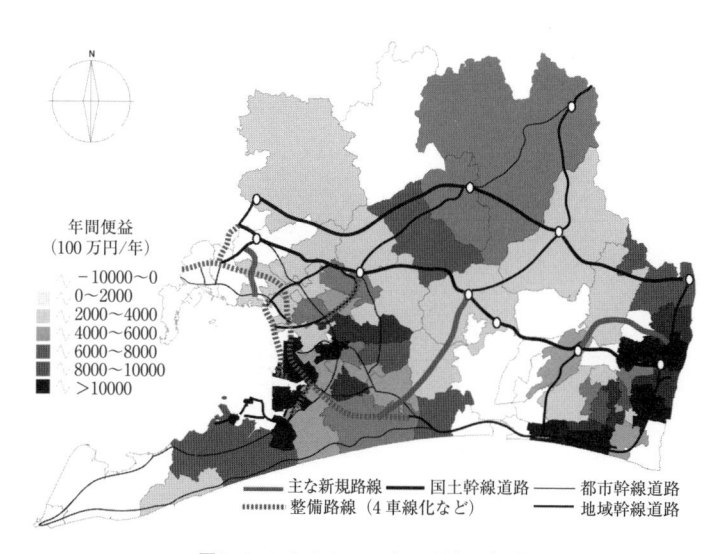

図5.4 シナリオ3のゾーン別年間便益

● 5.4.2 固定発生源の環境負荷排出原単位

固定発生源は生産活動と家計消費活動とし，文献3に基づき，CO_2, NO_x, SO_x について原単位を設定した（表5.2）．

表5.2 固定発生源の環境負荷原単位（単位：t/100万円）

	CO_2	NO_x	SO_x
生産による	1.18148	0.00365	0.00197
消費による	0.55809	0.00033	0.000089

● 5.4.3 対象地域の環境負荷シミュレーション結果

対象地域全体での環境負荷のシミュレーション結果については表5.3〜5.5に示す．なお以下では CO_2 に的を絞り説明する．

まず表5.3で移動発生源からの CO_2 排出量をみると，シナリオ2で排出量が増え，シナリオ3では減少している．これはシナリオ2での道路整備量が大きいため，平均トリップ長が長くなったことによるものと考えられる．シナリオ3では道路整備に伴う平均速度の向上が，排出量減少に結びついたものと考えられる．

表5.4で固定発生源からの CO_2 排出量をみると，生産部門からはシナリオ2で減少，シナリオ3で増加となっている．家計消費からはシナリオ1からシナリオ3にかけて，排出量は増加している．

これらを合計して表5.5で対象地域全体の CO_2 排出量をみると，シナリオ2

表5.3 移動発生源による環境負荷（単位：t/年）

	基準ケース	シナリオ1	シナリオ2	シナリオ3
CO_2	2927000	2875100	2926500	2877900
NO_x	8639	8457	8614	8427
SPM	1165	1205	1221	1164

表5.4 固定発生源による環境負荷（単位：t/年）

		基準ケース	シナリオ1	シナリオ2	シナリオ3
CO_2	合計	19896170	19746520	19757896	19789426
	生産部門	18222310	17900612	17896130	17921678
	家計消費部門	1673860	1845908	1861766	1867748
NO_x	合計	57285	56392	56388	56470
	生産部門	56295	55301	55287	55366
	家計消費部門	990	1091	1101	1104
SO_x	合計	33053	32791	32809	32862
	生産部門	30384	29847	29840	29883
	家計消費部門	2669	2944	2969	2979

表 5.5　CO_2 と NO_x の総排出量（単位：t/年）

		基準ケース	シナリオ 1	シナリオ 2	シナリオ 3
CO_2	合計	22823170	22621620	22684396	22667326
	移動発生源	2927000	2875100	2926500	2877900
	固定発生減	19896170	19746520	19757896	19789426
NO_x	合計	65924	64849	65002	64897
	移動発生源	8639	8457	8614	8427
	固定発生減	57285	56392	56388	56470

で増加，シナリオ3で減少となっており，移動発生源からの排出量変化が大きく寄与した結果となっている．

● 5.4.4　ゾーン別 CO_2 排出量（固定発生源）

ここではゾーン別に固定発生源からの CO_2 排出量の変化を考察する．図 5.5 には基準ケースにおけるゾーン別 CO_2 排出量を示し，図 5.6 にはシナリオ 2 からシナリオ 3 へ移行するときのゾーン別 CO_2 排出量増減を示す．

ここで特徴的なのは，図 5.4 に示されたゾーン別便益との比較である．例えばシナリオ3において新城市は比較的大きな便益が発生しているが，CO_2 排出量に関しては減少している．この他のゾーンについても，帰着便益と CO_2 排出量の

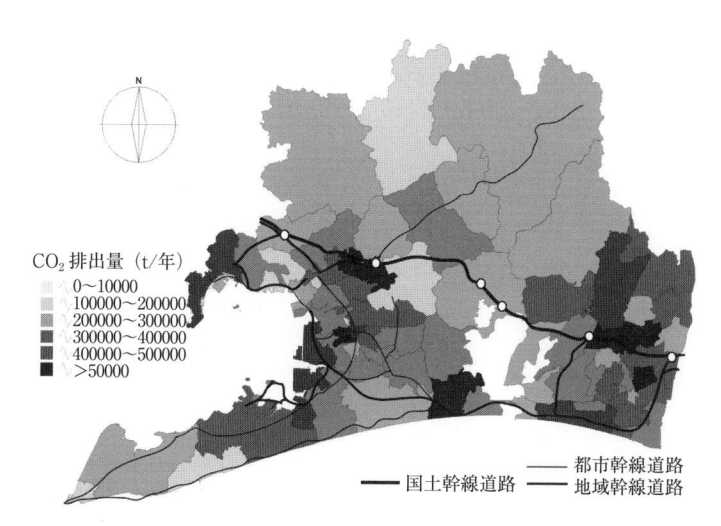

図 5.5　基準ケースでのゾーン別 CO_2 排出量（固定発生源）

増減が一致していないところが散見される．

これは本研究においては便益が家計効用の変化で測られ，家計効用には自由時間や居住地面積といった生活の質的な部分も反映されている．これに対してCO_2排出量は生産額，家計消費額といった量的なもののみで計測されているため，両者に違いが生じているものと解釈される．

広域幹線道路整備と環境持続性ではこの乖離こそが重要であり，生活の質を高めつつ，環境負荷を減少させるケースが存在することは大きな発見である．

◉5.5◉ 今後に向けて

本章の成果をまとめると，まず，分布交通量モデルにポアソン回帰分析を試みた．その結果，OD交通量がゼロの場合をも分析対象とでき，モデルの適合性は向上した．しかしながら広域的な交通ネットワーク整備を目的とした場合，便益の発生が狭い地域に限定され，道路整備の本来の目的を反映しているかどうかには，慎重な検討が必要である．

次に分布交通モデルにおいて線形化重回帰モデルとポアソン回帰モデルを比較すると，ポアソン回帰モデルのほうが経済波及効果が小さくなることが確認された．これは上でも述べたように，ポアソン回帰モデルでは時間短縮効果が及ぶ範囲が小さくなることによるものと解釈される．

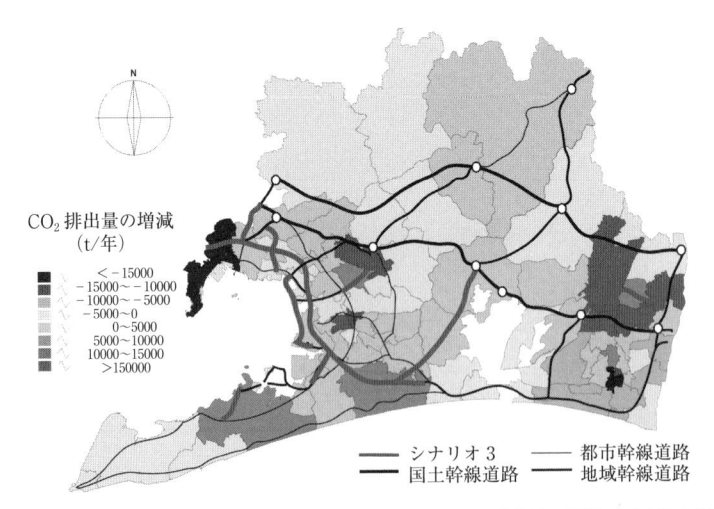

図5.6 シナリオ2からシナリオ3にかけてのゾーン別CO_2排出量の増減（固定発生源）

さらに分布交通量モデルにおいて，線形化重回帰を適用した場合，ゾーン別便益の帰着として，新規に建設される主要幹線および，それと既存幹線を結ぶ道路の周辺に便益が大きく発生する傾向があることがわかった．

環境負荷に着目しCO_2を例にとると，道路整備により平均速度が上がり，移動発生源からのCO_2排出量は減少することもある．また便益が大きく発生するゾーンで，必ずしもCO_2排出量が増加するわけではない．これはすでに述べているように，本章では便益に生活の質が考慮されている半面，CO_2排出量は主として経済における量的な活動に左右されるためである．

道路整備と環境負荷との関連は非線形な関係を含み，複雑な空間的相互作用の結果から生み出されるものであり，今後詳細な分析が必要とされよう．

最後に今後の課題として，対象地域を愛知県全体を含む三遠南信地域に広げ，モデルも空間的一般均衡モデルに近づける必要がある．また環境負荷要素として総窒素，総リン，CODも取り入れる予定である． ［宮田　譲］

文　献

1) 川田圭吾・廣畠康裕・宮田　譲・中西仁美 (2008)：三遠地域における道路整備による経済波及効果の計測手法の開発．土木計画学研究・論文集，**25**(2)：363-372．
2) 並河良治・高井嘉親・大城　温 (2003)：自動車排出係数の算定根拠，pp.110．国土技術政策総合研究所資料，No.141，国土交通省国土技術政策総合研究所．
3) 南齋規介・森口祐一，東野　達 (2004)：産業連関表による環境負荷原単位データブック，国立環境研究所．
4) 宮田　譲・廣畠康裕・渋澤博幸・中西仁美 (2009)：Economy-Transport-Environment Interactive Analysis —— A Spatial Modeling Approach．地域学研究，**39**(1)：109-130．
5) 武藤慎一・上田孝行・高木朗義・富田貴弘 (2000)：応用都市経済モデルによる立地変化を考慮した便益評価に関する研究．土木計画学研究・論文集，**17**：257-266．
6) Trang, Ha Thi Thu・宮田　譲 (2011)：Development Strategy for San-En-Nanshin Region in Japan —— A Simplified Spatial Computable General Equilibrium Modeling Approach．日本地域学会第48回 (2011年) 年次大会学術発表論文集：CD-ROM．

II. 環境持続性と地域活性化

6 バイオマスと地域活性化

　バイオマスとは，生物資源（bio）の量（mass）を表す概念で，「再生可能な，生物由来の有機性資源で化石資源を除いたもの」と定義されている．

　バイオマスは古来より様々な形態で様々な用途で使われてきた．表6.1にバイオマス資源の種類別分類，用途別分類を示す．薪が未加工資源であるのに対して，木炭は加工資源である．食品は未加工，加工の両方がある．糞尿は未加工で使うこともあれば，乾燥や発酵などの加工をする場合もある．このようにバイオマスの種類は多種多様であり，個々のバイオマスはそれぞれの特徴を有している．バイオマスと一括りにしてしまわずに，バイオマスの対象と状態を認識して，議論するべきである．

表 6.1　バイオマスの分類

種類・発生源別

	未利用	資源	廃棄物
木質	間伐材	薪・木炭用木材，建築資材用木材	建設発生木材
非木質	籾殻・稲わら	作物（飼料米）	剪定枝
食品	賞味期限切れ，食べ残し	サトウキビ，食用油	厨芥類，食品加工廃棄物・廃食用油
その他			家畜糞尿・下水汚泥

加工方法・用途別

	建築	食品	燃料	その他
未加工		野菜，果物など多数	薪	土壌改良材（糞尿）
物理的加工・変換	木材，間伐材，合板	サトウキビ，食用油など多数	ペレット	電力，熱，液体飼料，活性炭，衣類
化学的加工・変換			木炭，BDF	飼料，薬品
生物的加工・変化		アルコール飲料	BE，メタンガス	肥料，薬品

◉6.1◉ バイオマスと技術

人類はこれまでにバイオマスを様々な形態で利用してきた．特に近年，新しい利用法として注目されているのが液体・気体燃料としての利用である．温室効果ガスによる気候変動が注目されている中，バイオマス燃焼により放出される炭酸ガスは，光合成により大気中から吸収された炭酸ガスであることから，バイオマス資源が大気中の炭酸ガスを増加させない「カーボンニュートラル」と呼ばれる特性を有していることは大変な利点である．このため，化石燃料資源由来のエネルギーをバイオマスで代替することにより，温室効果ガスの1つである炭酸ガスの排出削減に大きく貢献することができる．輸送燃料としてガソリンなどの液体燃料が不可欠となっている現在，バイオマス液体燃料が注目されている．

また，バイオマスは廃棄物の形態でも多く存在することから，バイオマスを化石燃料の代替エネルギーとして利用することは廃棄物削減にも大きく貢献する．以下に主なバイオマスの燃料利用例を示す．

$$\begin{aligned}
&木質バイオマス &\rightarrow\quad &薪，炭，BE\\
&下水汚泥，畜産糞尿，食品加工廃棄物，厨芥類 &\rightarrow\quad &メタン発酵\\
&廃食用油 &\rightarrow\quad &BDF\\
&サトウキビ，でんぷん作物 &\rightarrow\quad &BE
\end{aligned}$$

a. BE（バイオエタノール，bio-ethanol）

BEは糖をアルコール発酵して製造する．原料はセルロース・でんぷん・糖であるが，セルロース・でんぷんは糖化しなくては発酵できない（図6.1）．

世界で最もBEの生産量が多いブラジルでは，サトウキビの絞り汁である糖から直接BEが製造されるので工程的に有利である．一方，最近研究されている飼料作物からのBE製造は，でんぷんを糖化しなくてはならないため工程が1つ増えてしまい，エネルギー的に不利である．セルロースはでんぷん化，糖化を経なければならないので，さらに不利になる．

発酵してできたエタノールの濃度は十数％であり，燃料利用のためには濃度を高める必要がある．そのために蒸留を用いるが，一般的な蒸留では水とエタノールの混合物は濃度96％以上にはならない．よって，さらに工程（蒸留，膜分離法など）が必要になる．

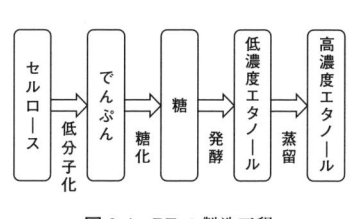

図6.1 BEの製造工程

セルロース → 低分子化 → でんぷん → 糖化 → 糖 → 発酵 → 低濃度エタノール → 蒸留 → 高濃度エタノール

b. BDF（biological diesel fuel）

使用済みの植物油をエステル化して製造する．エステル化は，アルカリ触媒下で使用済み食用油にメタノールを加えて加熱することによって起こる反応であるが，加熱温度が低いのでエネルギー投入が少ない．しかし副産物（グリセリン）が発生するので，この処理（堆肥などでの利用や焼却による熱回収）が望まれる．また，使用済みの食用油は不純物が混入している場合が多いため，前処理が必要となる（図6.2左）．

c. メタン発酵

メタン発酵とは有機物を嫌気状態で発酵させる反応である．主に，下水汚泥や畜産糞尿の処理に用いられる．それまでの処理は好気分解によって実施されてきたが，空気投入のエネルギー消費が問題であった．メタン発酵は空気投入を省くことができるので，より低エネルギーで有機物を処理できる．一方で，残渣や消化液が残るので，これらの処理が必要となる．残渣は堆肥としての利用，消化液は液肥としての利用もしくは下水への放流が望まれる．また，発生するバイオガスには硫化水素などの不純物が含まれているので，ガス精製も重要な工程となる（図6.2右）．

● 6.1.1　バイオマス利活用技術の弱点

日本はバイオマス資源が豊富であり，その利活用によって，再生可能な資源・エネルギーを多量に消費する持続可能な社会へ近づくことができよう．バイオマス利活用技術の各工程にはなお技術的課題があるが，それ以外にもシステム的な問題がある．バイオマス事業を実施する場合には以下の弱点を十分に把握したうえで，システムを設計するべきである．

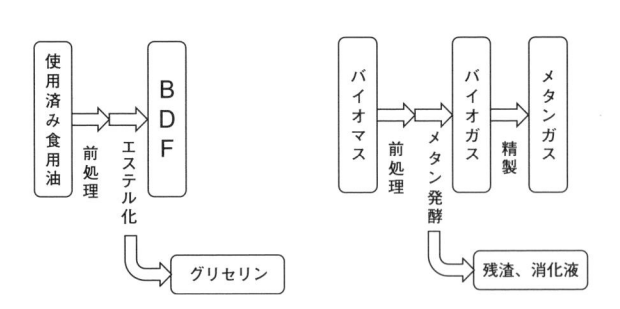

図6.2 バイオマス利活用技術の工程
左：BDF，右：メタン発酵．

a. 原材料であるバイオマスの確保

規模が大きければ大きいほど製造コストを下げることができる．よって，原材料となる多量のバイオマス収集が課題となる．しかし，バイオマスの中には発生密度が低いものがあるため，広範囲から集めなければならない場合がある．

b. 副産物の処理

バイオマスは様々な化合物であることから，目的物製造に伴って必ず副産物が発生する．焼却の場合は焼却灰であり，発酵の場合は発酵残渣などである．こうした副産物の処理には多大な労力とエネルギー，コストがかかる場合があるので，なるべく副産物が発生しないシステムの開発を心がけ，それが難しい場合は，副産物のリサイクルや低コスト処理を考慮しなくてはならない．

c. バイオマスの質の確保

一般的な製造業が扱う原材料と違い，バイオマスは品質が一定しない．特に廃棄物バイオマスの場合，不純物が多量に含まれる場合があり，それらの除去が課題となる．混合したあとで分離するのは困難なので，混合する前に分別することが望まれる．

◯6.1.2 バイオマスとエネルギー収支

日本においては元来，利用可能なバイオマスの量が問題である．政府は，2010年までにバイオマス液体燃料利用量を石油換算で50万kLに，バイオマス熱利用を同308万kLにする計画を立て，多量の税金を投入してきた．しかし，日本の石油消費量は約2億3600万kL（2005年）である．ガソリン＋軽油では約9850万kLである．これらはどう評価すべきであろうか．

日本国内の家庭からの廃食用油発生量は約10万t[1]と推算されている．仮にその100％がBDFとなったとしても，国内の軽油消費量（3115万t，2003年）のわずか0.3％にすぎない．

このことからも，想定されるバイオマス量と比べて，日本のエネルギー消費がいかに大きいかがわかる．よって，バイオマス事業だけで日本のエネルギー需給構造を大きく変えることは不可能である．つまり，炭酸ガス排出量の少ない社会を形成するには，バイオマス事業導入以前に化石燃料の消費構造を変えなければいけない．バイオマス事業を推進する際には，こうしたバイオマスのマクロ的な短所を認識して，長所を活かすべきである．

◯6.2◯ バイオマス事業事例

バイオマスの発生分布には特徴がある．例えば木質系バイオマスは，一般に森林資源の豊富な地方において発生する．一方，廃棄物バイオマス，中でも一般廃棄物は，人口が多い都市域での発生量が多い．資源の少ない地方において豊富なバイオマス資源を利用した事業が多く計画されている．

菜の花を利用した事業（菜の花事業）は多くの地域でみられ，図 6.3 のような循環を形成している．実際には使用済み油の回収量が少なく，菜種油以外の油も回収することから，油の回収から BDF までのルートは閉じていない場合が多い．

しかしながら，菜の花事業は，住民活動面からも産業面からも大変有効になっている．菜の花の栽培には手間がかかり，ノウハウも必要なため，行政が主体となることは難しく，NPO の存在が欠かせない．NPO を通して市民が菜の花事業に参加することによって環境意識を高めることができるし，時期が来ると菜の花は美しく咲くため，地域の貴重な観光資源となる．菜の花を利用した様々なイベントを通して多くの観光客が集まれば，観光産業の活性化につながる．さらに，NPO 活動に参加していない住民もこうしたイベントに参加することによって，菜の花事業への共感が生まれ，環境意識が高まるであろう．

緑地整備で発生する剪定枝や家畜糞尿の堆肥化施設も，最近多く導入されている．剪定枝はこれまで廃棄物焼却炉へ投入されてきたが，焼却炉の延命に必要なゴミ減量を図るために，堆肥化施設へ投入されるようになった．家畜糞尿の堆肥化の背景には，各畜産農家が家畜糞尿の処理を義務づけられている家畜排泄物処理法の施行がある．製品である堆肥の販売価格が高価なために，あまり売れない場合がある．そのため，こうした施設に補助金が投入されている場合が多く，昨今の行政の財政状況の悪化から，施設の収益改善が求められている．最近では家畜糞尿や下水汚泥の処理のためにメタン発酵施設の導入が盛んである．これらメ

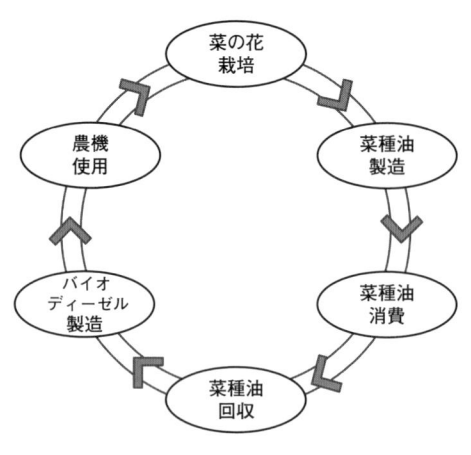

図 6.3 菜の花事業の概要

タン発酵は一義的には廃棄物処理という側面が強い．そのため，発酵によって得られたメタンガスの販売や発電による売電よりも，処理委託手数料が収益の柱となっている場合が多い．これらの施設は，単体のみを考慮すると収益性が低いなどの様々な問題があることがわかる．しかしながら，他産業への波及や市民の関心の喚起，廃棄物の適正処理など副次的な効果が必ず伴う．そうした副次的な効果をどの程度重視するかに事業の継続性が左右される．

6.3　バイオマス事業の評価手法

前項でバイオマス事業の副次的効果の重要性を挙げた．とはいえ，バイオマス事業本体の環境性や収益性を，まずは評価しなくてはならない．以下に，バイオマス事業の評価方法について述べる．

6.3.1　バイオマス量の評価

量の確保がバイオマス事業の採算性に影響することから，バイオマス量を知ることが事業の第一歩である．バイオマスが地域に存在する量を賦存量という．賦存量の一次データとしての市町村単位，1 km メッシュ単位のバイオマス賦存量は NEDO のウェブサイト[2]に記載されている．

バイオマス賦存量は実際に利用可能な量とは異なる．木質バイオマスの場合は山林から処理施設までの輸送，廃棄物バイオマスの場合は不純物の混入率が問題となる．例えば木質バイオマスの場合は林道からある距離以下に分布するバイオマス量の試算，廃棄物バイオマスの量は実際に利用可能な廃棄物量の調査が必要となろう．

6.3.2　バイオマス事業の評価方法

バイオマス事業を評価するためには，一般に，エネルギー収支やコスト，炭酸ガス排出量が指標として用いられる．これら指標を計算するためには生産・収集・製造・輸送・消費の各工程を考慮した評価作業が必要となる．以下に，BDF の評価例を示す．

a. システム境界の設定

ここでは，家庭から排出される廃食用油を住民が回収地点まで運び，それを回収車で回収し，市役所まで輸送し，BDF を市役所において製造・消費するまでを評価する（図 6.4）．

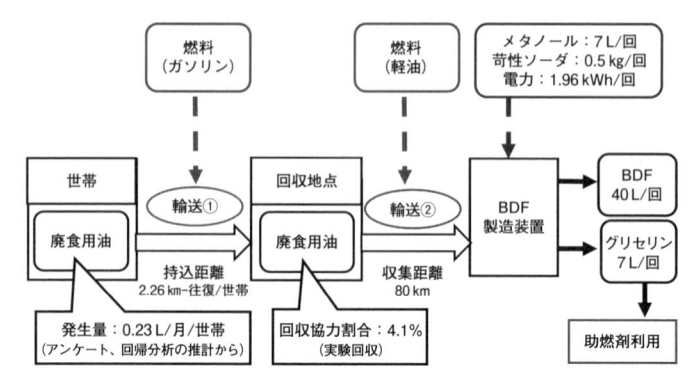

図 6.4　A 市における BDF 製造に関する全工程

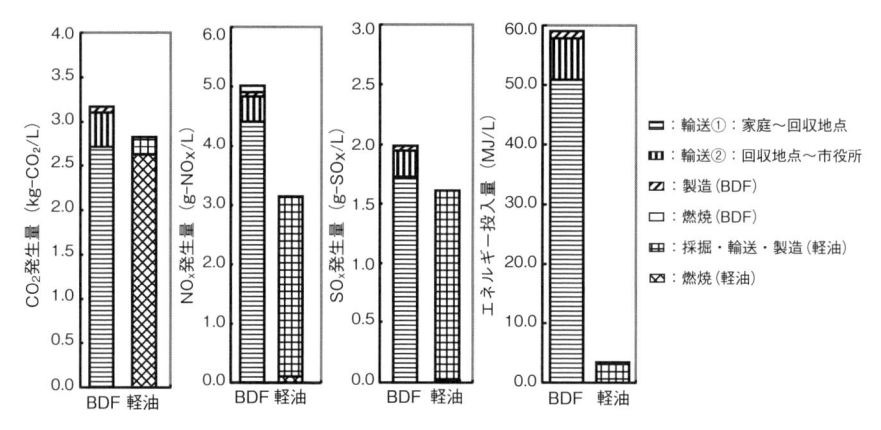

図 6.5　BDF 回収から利用までの環境負荷と軽油の環境負荷の比較

b. 廃食用油発生量の推計

廃食用油の発生量を推計するために A 市 B 地区（約 360 世帯）でアンケートを行い，家庭の属性と食用油の使用量を調査した．調査結果より，世代別人数，外食費用などを変数とした重回帰分析から 1 人当たりの廃食用油発生量の推計式を求めることができ，A 市における廃食用油発生量は 0.230 L/月/世帯と推計できた．この値を基準として施設の規模などを推計することができる．

c. BDF 製造における環境負荷

BDF 製造における環境負荷としては，実際に A 市で利用している製造装置のデータを利用した．各世帯から回収地点までの距離を地理情報システムから 2.263 km-往復，回収頻度は月に 1 回とした．図 6.5 に BDF 利用までの環境負

荷と軽油利用との比較を示す．

図6.5の結果では，軽油を利用する場合に比べて，BDFを利用する場合が環境負荷を増加させている．特に大きく影響しているのは「輸送①：家庭から回収地点まで」の環境負荷になる．

BDF製造コストの評価も重要である．ヒアリングで得たデータより，A市におけるBDF製造コストは183円/Lと試算できる（製造コスト19円/L，輸送コスト81円/L，廃グリセリン処理16コスト円/L，人件費67円/L）．軽油の価格が約130円/L（2012年5月）であることから，BDFの価格のほうが割高になる．

また，BDF製造によって正味のエネルギーが得られるかどうかの評価も必要である．BDFの発熱量が33.1 MJ/Lであることら，BDF製造時には正味26.2 MJ/Lのエネルギーが消費されることがわかった．つまり，以上の条件では，BDF製造は不利であると評価される．

d. 回収頻度の変更による感度分析

前述の条件では，BDF製造の事業性は期待できないことが示唆された．今後事業を進めていく場合には，設定した条件を改善する必要がある．回収頻度，世帯が回収に協力してくれる割合，世帯から回収地点までの距離，世帯からの廃食用油発生量など，様々な改善可能な変数を考えることができる．回収頻度を変化させた場合のエネルギー収支を分析すると，回収頻度を2カ月に1回以下とすると，正味のエネルギーを得られることがわかった．

6.3.3 バイオマス事業の評価

バイオマス事業の評価には，エネルギー収支，収益性，環境性などの指標による分析が必要である．これら指標を計算するためには作物生産・収集・製造・輸送・消費の各工程を考慮した評価が必要となる．結果によると，バイオマス事業は条件によって評価が大きく異なることがわかり，改善すべき工程を知ることができよう．

6.4 バイオマスを用いた地域活性化

日本はバイオマス資源が豊富であり，その利活用によって持続可能な社会構築へ近づくことができよう．しかしながら，バイオマス事業には技術的な課題だけでなくシステム的課題もあり，採算性を見出すことが難しい．これらの欠点を補う仕組みとして，市町村境界を越えた広域回収，各種補助金制度の活用など

が考えられる．さらに，事業の採算性を改善する取組みだけでなく，バイオマスを通した地域活性化を実施すれば，バイオマス事業は持続可能となるであろう．バイオマスによる地域活性化の方法として，バイオマス事業のブランド化が考えられる．

◯ 6.4.1　市町村境界を越えた広域回収

単独の市町村では確保できなかったバイオマス量も，市町村を越えて回収すれば確保できる．政

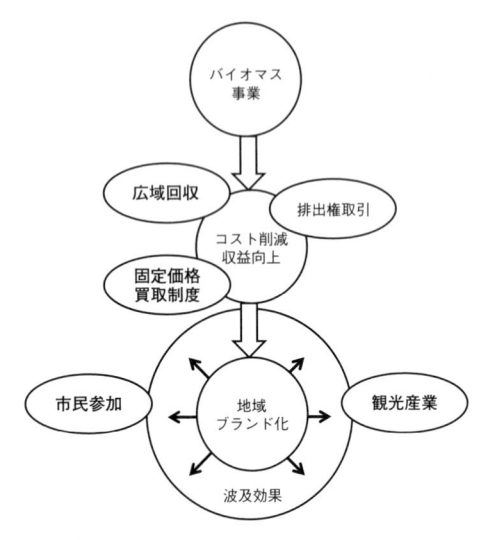

図 6.6　バイオマス事業による地域活性化

府は，循環型社会形成推進基本計画において，「地域循環圏」という広域物質循環圏の形成を提唱している．量を確保すればスケールメリットを確保でき，コストを下げることができよう．

現状でも市町村を越えた連携の事例はある．一般廃棄物では清掃事業組合を設立し，市町村県境を越えた処理が実施されている．また産業廃棄物では，処理業者が複数県の事業許可を得ることができれば，広域回収は可能である．こうした仕組みをバイオマスにも適用するべきである．

農林水産省がバイオマス利活用を推進する地域を認定する事業に「バイオマスタウン」事業がある．同事業は市町村単位での申請になるため，多くの市町村がバイオマス認定を受けている．バイオマス事業には広域でのバイオマス回収が重要なことから，地理的に近いバイオマスタウンは市境，県境を越えた連携が効果的となる．各市が連携して事業を実施し，効率的なバイオマスタウンの運営をする必要がある．そのためには，広域バイオマス利用を阻害する法的制約を含めた様々な要因を克服しなければならない．

◯ 6.4.2　各種補助制度の構築

バイオマス事業には現状では多くのコストがかかり，化石資源や既存の肥料などの価格と比較すると割高となる．しかしバイオマスには，再生可能であること

やカーボンニュートラルであるという利点がある．これらの利点に金銭的価値を見出す制度が必要である．それが固定価格買取制度であり，排出権取引制度である．固定価格買取制度はバイオマスを用いた発電に対して，排出権取引制度は炭酸ガス削減に対する金銭的補償を行う制度である．

一方，バイオマス施設建設にも様々な補助金制度がある．施設建設に対する補助は単年度であるので，持続的なバイオマス事業を実現するためには，固定価格買取制度や排出量取引制度の利用により持続的な収益を確保することが必要となる．

6.4.3 バイオマス事業のブランド化

バイオマス事業は，コストがかかるため単体で収益を上げることには困難が伴う．単体で収益が確保できない場合は，それ以外の方法で収益を上げるしかない．

例えば，既存のバイオマス事業のうち，堆肥を主体とした事業では以下が考えられる．

バイオマス→（堆肥）→農業→食品加工・飲食業・観光業…

食品加工・飲食業・観光業にまでバイオマス事業システムを拡大して，全体として地域活性化につなげることによって，システム全体の収益を上げることができよう．こうしたシステムを「地域ブランド」として確立することが重要である．農業において堆肥を使うことは安心・安全志向の「有機農業」につながる．「有機農業」はすでにブランド化されているが，バイオマス事業による堆肥もブランド化し，こうしたシステム全体を「バイオマス事業ブランド」として地域ブランド化する．これは地域の資源循環であり，「バイオマスの地産地消」ということもできる．

他のシステムとして，

バイオマス→（メタンガス・直接燃焼）→（エネルギー）→利用者

も考えられる．バイオマスを使ったエネルギーはグリーン電力・熱としてはすでに認証制度があるが，こうした取組みを，上流側のバイオマス生産まで含めた全体で「バイオマス事業ブランド」として確立すべきであろう．ブランド化した地域の炭酸ガス排出量は，地域外の企業と連携することにより，地域の外から資金を集めることができるとともに，地域内の企業と連携することによって企業が他地域や海外へ移転するリスクを低減することができよう．

◉6.5◉ バイオマスによる地域活性化を目指して

　日本におけるバイオマス事業は規模が小さいことから，事業単体としては成立させることが難しい．まずは，広域回収をしてコストを削減し，各種補助制度を利用して収益の拡大を目指す．さらには，バイオマス事業によって得られた製品をブランド化して，地域活性化とリンクすべきである．

　こうした地域ブランドは，多くの市民をはじめとする様々な関係者を巻き込んで「共感」を得ることが大事である．　　　　　　　　　　　　[後 藤 尚 弘]

文　献

1) 環境省（2010）：中国における都市交通環境汚染対策コベネフィット型 CDM 事業化調査業務報告書．
2) NEDO のウェブサイト（http://app1.infoc.nedo.go.jp/biomass/），2012 年 12 月 17 日アクセス．

II. 環境持続性と地域活性化

7 環境持続性と交通施策

　人の移動や物の輸送などの交通は，我々が都市や地域において生活や生産を行ううえで必要不可欠な行動・行為であり，これまで交通を支援するために，道路，鉄道などの交通インフラや交通システムが整備され，その運用管理・運営が行われてきた．それらの実施に際しては一般に経済面，社会面，環境面の視点からの評価に基づく計画策定，設計，体制づくりなどがなされてきた．近年では，人々の環境意識の高まりや地球温暖化問題の深刻化とともに，環境面のウエイトが高くなってきている．よって，これからの都市・地域プランナーや国土環境マネージャーには，交通の持続可能性を確保するための環境面における課題や方策について的確に理解しておくことがますます求められるようになっている．本章では自動車交通に着目し，交通関連環境問題の実態および対策の考え方と内容について解説するとともに，地球温暖化防止のための低炭素社会実現に向けた EST 施策の概要，さらには環境持続性からみた交通施策展開に関する課題などについて述べるものとする．

7.1　交通に関連する環境問題とその現状

　道路などの交通施設およびそこでの交通は，その空間が完全に閉じていないことに起因して，様々な形で環境に影響を及ぼす．主要な影響項目として，自動車走行排ガスによる大気汚染や騒音・振動といった従来からの交通公害問題（地域環境問題）に加えて，最近の重要課題となっている大量の二酸化炭素排出に起因する地球温暖化問題（それに伴う地球規模の気候変動，海面上昇，農作物収穫への影響など）が挙げられる．

7.1.1　地域環境問題の現状

　交通に関連する地域環境問題としては大気汚染，騒音，地域分断，景観侵害，交通事故などが考えられるが，ここでは主要な問題である大気汚染と道路交通騒音を取り上げ，それらの現状を述べる．

a. 大気汚染の現状

道路交通に関係する大気汚染に関しては，二酸化硫黄（SO_2），一酸化炭素（CO），浮遊粒子状物質（SPM），光化学オキシダント（O_x），二酸化窒素（NO_2）に関して環境基準[*1]が定められている（表1.1参照）[1]．そして，これらの達成状況などを把握するために，大気汚染防止法に基づき汚染状況が常時監視・測定されている．なお大気汚染の状況を把握するための測定局には，大気の一般的状態を把握するための一般環境大気測定局（一般局）と，道路周辺における大気汚染を把握するために沿道に設置されている自動車排出ガス測定局（自排局）とがある．自排局における各汚染物質の年平均値の推移と2009年度の環境基準達成状況は以下の通りである（図1.2参照）[2]．

①二酸化硫黄（SO_2）: 無色の刺激性の気体で水に溶けやすく，高濃度のときは目の粘膜に刺激を与えるとともに呼吸機能にも影響を及ぼすとされている．年平均値は0.003 ppmで，近年は横ばい傾向にあり，ほとんどの測定局で環境基準を達成している．

②一酸化炭素（CO）: 無味，無臭，無色，無刺激の気体．呼吸器から体内に入り血液中のヘモグロビンの酸素運搬機能を阻害するため，高濃度のときは頭痛，めまい，意識障害を起こすとされる．年平均値は0.5 ppmで，近年は横ばい傾向にあり，すべての測定局で環境基準を達成している．

③浮遊粒子状物質（SPM）: 大気中に浮遊する粒子状物質であって，直径が10 μm（1/100 mm）以下のもの．沈降速度が遅いため大気中に比較的長時間滞留し，高濃度のときは呼吸器などに悪影響を与えるとされている．原因となる粉塵，ばいじん，ディーゼルエンジンから排出される黒煙などに対する規制は順次強化されてきた．年平均値は0.024 mg/m^3で，近年は改善傾向にあり，ほとんどの測定局で環境基準を満たしている．

④光化学オキシダント（O_x）: 大気中のオゾン，パーオキシアセチルナイトレートなどの酸化力の強い物質の総称．光化学スモッグの原因となる．高濃度のときは目を刺激し，呼吸器，その他の臓器に悪影響を起こす．環境基準達成率は全測定局で0.1%であり，極めて低い水準となっている．一方，昼間の濃度別の測定時間の割合でみると，1時間値が0.06 ppm以下の割合は

[*1]: 環境基準は，環境基本法に基づき，人の健康の保護および生活環境の保全を行ううえで維持されることが望ましい基準として国が定めているものである．

7.1 交通に関連する環境問題とその現状

表 7.1 騒音に関わる環境基準[1]

地域の区分および類型	道路に面する地域以外の地域				道路に面する地域		特例
	AA[*1]	A[*1]	B[*1]	C[*1]	A地域のうち2車線以上の車線を有する道路に面する地域およびC地域のうち車線を有する道路に面する地域	B地域のうち2車線以上の車線を有する道路に面する地域	幹線交通を担う道路に近接する空間[*4]
基準値 昼間[*2]	50デシベル以下	55デシベル以下	55デシベル以下	60デシベル以下	60デシベル以下	65デシベル以下	70デシベル以下 45デシベル以下[*3]
基準値 夜間[*2]	40デシベル以下	45デシベル以下	45デシベル以下	50デシベル以下	55デシベル以下	60デシベル以下	65デシベル以下 45デシベル以下[*3]
該当地域	該当なし	第1種低層住居専用地域, 第2種低層住居専用地域, 第1種中高層住居専用地域および第2種中高層住居専用地域	第1種住居地域, 第2種住居地域, 準住居地域および都市計画区域で用途地域の定められていない地域	近隣商業地域, 商業地域, 準工業地域および工業地域			
達成期間	環境基準の施行後ただちに達成され, または維持されるよう努めるものとする.				既設の道路に面する地域については, 環境基準の施行後10年以内を目途として達成され, または維持されるよう努めるものとする. ただし, 幹線交通を担う道路に面する地域であって, 道路交通量が多くその達成が著しく困難な地域については, 10年を超える期間で可及的速やかに達成されるよう努めるものとする. 道路に面する地域以外の土地が, 環境基準が施行された日以降計画された道路の設置によって新たに道路に面することとなった場合にあっては上記にかかわらず当該道路の供用後ただちに達成され, または維持されるよう努めるものとする.		

この環境基準は, 航空機騒音, 鉄道騒音および建設作業騒音には適用しない.
*1 AA:療養施設, 社会福祉施設等が集合して設置される地域など特に静穏を要する地域, A:専ら住居の用に供される地域, B:主として住居の用に供される地域, C:相当数の住居と併せて商業, 工業等の用に供される地域.
*2 昼間:午前6時から午後10時まで, 夜間:午後10時から午前6時まで.
*3 屋内へ透過する騒音に係る基準(個別の住居などにおいて騒音の影響を受けやすい面の窓を主として閉めた生活が営まれていると認められるときは, この基準によることができる.)
*4 「幹線交通を担う道路」とは, 次に掲げる道路をいう.
　・高速自動車国道, 一般国道, 都道府県道及び市町村道(市町村道は4車線以上の区間).
　・一般自動車道であって都市計画法施行規則第7条第1項第1号に定める自動車専用道路.

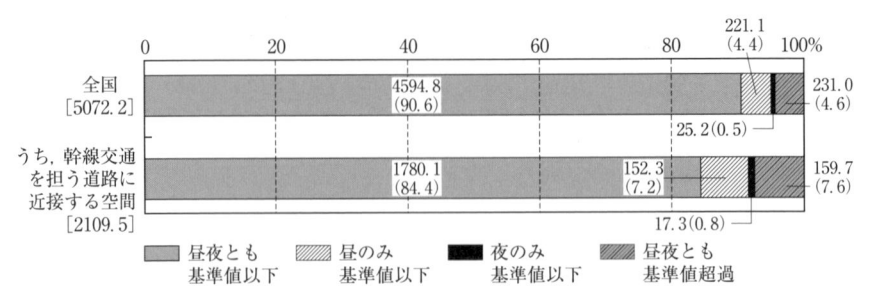

図 7.1 道路に面する地域における騒音の環境基準の達成状況（2011 年度）[3]
図中の数字は住居などの戸数（1000 戸）を表す．（ ）内は %．
端数処理の関係で合計値が合わないことがある．

全測定局で 91.5% であった．

⑤ 二酸化窒素（NO_2）： 赤褐色の刺激臭のある気体．高濃度のときは目，鼻などを刺激するとともに，呼吸器に影響を及ぼすとされている．自動車が主な発生源である．年平均値は 0.023 ppm で，近年は改善傾向にあり，環境基準達成率は 95.7% となっているが，達成されなかった自排局の大部分は「自動車から排出される窒素酸化物及び粒子状物質の特定地域における総量の削減等に関する特別措置法（自動車 NO_x・PM 法）」の対策地域である．

b. 道路交通騒音の現状

騒音に関する環境基準は 1998 年に改定され，評価指標がそれまでの 50% 時間率騒音レベル（中央値）L_{50} から等価騒音レベル L_{Aeq} に変わったが，地域の類型および時間の区分ごとに数値が設定されている（表 7.1）．2009 年度の道路に面する地域における騒音の環境基準の達成状況は，全国の住居などを対象とした評価では，昼間または夜間に環境基準を超過した割合は 9.4% であり，うち幹線交通を担う道路に近接する空間にある住居などでは基準超過割合は 15.6% となっている（図 7.1）．

○ 7.1.2 自動車交通による地球温暖化ガス排出の現状
a. 地球温暖化問題への取組み状況[3,6,7]

近年の人間活動の拡大に伴って二酸化炭素，メタンなどの温室効果ガスが大量に大気中に排出されることで，地球が過度に温暖化される恐れが生じており，それに伴う地球規模での気候変動の発生が指摘されるに至った．二酸化炭素を中心に温室効果ガスの排出量をいかに抑制しながら経済発展していくかが世界共通

の大きな課題であると認識されるようになっている．このような状況下，日本は京都議定書[*2]により，CO_2などの温室効果ガス排出量を目標年（2008～2012年）に1990年比で6%削減するとの国際的義務を負ったことから，これまで国を挙げて地球温暖化対策に取り組んできた．すなわち，1998年に「地球温暖化対策推進法」を制定し，各関係者が一体となって地球温暖化対策に取り組む枠組みを定め，2005年に「京都議定書目標達成計画」が閣議決定された．この計画においては対象ガス・部門別に削減目標が定められるとともに，各部門における多様な対策・施策が盛り込まれている．日本のCO_2総排出量のうち運輸部門は約2割を占め，そのうち約9割が自動車交通起源であることから，削減目標を達成するうえで道路交通対策は重要な役割を担っている．なお上述の計画では，運輸部門全体で目標年における排出量を1990年比で10%程度の増加に抑制するとの目標が設定されている．

b. 日本の運輸部門におけるCO_2排出状況

日本の温室効果ガス総排出量は1997年時点で世界全体の5%程度を占めていたが，2009年度の総排出量は約12億t（CO_2換算）で，世界全体の4%以下となっている．また前年度に比べ5.6%の減少となっており，京都議定書の基準年の目標値を若干下回っている．運輸部門では1990年度から1997年度にかけて21%

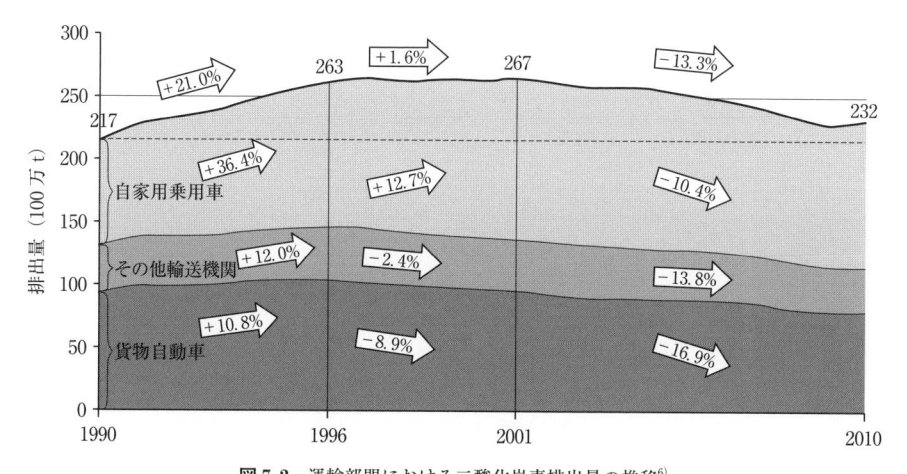

図7.2 運輸部門における二酸化炭素排出量の推移[6]
その他輸送機関：バス，タクシー，鉄道，船舶，航空．2010年度目標値（2億4000万t）は京都議定書目標達成計画（2008年3月28日閣議決定）における対策上位ケースの数値．

[*2]：1997年12月の気候変動枠組条約第3回締結国会議（COP3）において採択され，2005年に発効した．

増加したが，その後2001年度にかけてほぼ横ばいに転じ，それ以降は減少傾向を示しており，2010年度確定値は目標値[*3]をクリアするに至っている（図7.2）[3)].

7.2 交通関連の環境問題への対策[1,3,6,7)]

7.2.1 対策の分類

上記した3つの交通関連環境問題への対策を，問題発生の側面に着目すると，すべてに共通する対策は，①発生源対策，②交通流円滑化対策，③自動車交通量抑制対策の3つに大別される．大気汚染や道路交通騒音といった地域環境問題に関わる対策としてはさらに，④道路構造対策および，⑤沿道対策に分類される対策がある．

a. 発生源対策

自動車単体対策と燃料対策がある．大気汚染防止対策として，これまで大気汚染防止法に基づいて逐次排出規制や成分規制が強化されてきたが，今後も挑戦目標に基づく規制強化が必要とされている．また低公害車開発のための環境整備や，その普及促進のための補助金や優遇税制の導入も重要な発生源対策である．エコドライブ（走行形態の環境配慮化）の普及促進策も発生源対策に含められよう．

b. 交通流円滑化対策

自動車の排出ガス量に関しては最適な走行速度[*4]が存在すること，また停止・発進回数が多いほど排ガス量や騒音発生量が増加することから，道路交通流の円滑化を通じて排出ガス量や騒音発生量を減少させる対策である．具体策として，バイパス・環状道路などの整備，ボトルネック交差点などの改良（立体化など），ITS（高度道路交通システム，intelligent transport systems）の推進などによる交通容量拡大策，違法駐車の取締強化策，情報提供などによる渋滞解消策，交通の時間集中を軽減する時差出勤・フレックスタイムなどのTDM（交通需要マネジメント，transportation demand management）策などが挙げられる．

c. 自動車交通量抑制対策

自動車交通総量を削減する（トリップ長の削減を含む）ことによって排出ガス量や騒音発生量を削減しようとするものである．代替交通手段（徒歩，自転車，公共交通）の施設整備・サービス水準改善策，パーク＆ライド，カープーリン

[*3]：2008年3月28日閣議決定により改定された京都議定書目標達成計画における対策上位ケースの数値．
[*4]：走行速度が遅いときには単位走行キロ当たりの排出ガス量が多い．

グ（相乗り），ロードプライシング（混雑緩和などを目的とした道路利用課金）などのTDM策，自動車利用者に対するコミュニケーションや情報提供などを通じて過度な自動車依存からの自発的な変化を促すMM（モビリティマネジメント，mobility management）策などがある．また，物流におけるトラック輸送の効率化や鉄道・船舶へのモーダルシフトの推進，テレワークの推進や都市構造のコンパクト化などによる交通需要削減（広義のTDM策）も考えられる．

なお交通流円滑化策を実施すると自動車の利便性が向上し自動車交通需要の増大を招く恐れがあることから，この自動車交通量抑制策と組み合わせて実施することが望ましい．また，自動車交通量抑制のための対策は単独の実施効果がそれほど大きくない場合が多いことから，対策相互の補完関係や相乗効果を考慮しつつ適切に組み合わせて実施することが重要になる．

d. 道路構造対策および沿道対策

道路構造対策としては，環境施設帯や緑地などの設置による緩衝空間の確保策が考えられる．また，低騒音舗装敷設や遮音壁設置などの騒音対策もある．沿道対策としては，沿道土地利用の適正化，緩衝建築物の立地誘導，沿道住宅の防音工事助成などがある．

e. その他の対策

以上では現在顕在化している環境問題への対策について述べたが，環境問題の発生を未然に防止することも重要である．日本では環境に重大な影響を及ぼす恐れのある事業の実施に際しては，環境影響評価法に基づき，事業主体が事前に環境への影響を調査・予測・評価し，住民などの意見を聞きつつ必要な保全措置を講じるという環境アセスメント制度がある．法律では事業規模に応じて，第一種事業（無条件でアセスメント対象となる），第二種事業（アセスメント対象とするか否かをスクリーニングによって決定する），非対象事業に分けているが，道路事業関係では，高速自動車国道の新設・改築，4車線以上かつ延長10km以上の都市高速道路の新設・改築，4車線以上かつ延長10km以上の一般国道の新設などが第一種事業に該当する．

7.3　ESTの考え方に基づく地球環境問題への交通施策

7.3.1　ESTの定義と基準

EST（環境的に持続可能な交通，environmentally sustainable transport）の概念は，1990年代半ば以来，この名称を用いたOECD（経済協力開発機構）の

表7.2 OECDによるESTの基準

項 目	基 準
二酸化炭素	交通による総排出量を各国の状況に応じて1990年の20〜50%に削減する
窒素酸化物	交通による総排出量を1990年の10%以下に削減する
揮発性有機化合物	交通に関係する総排出量を1990年の10%以下に削減する
浮遊性粒子状物質	地区や地域の条件に応じて,交通からの総排出量を1990年の55〜99%に削減する
騒音	地区や地域の条件に応じて,交通騒音を最大で昼間は55 dB(A),夜間は45 dB(A)を超えないレベルにする
土地利用	車両の移動,保守,保管のための土地利用や施設が大気,水質,生態系,生物多様性確保のための地区や地域の目的と整合するよう,1990年よりも市街地での緑化空間を回復・拡張する

プロジェクトの開始とともに広く知られており,この概念に基づいて,地球温暖化を防止するためにヨーロッパ諸国においてEST施策が実施されてきた.ESTは,「再生可能なレベル以下でしか再生可能な資源を使用せず,再生可能な代替物の開発レベル以下でしか再生不可能な資源を使用しないことにより,人々の健康と生態系を危険にさらさずに(活動への)アクセスに関するニーズを満たすような交通」と定義されている[8,10].

これまで持続可能性の概念は一般に,環境面のみでなく経済面および社会面を含むべきものと認識されてきたが,上記のように,ESTは交通の環境面での要求を強調した概念である.またOECDでは,ESTの基準として,交通による健康面や環境面への多様な影響を抑えるのに必要な最小の数値として6つの基準を設定している(表7.2)[10].これらの基準は地区,地域,地球規模における懸念,とりわけ土地利用,騒音,大気質,地域の酸性化,オゾンおよび世界的気候変動の問題に取り組むために選定されている.

○ 7.3.2 EST施策の分類

EST施策には様々な種類があるが,それらは交通関連環境問題への対策として先に列挙したものと基本的に同じであり,表7.3のように分類されている[5,8].まず,戦略(政策の方向性)に基づいて5つのカテゴリーに分類される.一方,政策目的の実現手段は4つのカテゴリーに分類される.

表7.3 EST 施策の分類と具体例

		戦略（政策の方向性）				
		交通需要の削減	自動車利用の削減	代替交通手段の改善	交通流の効率性の改善	自動車関連の技術革新
実現手段	技術：インフラ，車両・燃料	TOD（公共交通指向型開発），コンパクトシティ化	ITS（intelligent transport systems，高度道路交通システム）	LRT（ライトレール），BRT（幹線バスシステム），トランジットモール	AHS（走行支援システム），ETC（electronic toll collection system）	低公害車，代替燃料
	規制：管理，制御，サービス	土地利用規制	アクセス許可，交通静穏化	TDM（交通需要マネジメント），PTPS（公共交通車両優先通行システム）	高度交通管理	燃料規制，燃料質規制
	情報：助言，啓発，通信	テレワーキング	MM（モビリティマネジメント），意識啓発キャンペーン	リアルタイム交通情報提供システム	VICS（路車間通信システム）	エコドライブ
	経済手段：課金，課税	土地税	ロードプライシング，燃料税	運賃政策	駐車料金政策	グリーン税制

文献 5, 8 を一部修正して作成．

7.3.3 日本の EST モデル都市とその EST 施策[6]

　EST 政策を推進する先進的な都市や地域にインセンティブを与えることをねらいとして，2004 年以来，国土交通省が中心となって，警察庁や環境省の協力のもとで EST モデル事業が実施されてきた．この事業は，京都議定書の目標達成計画の促進計画に基づいたものである．2004 年からの 3 年間で 27 の地域・都市が EST モデル地域として選定され，多くの EST 施策が実施されている．それらの EST 事業における具体的施策の採用状況は表 7.4 に示す通りであり，道路システムの改善に加えて MM や EST の普及促進に関連するプログラムが多いことがわかる．これは日本の財源支援システムに起因していると考えられる．

　日本の EST 施策に関しては，以下の課題が挙げられている．①EST 施策を支援するシステムはいまだ十分であるとはいえず，財源確保を含め，より多様な EST 施策を展開できるよう各種支援体制の充実が必要である．②今後さらに効果的かつ効率的に EST 施策を展開していくためには，各 EST 施策の特性を踏まえつつ，対象地域の特性や状況に応じて有効に組み合わせる施策パッケージを考案していく必要がある．③これまで EST 事業の各施策に対して効果計測が試み

られ，予算と効果を比較するなど費用有効度分析などが実施されているが，データ蓄積が十分でないこともあって，推定の精度はそれほど良好ではなく，新たな効果計測手法の開発を含めてさらなる検討が必要である．

◯7.4◯ 環境持続性からみた交通施策展開の課題

持続可能性は一般に，環境面のみでなく経済面および社会面を含むべきものと認識されてきたが，交通に関しては，経済面の持続可能性は安全・便利・快適な交通サービスが最も効率的かつ安定的に供給されることを意味し，社会面の持続可能性は公平性の観点から社会参加に必要な最低限度の交通サービスがすべての人々（特に，貧しい人々，高齢者，障害者，子供たち）に提供されるべきであることを意味している[4]．それゆえ，環境持続性の観点から交通施策を展開するに際しては，持続可能性に関するこれら3つの側面のトレードオフ関係を考慮しながら，それらのバランスを総合的に評価する必要がある．また，持続可能性それ自体は，交通政策の目標ではなく，むしろ制約と認識されるべきであり，持続可能な交通施策を展開する際には社会の最終目標（人間生活の質：quality of lifeの維持・向上など）を追求しなければならない[9]といえる．いずれにせよ，環境

表7.4 EST事業における具体的施策の実施状況

分類項目	具体的施策
交通効率性向上のための道路システム改善	道路整備（11/27），交差点改良（5/27），ボトルネック地点の改良（4/27）
TDM（交通需要マネジメント）	パーク＆ライド（9/27），フレックスタイム制の促進（3/27）
自動車からの転換のための公共交通機関活性化	ターミナル・アクセスポイントの改善（8/27），LRTプロジェクト（3/27），鉄道ICカードの導入（4/27），バスICカードの導入（4/27），バス路線網の再編（2/27），PTPS（public transit priority system；公共交通車両優先システム）（5/27），バスレーン設置（1/27），バス停改善（4/27），バスロケーションシステムの導入（5/27），コミュニティバスの導入（4/27），公共交通の情報提供システム（5/27）
自動車利用からの転換のための自転車・歩行環境に関する施策	鉄道駅環境の改善（5/27），自転車専用道路などの改善（6/27），自転車駐輪場の改善（4/27），トランジットモールの導入（2/27）
その他	低公害バスへの補助（6/27），低公害車への補助（2/27），低公害公用車への補助（3/27），EST政策の普及促進（13/27），MM（モビリティマネジメント）の実施（13/27）

（　）内の数値は，モデル都市・地域数に対する実施都市・地域数を示す．

面からの持続可能性を考慮した交通施策を展開するためには，施策実施に必要な費用を考慮しつつ，他の持続可能性や最終的な社会目標との総合化ないしは調整が必要であり，そのための1つの方向として，例えば各種環境影響項目の貨幣換算評価などに関する研究[2]の進展が望まれる．　　　　　　　　　　　　［廣畠康裕］

文　献

1) 愛知県（2010）：愛知県環境白書（平成22年版）．
2) 大野英治（2000）：環境経済評価の実務，勁草書房．
3) 環境省（2011）：環境白書（平成23年版）．
4) 交通エコロジー・モビリティ財団ウェブサイト（http://www.estfukyu.jp/chihojichitai.html），2012年12月13日アクセス．
5) 交通工学研究会EST普及研究グループ（2009）：地球温暖化防止に向けた都市交通——対策効果算出法とESTの先進都市に学ぶ，交通工学研究会．
6) 国土交通省ウェブサイト（http://www.mlit.go.jp/sogoseisaku/environment/），2012年12月13日アクセス．
7) 国土交通省道路局道路環境調査室(2012)：道路交通分野における地球温暖化対策について．高速道路と自動車，**55**(4)：27-30．
8) 中村英夫，林　良嗣，宮本和明（2004）：都市交通と環境——課題と政策，運輸政策機構．
9) 林　良嗣・中村一樹（2011）：低炭素都市のための交通戦略と政策・技術——CUTEマトリクスによる国際比較．運輸と経済，**71**(3)：4-14．
10) OECD（2002）：OECD Guideline towards Environmentally Sustainable Transport, Organization for Economic Co-operation and Development.

II. 環境持続性と地域活性化

8 地震の防災復興投資と地域連携

　地震は局地的な自然現象であり，短期間に限定されたエリアに人的・物的な被害をもたらす．この被害は，全国および世界に様々な影響を及ぼす．我々の日常生活や生産活動は，経済システムの中で行われており，地震がもたらす経済的な影響やそれを防ぐための計画，施策を策定するためには，地震と経済システムの関係を考察することが必要である．

　地震の発生直後および地震の前後においても，個人や個々の企業は市場経済の中で自己の意思決定を行っており，防災・復興の活動は市場を介した取引きに依存している．地震の発生直後には需給バランスの不均衡が生じるが，多様な組織が適切に需給のアンバランスを数量的に調整することにより，スムーズに市場経済に移行してゆくことが必要である．地震が市場の失敗をもたらす場合には，政府による政策的な支援が求められる[3]．

　地震の被害を事前に防ぐための諸活動，そして地震後の復旧・復興の諸活動は，民間と政府のどちらが行うにしても経済的なコストを伴う．地震の直接的な被害や復興への投資活動は，通常ある特定の地域に限定されるが，それがもたらす影響は空間的な経済システムに関係している．一般的に地震の事前対策と事後対策にはトレードオフ関係が存在するため，地震の不確実性を考慮しながらも，事前・事後対策のバランスを総合的に考える必要がある[7]．広域的なエリアに生じる巨大地震に対する事前・事後的な投資活動は，地域経済と地域間の相互関係にも影響を及ぼす．

　地震は自然現象であり，脆弱性の存在する地域において地震が発生した場合に災害として認識される．防災計画・防災投資が存在しない地域では，人的・物的被害はより大きなものとなり，社会経済・環境システムを介してその被害が拡大する．

　本章では，地震の経済的被害と防災復興投資が地域の産業や経済にどのような影響をもたらすかについて述べる．時間と空間を考慮した動学空間応用一般均衡モデルを用いて，地震の防災復興投資が地域の産業と経済に与える影響を評価する方法について解説する．

◯8.1◯ 防災復興投資の経済的な影響

　地震は，地震の発生直後，およびその事前・事後において経済的な影響をもたらす．防災・減災は，地震の発生前に行われる対策であり，復興・復旧は地震の発生後に行われる対策である．地震は，民間企業の資本ストックやインフラなどの社会資本ストックに被害を与えるため長期的な影響をもたらす．このストックの被害を事前に防ぎ，そして早期に回復させるために，地震発生前には防災投資が，地震発生後は復興投資が行われる．一般的に，防災投資が十分に行われていれば，地震の被害がより小さくなることが期待され，復興投資の規模も縮小すると考えられる．防災投資が不十分であれば，地震の被害はより大きくなり，復興投資の規模は拡大するものと想定される．防災・復興に関わる社会全体のコストを最小化するという視点からは，防災投資と復興投資のバランスをどのように考えたらよいのかということが課題となる．

　民間企業においては，災害や事故などの発生に伴って通常の事業活動が中断した場合に可能な限り短期間で事業活動の機能を再開するための事前の経営戦略であるBCP（事業継続計画）が進められている．低頻度の巨大地震に対する防災投資については，必ずしも投資の短期的な効果が明確ではないことや外部環境における防災計画の不明確さなどの理由により，積極的に取組みを進めることが難しいという課題がある[4]．

　地震は空間経済的な影響をもたらす．経済活動は地理的に分布しており，生産活動のサプライチェーンは全国および世界中に蜘蛛の巣のように行き渡っている．ある企業が地震により被害を受け生産が停止すれば，サプライチェーンに影響を与え，納入先の企業の生産活動にも影響を及ぼす．復興活動は地震の被災地で行われるが，これに伴う復興投資の需要を満たすためには，その他地域からの経済的な協力・連携が不可欠である．

　同様に，防災活動は一般的に地震が発生すると想定される地域で行われるが，防災投資需要もまた他地域の経済活動に強く依存している．防災・復興投資財の地域間の取引きは，広域的なエリアに経済的な影響をもたらす．このように防災投資，地震の直接的被害，復興投資は，生産部門間の相互依存関係や地域的な生産活動のリンケージと深い関係にある．地震がもたらす経済的な影響をみるためには，生産部門間の相互依存関係と地域間の交易を理解することが必要となる．

　地震は直接的・間接的な影響を伴う．建築物やインフラに直接的な被害が生じ，

これに関連した経済活動は間接的な被害を受ける．間接的な被害は，市場を介した被害と市場を介さない被害に分けられる．被災地への復興投資は，被災地以外の地域へも経済的な影響をもたらす．同様に，防災投資は，地震の発生前に広域的な地域に経済的な影響をもたらす．このように，地震の直接的被害と間接的被害，防災・復興投資の間接的な経済効果の関係を理解することが必要となる．

◉8.2◉ 産業の生産活動

一般的に経済の生産活動は，投入と産出の関係で説明される．投入は，原材料などの中間投入財，労働および資本によって表され，投入の増加によって産出量の増加がもたらされる．地震の直接的な被害は，これらの投入が減少することで捉えられる．地震により工場や道路などに被害があれば，民間資本ストックや社会資本ストックが減少したものとして，そして取引先の企業が被災して原材料が調達できなくなれば中間財の投入が減少したものとして理解される．資本ストック，労働および中間財の投入が減少すれば，産出量は減少する．

地震の被害は，フローとストックという2つの面を持っている．生産活動に伴う産出量と中間投入財の減少はフローの変化であり，人的・インフラの被害は人的資本と物的資本によるストックの変化である．フローは一定期間における経済活動の変動であるが，ストックは未来の経済活動に変化を与えるものであり，ストック被害の回復や防止には長期的な影響を伴う．通常，地震の直接的な被害額として計測されているのは物的資本の減少であり，これを金銭的価値で表したものである．直接的な被害により生産量が減少し，サプライチェーンを介して，川上・川下の関連企業の生産量にも影響をもたらす．

このように，地震の直接的被害が市場を介して生産部門から生産部門へもたらす影響を理解するため，またその被害を事前に防止するためには，生産部門間の関係がどのようになっているかを把握しておく必要がある．生産部門間のすべての取引き関係を，産業レベルで表したものに産業連関表がある．産業連関表から，1年間における産業間の中間財の取引き額の情報を得ることができる．

図8.1は，2005年の産業連関表から，乗用車の生産部門の投入構造を示したものである．一般的に，自動車は2万～3万の部品で構成されているといわれている．この図は，例えば100万円の乗用車を生産する場合，「乗用車」部門は，「自動車部品」部門から30.9万円，「内燃機関・同部部品」部門から15.1万円，そして「車体」部門から14.3万円を投入することを示している．さらに「自動

8.3 防災復興投資と動学最適化　　73

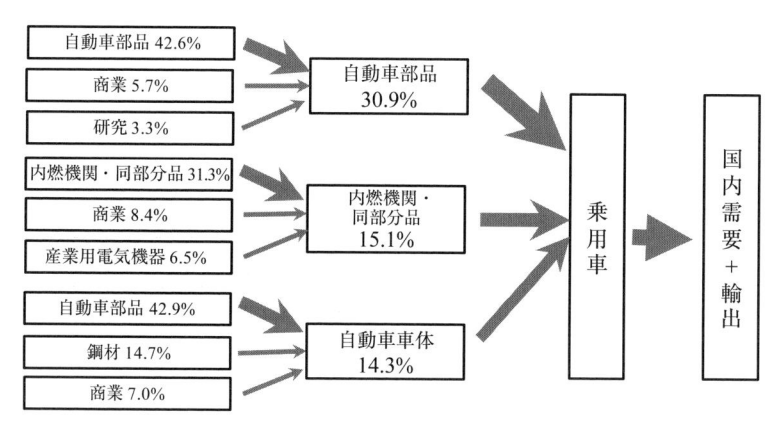

```
自動車部品 42.6% ┐
商業 5.7%      ├→ 自動車部品 30.9% ┐
研究 3.3%      ┘                    │
                                     │
内燃機関・同部分品 31.3% ┐           │
商業 8.4%              ├→ 内燃機関・同部分品 15.1% ├→ 乗用車 ─→ 国内需要＋輸出
産業用電気機器 6.5%    ┘           │
                                     │
自動車部品 42.9% ┐                  │
鋼材 14.7%     ├→ 自動車車体 14.3% ┘
商業 7.0%      ┘
```

図 8.1　乗用車部門の投入構造
2005 年産業連関表（総務省）より．

車部品」部門は，川上の「自動車部品」，「商業」，「研究」部門からそれぞれ，42.6%，5.7%，3.3% の比率で投入を行っている．生産と投入の関係を示すことから，この比率のことを投入係数あるいは技術係数と呼んでいる．生産活動は産業間の相互依存関係から成り立っており，特に自動車産業は，第 1 次，第 2 次，第 3 次サプライヤーと自動車組立て部門をトップに，階層的な投入構造を形成している．例えば，乗用車生産部門の川上に位置する「自動車部品」部門の企業が地震により被害を受ければ，川下の乗用車生産部門も生産を減少せざるをえない状況となる．このように，地震は被災地の生産部門に直接的な被害をもたらすと同時に，関連している生産部門に影響をもたらす．産業連関表はこのような産業間の影響を把握するのに有益な情報を提供する．

◉8.3◉　防災復興投資と動学最適化

将来の状態を予測する方法に，フォアキャスティングとバックキャスティングという考え方がある．フォアキャスティングとは，過去のデータや実績に基づいて，積上げ式に将来の予測を行う方法である．バックキャスティングとは，将来の持続可能な状態を想定し，その将来の状態から現在に振り返って現在行うべきことを考える方法である．将来生じうる自然災害が想定されている場合，防災投資のあり方を検討する際には現在から未来へ，そして未来から現在へという時間軸の考え方が必要となる．通常，資本ストックは投資の蓄積であり，資本ストックの時間的変化は，過去の投資積上げによって決められる．一方，投資の決定は

将来における資本ストックの価値に依存するため，バックキャスティングの考え方が参考になる．

ここで紹介する動学空間応用一般均衡モデルでは，現在と未来における資源配分の効率性を考慮して生産部門が投資を決定するという動学最適化が含まれている．このモデルでは，将来における資本ストックの量とその価値から，現在の資本ストックの価値が求められ，この価値を考慮して投資水準が決定される．地震は資本ストックを減少させるため，資本ストックの価値は上昇することになる．資本ストックの価値の上昇が，地震前の防災投資と地震後の復興投資を増加させるというメカニズムが組み込まれている．

8.4 地域間交易

地域と地域における産業レベルの交易関係を示すものに地域間産業連関表がある．地域間の相互依存関係を介した産業レベルの経済波及効果の計測を行う場合に有益な情報を提供する．経済産業省では，全国を9地域に分割した地域間産業連関表を公表している．

地域間産業連関表には，地域内競争移入型と地域間非競争移入型がある．前者は，地域別産業別の取引き関係を詳細に示すため，現状分析に適している．後者は，産業レベルの移出と移入の関係のみを扱うが，地域間の交易条件の変化にも対応しやすく，地域内の産業の技術係数の安定性やデータの取り扱いやすさという点から，予測やモデル分析などに適している．後者では，地域別の産業の技術係数と地域間の交易係数が用いられる．各都道府県は産業連関表を公表しており，

表8.1 自動車部品・同付属品部門の地域間交易係数 (%)

		着地域								
		北海道	東北	関東	中部	関西	中国	四国	九州	沖縄
発地域	北海道	7.1	0.1	0.2	1.3	0.3	0.1	0.0	0.3	0.0
	東北	0.1	29.7	4.1	0.5	1.3	0.3	0.1	2.4	0.0
	関東	7.5	19.9	75.7	17.3	14.4	7.3	13.1	28.5	19.1
	中部	62.1	42.7	14.9	73.7	43.7	19.1	56.7	31.7	50.2
	関西	0.7	1.0	2.2	4.6	30.5	8.8	1.2	4.6	2.5
	中国	22.4	5.4	1.6	1.2	8.7	62.4	22.2	10.8	27.5
	四国	0.0	0.0	0.0	0.0	0.5	0.1	6.3	0.1	0.0
	九州	0.1	1.2	1.3	1.4	0.7	1.9	0.4	21.6	0.2
	沖縄	0.0	0.0	0.0	0.0	0.0	0.0	0.0	0.0	0.5
	計	100	100	100	100	100	100	100	100	100

これらを連結した地域間産業連関表も作成されている．

例として，自動車部品・同付属品部門の地域間交易係数を表8.1に示す．この表を上下方向でみれば，財がどの地域からどのような割合で移入されているのかを読み取ることができる．中部地域には，自動車部品・同付属品生産部門が集積している．各地域は，中部地域から自動車部品・同付属品を移入しており，その比率はかなり高い値となっている[*1]．東海地域に地震が発生し，生産部門あるいは交通インフラが被害を受ければ，その他の地域では部品などの調達が困難となり，被災した地域以外でもマイナスの影響を受けることになる．このように地震の被害や投資の空間的な影響を評価する場合，地域間産業連関表は有益な情報を提供する．

8.5 地震被害と防災復興投資の経済分析

巨大地震がもたらす経済的な直接被害を前提に，防災復興投資が地域経済に与える影響の評価方法を解説する．動学空間応用一般均衡分析と呼ばれる手法を用いる．この手法の特徴は，産業の防災・復旧投資と地域間の空間的相互作用が同時に取り扱われることにある．また，巨大地震のように事前に実験などで検証できない現象について，シナリオに基づいてシミュレーションを実施し，様々な情報を提供できる利点がある．

応用一般均衡分析は，工学，経済学や地域科学において重要な分析手法の1つであり，政策形成や評価に有益な手法としても広く認識されている．時間を考慮しない静学的な応用一般均衡分析については様々な国や地域を対象にした多くの事例があるが，時間と空間を考慮した動学空間応用一般均衡分析については政策分析への応用が期待されている．また，地震などの自然災害を対象にした産業連関表や応用一般均衡モデルを用いた分析も行われている[1,2,5]．

ここで紹介する動学空間応用一般均衡モデルは，動学的マクロ経済理論に基づいた多地域多部門を含む分権的な市場経済システムを前提としている．この市場システムは，効用を最大化する家計部門と利潤を最大化する生産部門から構成され，市場価格は需要と供給の条件から決定される．産業の投資は生産部門の最適化行動から決定される[6]．

このモデルでは，次のような前提がおかれる．日本は47都道府県の地域に分

[*1]：東北42.7%，関東14.9%，関西43.7%，九州31.7%．

割されている．時間は離散的であり1期を1年とする．各地域には家計部門と生産部門が存在し，生産部門は一般財産業と輸送産業に分けられる．政府部門は考慮されていない．各期において，労働は産業間で移動可能であり，地域間では移動できないものとし，資本は産業間および地域間で移動できないものと仮定する．地域間の財の移出入から輸送サービスの需要が派生する．すべての財と生産要素の価格は競争均衡で決定される．地域間の財の交易は移出と移入によって表される．地域間の財の移出入の関係は，地域間産業連関表の地域間交易係数によって与えられる．財がどの地域からどの地域へ輸送されるか，そしてその輸送手段は，地域間交易係数と輸送機関分担率より与えられる．

　地震前の防災投資と地震後の復興投資が地域経済に及ぼす影響を分析する．仮説的なシナリオをおくことにする．ここでは主に東海地域を対象として，地震の直接的被害を産業資本ストックの減少として取り扱う．地震が生じるエリアと産業資本ストックの被害（減少）率を次のように設定する．千葉県（0.016％），東京都（0.001％），神奈川県（0.058％），山梨県（0.247％），長野県（0.147％），岐阜県（0.011％），静岡県（10.0％），愛知県（1.421％），三重県（0.237％），および和歌山県（0.016％）．

　表8.2にシミュレーションのケースを示す．地震の発生する時期を予測できないケースと，地震の発生する時期を予測できるケースを設定する．一般的に，防災投資が行われた場合には，地震による産業資本ストックの被害は小さくなるものと想定されるが，ケース1とケース2のインパクトの比較を行うために，ケース2で減じられる資本ストックの量はケース1と同じものとする．

　ケース1とケース2における地震と防災復興投資が地域経済に与えるインパクトを，基本ケースを基準にして，地域内総生産（GRP：gross regional products）の変化率で示す．図8.2(a)は，ケース1における地震のGRPへのインパクト

表8.2　シミュレーションのケース

基本ケース（地震は発生しない）	資本ストックは変動しない安定した状態
ケース1 （生産部門が地震の発生を予測していないときに，対象地域に地震が突然発生する）	地震発生後に，復興投資を行う
ケース2 （生産部門が地震の発生を完全に予測しているときに，対象地域に地震が発生する）	地震発生前に防災投資を，地震発生後に復興投資を行う

を示している．地震発生地域の各都道府県では，GRPは地震発生直後（11期）に減少し，その後は回復する傾向が示されている．地震発生地域以外の各都道府県（特に地震発生地域からより遠く離れた地域）では，地震発生後にGRPが増加する傾向がみられる．地震発生後に当該地域で復旧投資が行われるが，復旧投資のための財需要の一部は，当該地域以外の地域からの財フローによって賄われるためである．復興投資のために財を供給するその他の地域では，生産量が増加するため地域内総生産が増加する．復興期においては，被災地には他地域からの経済的支援が必要である．また復興需要により，地域によっては経済活動が活発化している．

ケース2では，各生産部門は地震の発生時期（11期）を完全に予測して投資を決定する．すなわち，各生産部門は地震発生前に防災投資を行うことができる．また，資本ストックへの被害率はケース1と同様の値を用いているため，地震発生後も復旧投資が行われる．図8.2(b)に，ケース2におけるGRPの変化率を示す．東海地域[*2]では，地震前に防災投資が増えるためGRPが増加している．地震後は，ケース1と同様に東海地域ではGRPは減少し，その他の多くの地域でもGRPは減少する（一部では増加する）．

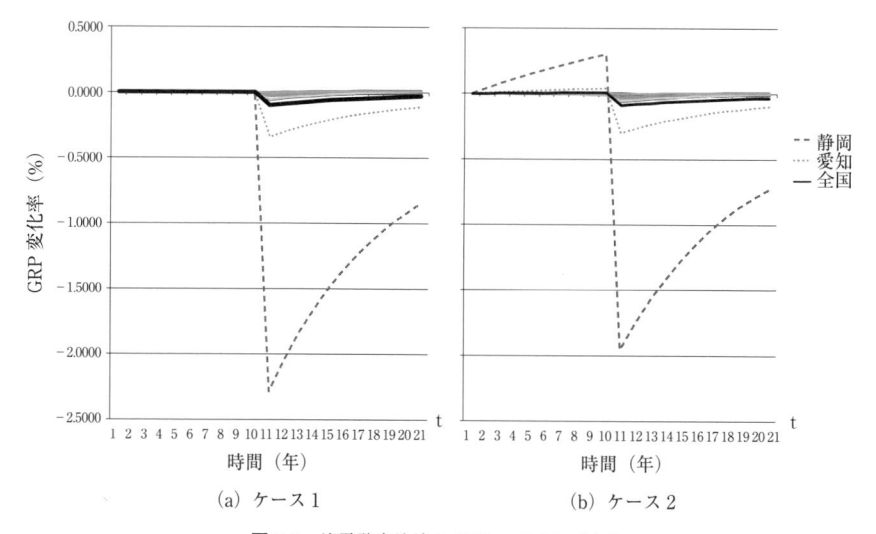

図8.2 地震発生地域のGRPへのインパクト
縦軸は地震が生じない場合（基本ケース）と生じた場合（ケース1，ケース2）のGRPの変化率を表す．

[*2]：主に，静岡，愛知，三重，岐阜．

ケース1と比べて，ケース2では地震発生直後のGRPの減少が緩和されていることがわかる．防災投資は，地震発生時におけるGRPの低下を防ぎ，復旧投資の期間を短くする効果があることを示している．一般的に防災投資により資本ストックの被害率は低下すると想定されるため，ケース2では，復旧期間はより短くなるものと考えられる．ケース2では東海地域以外のいつくかの都道府県（特に東海地域からより遠く離れた地域）では，地震発生前と後でGRPが増加する傾向がみられる．地震発生前と後で，東海地域で防災投資と復旧投資が行われるが，防災・復旧投資のための財調達の一部は，東海地域以外の地域からの財移入によって賄われるためである．このシミュレーションでは，防災投資需要より復興投資需要のほうが他地域のGRPにプラスの影響を与えることを示している（図8.3）．

8.6 おわりに

ここでは，動学空間応用一般均衡モデルを用いて，地震被害と防災復興投資が地域経済に及ぼす影響を評価するための方法について紹介した．東海地域を対象とした地震のシナリオをもとに，地震の発生前後の最適投資パターンについて分析し，防災投資と復興投資の両者を同時に検討することが重要であることを明らかにした．巨大地震の発生を前提とした場合の防災投資と復興投資の動学的かつ空間的な域経済効果を明らかにすることは，防災計画・政策の立案に有益なものと思われる．また，この分析方法は，交通インフラ被害の影響，災害の不確実性や保険市場の導入など，多様な応用と発展が可能である．　　［渋澤博幸］

図8.3　GRPの時空間的なインパクト

文　献

1) 内田 晋, 渋澤博幸, 櫻井一宏, 水野谷剛, 徐 峰, 氷鉋揚四郎 (2011)：消費活動を通じた東日本大震災の被災地支援効果に関する産業連関分析. 環境情報科学論文集, 25：49-54.
2) 多々納裕一, 高木朗義 (2005)：防災の経済分析――リスクマネジメントの施策と評価, 勁草書房.
3) 永松伸吾 (2008)：減災政策論入門――巨大災害リスクのガバナンスと市場経済, 弘文堂.
4) 日本政策投資銀行 (2005)：防災マネジメントによる企業価値向上に向けて――防災SRI（社会的責任投融資）の可能性. 調査, **80**.
5) Okuyama, Y. and Chang, S. E. (2004)：Modeling Spatial and Economic Impacts of Disasters, Springer.
6) Shibusawa, H. and Miyata, Y. (2011)：Evaluating the dynamic and spatial economic impacts of an earthquake：A CGE Application to Japan. *Regional Science Inquiry*, **3**(2)：13-25.
7) World Bank and United Nations (2010)：Natural Disasters, UnNatural Disasters：The economics of effective prevention, World Bank. ［千葉啓恵 訳 (2011)：天災と人災――惨事を防ぐ効果的な予防策の経済学, 一灯舎］.

II. 環境持続性と地域活性化

9 スマートコミュニティ事業のオプションゲーム分析

　環境・エネルギー分野は主要な次世代産業候補と考えられる．例えばスマートコミュニティ（次世代エネルギー・社会システム実証）プロジェクトは，新成長戦略のうちの「グリーンイノベーションによる環境・エネルギー大国戦略」に基づく経産省主導の事業として，2010年4月に横浜市・豊田市・けいはんな学研都市[*1]・北九州市を選択している[1)]．

　環境持続可能性の重要性は広く認知されているが，技術革新の技術的採算的リスクに加え，投資の不可逆性から計画推進に向け合理的な意思決定方法が求められている．このデスバレーを克服するためには，意思決定の柔軟性に加え，リスク挑戦への誘因として投資機会の排他性の確保が鍵になると思われる．

　環境的便益の経済的測定の困難さや研究開発の不確実性・不可逆的投資に対処する1アプローチはリアルオプション（real options）として期待されている．ただし，リアルオプションには金融オプションに比較し排他性に限界がある．ゆえに，ここでは意思決定の柔軟性と排他性の両方を扱うため，競合関係に関するゲーム理論と統合したオプションゲーム（option games）の手法を用いる．

　本章の目的は，次世代産業と期待されるスマートコミュニティ事業を対象に，オプションゲーム分析の有効性を検討することである．まず，社会基盤のような高リスク事業に向けた投資タイミングと不確実性・配当との，次に独占・完全競争の競争構造両極と競争に伴う新規事業価値劣化との，そしてその中間の寡占における不確実性と排他的戦略との各関係について検討する．

9.1　スマートコミュニティ事業参入とタイミングオプション

9.1.1　次世代エネルギー型社会システムの特徴

　グリーンイノベーションは，環境・新エネルギー型の次世代産業を目指す家庭・交通・地域・エネルギー供給連鎖・世界標準などを対象とした社会システム型技術革新事業といえる．エネルギー需給に関する動的価格評価による参入プレイ

[*1]：京都・大阪・奈良の3府県を跨ぐ京阪奈丘陵における関西文化学術研究都市．

ヤー間の能率的連携や経済産業省による資金援助などの推進要因も存在するが，環境改善の便益は水・空気と同様に経済的評価が困難であり，開発努力に対する成果の不確実性，埋没コストとしての投資の不可逆性からも，直面する状態に応じた投資決定の柔軟性が価値を持つと期待される．

また，新規市場への早期参入などの競争戦略の重要性から，次世代エネルギー型社会システムとしてのスマートコミュニティ事業の投資決定には，リアルオプションにゲーム理論を統合したオプションゲームが有効である．

9.1.2 リアルオプションからオプションゲームへの推移

リアルオプションは不確実性下の投資を分析する手法として注目され，代表的な先行研究例には，概念創出の Myers (1984)[9]，基盤的研究の Dixit and Pindyck (1994)[4] および Trigeorgis (1996)[13]，そして実務的指導書には Copeland and Antikarov (2001)[3] がある．

排他性の限界に触れた，新たなオプションゲームの代表的研究としては Smit and Trigeorgis (2004)[11] がある．また，主要な応用研究には，Titman (1985)[12]，Grenadier (2000)[5] による不動産開発での景気循環に関するゲーム理論的補正や，Paddock, Siegel and Smith (1988)[8]，Hendricks and Kovenock (1989)[6] による，アメリカのオフショア油田開発権での先駆的採掘投資と他社試掘からの油井規模情報を待つ不確実性低下との間の最適化などの研究例がある．

9.1.3 タイミングオプションと不確実性・配当

事業機会への投資タイミングを配当付き原資産の無期限アメリカンコールまたは延期オプション（option to defer）とみなすことが可能である．図9.1では，原資産 V が，投資 I だけでなく延期オプション価値 F をも加えた合計金額以上の魅力的な対象になると投資閾値 V^* を超えることになる．

この延期オプション価値の曲

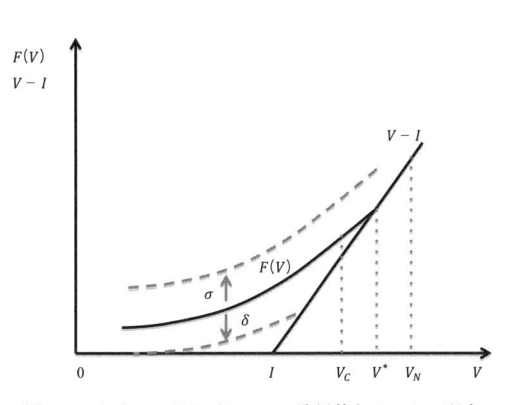

図9.1 タイミングオプションの臨界値とリスク・配当

線 $F(V)$ は，リスク尺度のボラティリティ（volatility）σ の増加につれ上方移動による臨界値 V^* 拡大を経て投資を遅くし，配当 δ の増加につれ下方移動による V^* 縮小を経て投資を早める特性を持つ．ゆえに，リスク σ と配当 δ との間にはトレードオフ関係があるといえる．

◉9.2◉ 競争と新製品価値の劣化：独占・完全競争の比較

◉9.2.1 新製品価値と競争構造

本章ではスマートコミュニティのような新規事業に向け，有望さに基づく最適な投資時期を決めるタイミング（延期）オプションを扱うが，意思決定樹（decision tree）手法での経路処理のため2項評価手法を用いる．事業着手の延期による収益喪失を配当とし，最適タイミングは，延期時間追加による機会損失と不確実性低下としての利点との動的均衡点となる．加えてオプションゲームでは，リアルオプションと金融オプションとの排他性における相違を競争構造から検討する[7]．

◉9.2.2 競争と新製品・サービス付加価値の劣化

ここでは，Smit and Ankum（2000）[10] のモデルを参考に，独占と完全競争の両極間での新製品・サービス価値の劣化傾向の相違に伴う投資延期の影響比較のため，配当の離散時間モデルの要点を検討する．離散時間での時刻 t における投資の見返りとしての期待正味CF（キャッシュフロー）は，投資家に定期的に返済する資本コスト（金額）と純粋な利益としての期待超過利益（新製品に伴う余剰利益）との合計として以下の式で定義される．

$$\overline{CF_t} = I \cdot r + \overline{EP_t} \quad (t=1, 2, 3, \cdots, \infty) \tag{1}$$

ここで，$\overline{CF_t}$ = 期待正味CF，I = 投資のCF，r = 資本コスト（金利），$\overline{EP_t}$ = 期待超過利益，$I \cdot r$ = 無期限継続事業での投下資本の年間機会コスト（投資家への年間利払い額），t = 時刻を示す．

投資家への利払い金利 r で，毎年安定して平均的 CF を生み出す無期限事業の時刻 t での現在価値は，永続価値式を用いて計算できる．また，時間の経済的価値である現在価値・将来価値に加えて，延期による機会損失の配当を考慮すると，独占では，競争による新規事業価値の劣化はないと仮定できるので，タイミング（延期）オプションの価値は配当付き株式のコールオプションの価値と等しくなる．その配当率は，時刻 s から t までの期間において，結果として以下のように2項モデルの経路とは無関係となる．

$$\delta_{t,s} = \frac{r}{1+r} = \delta_t \quad (t=1, 2, 3, \cdots, \infty) \qquad (2)$$

他方，完全競争下では，有望な事業領域への継続的な新規参入が可能なので，期待正味CFは初期の正の値から時間の経過に伴い低下し，最終的に採算ラインの資本コストに収斂する．ゆえに，完全競争下での配当率は以下のように仮定可能である．

$$\delta_{t,s} = \frac{I \cdot r + [1 - e^{-D}/(1+r)][FV_{t,s} - (1+r)I]}{FV_{t,s}} \quad (t=1, 2, 3, \cdots, \infty) \qquad (3)$$

$FV_{t,s}$ は時刻 t からみた将来の時刻 s での将来価値を示す．分子の第1項は毎年の投資家への資本コスト（金額）を示し，第2項は各状態での超過利益を反映する．業界が低下率 D の指数関数による e^{-D} 式にて長期的な均衡点に接近すれば超過利益は最終的には消滅することになる．

9.2.3 数値計算：投資タイミング戦略と超過利益

各競争市場でのオプション評価のための数値計算の仮定として，資本コスト $r = 0.15$，2項過程での原資産（オプションの母体としての事業価値）の年上昇率 $u = 1.25$ および下降率 $d = 0.8$ と仮定する．モデル特性として $u = 1/d = e^{\sigma\sqrt{\Delta t}}$ から，$\Delta t = 1$ 年とすれば，リスク尺度のボラティリティ $\sigma = 22.31\%$ となる．また無リスク金利（国債の金利）$r_f = 0.05$ とする．

他方，革新による初期1年末時点での期待超過利益を $\overline{EP}_1 = 30$ とするが，完全競争での参入により指数関数的に年率 $D = 0.30$ で劣化すると想定する．加えて，保全による永続稼働で，事業開始の投資金額 $I = 1000$ と各々仮定する．

a. 独　占

ここでは企業運営の通常原則である永続事業（going concern）における2期間内でのオプション行使の合理性を検討する．まず，独占の排他的状態では，式(1)からの資本コストおよび超過利益からなる期待正味営業CFを一定の安定した金額で確保できるので，年金の永続価値式により，現在の事業価値は以下のように計算できる．

$$V_0 = \sum_{i=1}^{\infty} \frac{\overline{EP}_i + r \cdot I}{(1+r)^i} = \frac{\overline{EP}_1 + r \cdot I}{r} = \frac{30 + 0.15 \times 1000}{0.15} = 1200 \qquad (4)$$

需要の変動を上昇と下降のみに単純化した2項モデルでは，事業価値は資産変化率と配当を控除した比率との積として計算できる．ゆえに時刻2の原資産の中位

原資産変動

$V_0 = 1200$
$V_u = 1304.348$
$V_d = 834.7826$
$V_{uu} = 1417.769$
$V_{ud} = 907.3724$
$V_{du} = 907.3724$
$V_{dd} = 580.7183$

オプション価値

$C_0 = 200$
$C_u = 304.3478$
$C_d = 12.39315$
$C_{uu} = 417.7694$
$C_{ud} = 23.42305$
$C_{du} = 23.42305$
$C_{dd} = 0$

選択方針

Invest
  Invest
    Invest
  Defer
    Defer
    Defer

図 9.2 2項格子モデル：独占

水準は，式 (2) から，$V_{ud} = V_{du} = 907.37$ と上昇→下降および下降→上昇の両経路とも同じ値を生じ図 9.2 のように再結合ノード (node) となる．

永続稼働の仮定のため，満期の収益情報が得られず通常の後ろ向き帰納法を使用できない場合でも，アメリカンコールをヨーロピアンコールから構成される複合オプションとし，配当付き原資産用のブラックショールズ方程式 (Black-Scholes formula)[2] によって延期オプション価値の評価が可能となる．例えば，事業価値の変動が上昇→下降の経路のノードにおいて，維持されるオプション価値はブラックショールズ方程式によって $C_{ud} = 23.42$ と計算できる．また，オプション評価手法としてリスク中立確率および無リスク金利によるヘッジポートフォリオ法を用い，各分岐点での収益最大化の選択により遡ることによって，現時点での最適なオプション価値は $C_0^* = 200$ となる．

すなわち，C_0^* での意思決定は，時刻 0 での事業中止 0 や延期オプション価値 166.27 よりも投資による $NPV = 200$ のほうが大であり，速やかなオプション行使としての投資決定が合理的となる．図 9.2 では，オプション選択方針として，原資産変動の 2 項経路において，投資 (invest) のノードは V_0，V_u，V_{uu} で，残りのノードでは延期 (defer) オプション維持の選択が合理的といえる．

b. 完全競争

完全競争における参入に由来する超過利益の指数関数的な劣化の仮定に基づき，2項モデルでの原資産の時刻 0 での数値計算は以下のようになる．

$$V_0 = \sum_{i=1}^{\infty} \frac{\overline{EP}_{i-1} e^{-d(i-1)t} + r \cdot I}{(1+r)^i} \approx 1073.31 \tag{5}$$

式 (3) を用いた期間 [0, 1] の配当 $\delta_{0,1} = 0.1458$ およびリスク資産の 2 項変化率によって，1 期後の上昇した原資産は $V_u = 1145.99$ と計算できる．

2項格子モデルでの時刻2の原資産の中位金額水準では，経路の相違によって V_u よりも V_d 経由の配当率のほうが小さいため $V_{du}=872.30>V_{ud}=770.89$ と，図9.3のように再結合型とはならない．さらに，独占モデルと同様に，ブラックショールズ式およびヘッジポートフォリオ法によってオプション評価を行うと最終的に，現時点でのオプション価値は $C_0^*=84.68$ となる．

こうして C_0^* の意思決定の成果は，時刻0での事業中止の0，投資による $NPV=73.31$ よりも，延期オプション価値84.68が最大であり，延期して当該オプションを維持したほうがよい．計算の結果，図9.3では，2項格子でのオプション選択指針は C_0 以外で独占の場合と同じになっている．

原資産変動			1204.516
		1145.994	770.8905
	1073.317		
		733.4362	872.3095
			558.2781

オプション価値			
			204.5164
		145.9941	3.579656
	84.68782		
		17.5823	33.04891
			0.227044

選択方針			
			Invest
		Invest	Defer
	Defer		
		Defer	Defer
			Defer

図9.3 2項格子モデル：完全競争

配当（延期のペナルティ）を加えた2項リスクモデルでの競争の両極である独占・完全競争の比較において，まず独占では，金融オプションと同様に余剰利益が排他的に守られるので，良好な状態での投資と不利な状態での延期という各選択方針が確認できる．他方，完全競争では，確かに新製品付加価値に由来する超過利益の劣化速度を上回る迅速な投資戦略もありうるが，ライバルの参入を阻止できない以上，むしろ不確実性のうちの価値上昇機会が十分に大きくなるまで見極めて決断したほうが合理的といえる．延期のペナルティとしての配当の減少に合わせ投資の誘因も加速度的に劣化するので，通説に矛盾するこうした結論が得られる．この結果は，スマートコミュニティ事業参加プレイヤーへの合理的な競争ルールの設定にも適用可能と思われる．

9.3　ウィン-ウィン関係のゲームツリー分析：寡占市場

9.3.1　寡占市場のオプションゲーム分析

寡占は独占と完全競争との中間に位置し，一般的な競争構造を代表する．単純化のために複占に焦点を当てると，2社の投資タイミングは互いの戦略の組合せに依存する．特に，新製品の市場導入競争の場合，対不確実性に加え，早期の市

場占有による事業価値の防御が可能となる．

9.3.2 展開型ゲーム分析

　I（invest）が投資，D（defer）が延期を指す場合，投資は収益が $V_{t,s}-I$ となるオプション行使，投資延期は価値 $C_{t,s}$ のオプション保持となる．不確実性も考慮した対等な競争力の企業間展開型ゲームツリーでは，無限回反復ゲームのように満期のゲーム状態が得られなくとも，部分ゲーム完全均衡によって解が得られる．

　こうして競争力対称型のオプションゲームでは，両社が同時に投資をする場合は過当・補完競争を考慮したクールノー–ナッシュ（Cournot-Nash）均衡解を，リーダー・フォロワーの相互進行ゲームではシュタッケルベルク（Stackelberg）均衡を，延期した場合は自然（N；nature）[*2] 選択，配当 δ の機会損失，配当付きブラックショールズ方程式で評価後のヘッジポートフォリオ法による割引期待値などを考慮する．

　当該のゲームツリーでは，直面する不確実性への延期による柔軟的対処とライバルの先攻的リスクとのトレードオフの最適化を図ることが可能となる．

9.3.3 数値計算

　数値計算による複占・競争力対称型プレイヤーの2期間展開型ゲームの評価のために，0時刻での原資産 $V_0=100$，投資金額 $I=50$，リスク調整型金利 $k=0.15$，無リスク金利 $r_f=0.05$，2項過程・原資産上昇率 $u=1.25$，同下降率 $d=0.8$，投資クールノー–ナッシュゲームにおける競合係数 $v=0.5$，シュタッケルベルク均衡でのリーダーによる市場占有率 $\theta=0.525$，および単位期間 $\Delta t=1$ 年と仮定すると，既定の計算式からボラティリティ $\sigma=0.2231$，リスク中立確率 $p=0.5555$，配当 $\delta=0.1304$/年となる．

　これらのパラメータを用いてゲームツリーを完成させると図9.4のような結果となる．すなわち，部分ゲーム完全均衡としての「ナッシュ均衡」は，時刻0でまずA・B両社とも延期{D, D}する．不確実性としての自然N1が良好(u)ならば，両社とも投資{I, I}し時刻1のペイオフは（4.34, 4.34）となる．他方，不利(d)ならば，両社とも延期{D, D}し，次の自然N2が良好（u）ならば，両社とも再度延期{D, D}し時刻2のペイオフはオプション維持により（5.24, 5.24）となる．

[*2]：プレイヤーがコントロールできない偶発事象．

他方，自然 N2 が不利（d）ならば，両社とも同様に延期し時刻 2 のペイオフは (0, 0) となる．時刻 2 の両ペイオフからの割引期待値として時刻 1 のペイオフは (2.77, 2.77) となる．さらに，時刻 1 の両ペイオフから遡る割引期待値，また，当該の部分ゲーム完全均衡戦略採用による時刻 0 での総括的ペイオフは (3.47, 3.47) となる．

しかし，このナッシュ均衡解は囚人のジレンマ[*3]状態にある．むしろパレート最適（両社にとって最適）な戦略は，時刻 0 での両社とも延期 {D, D} の後，自然 N1 が不利（d）ならば両社とも延期 {D, D} の戦略は変わらないが，良好 (u) ならば片方（例：A 社）が投資し残りが延期後 {I, D} に，自然 N2 が良好 (u) ならば投資 {I} し不利（d）ならば再延期 {D} すれば，時刻 1 のペイオフは (7.06, 3.23) に改善する．この場合，改善後の収益の再配分を目的に，単に公平な競合よりも，先導・追随の役割をあらかじめ円滑に調整する社会的機能があれば，両社合計（社会全体）の収益は改善する可能

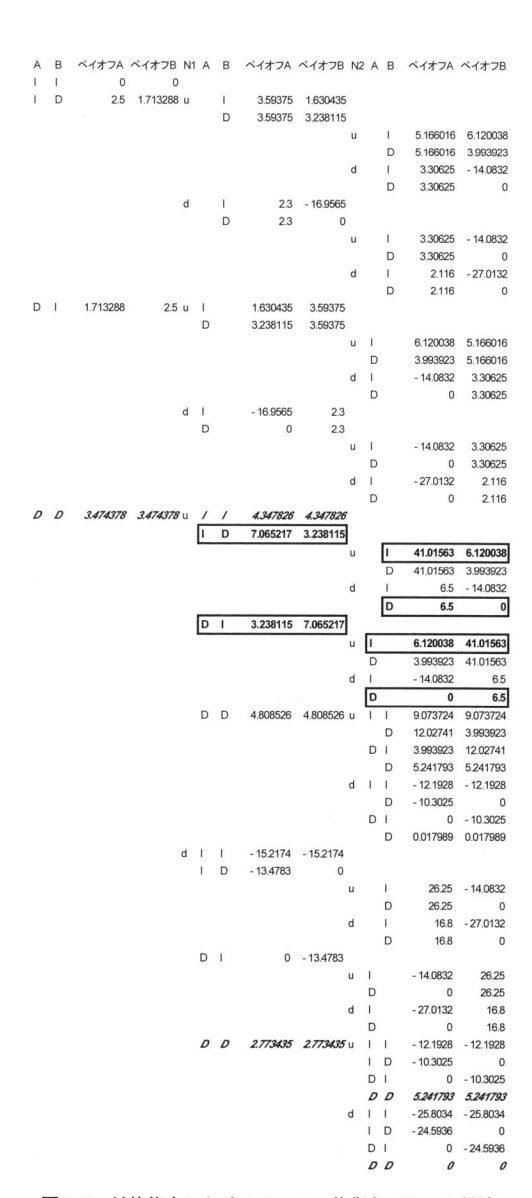

図 9.4　対等複占におけるナッシュ均衡とパレート最適

---

*3：互いの不信感から両社にとって最適ではない不幸な状態．

性がある．ゆえに，IT の進歩やクラスターによる社会的革新としての，いっそう洗練された調整機能が全体最適化に向け求められる．

◯9.4◯ 将来に向けて

投資基準としての NPV（正味現在価値）は，不確実な状況下での迅速な意思決定というトレードオフに直面する場合，事業価値の評価において弱点を持つ．オプション理論が当該状況に有効であるが，リアルオプションは金融オプションとは排他性の限界において相違点を持つ．

本章では，数値計算にて，投資タイミングへの不確実性と競争の影響を検討した．まず，独占市場での投資機会は金融オプション同様に排他的である．ゆえに，不利な状況では延期を，有利な状況ではすぐに投資をすべきである．他方，完全競争での延期は，ライバルの参入から期待収益の劣化を意味する．排他性の欠如は確かに劣化スピードに勝る迅速な行動への誘因を否定できない．しかし，延期の機会コスト（ペナルティ）である配当が加速度的に劣化する中で，参入を阻止できないとすれば，不確実性下での良好な状態をいっそう慎重に見極めてから投資する誘因も高まる．結果として，初期の新規性に伴う短期的な機会の活用か，逆に状態が確実に良好になるまで慎重に投資を延期するかという両極化の可能性がある．

寡占は独占と完全競争の中間に位置する．不確実性下での対等な複占では，状態を見極め事業価値が十分に高い場合には両社が投資し，価値が低い場合には両社とも投資を延期したほうが合理的となりうる．しかし，ライバルへの参入阻止の誘因を抑止し，コンソーシアムなどの社会的システムの工夫によってシナジー効果の再配分を事前に決めて先導・追随の役割分担による投資をしたほうが，機械的な公平競争よりも両社の得られる成果を改善できる可能性がある．

すなわち，スマートコミュニティのような革新的社会基盤事業での投資競争においても，競争による過剰なコストと調整による利益とをバランスさせたパートナーシップが革新的市場での不確実性に対する能率的な投資促進の社会的革新方法といえる．

[藤原孝男]

文　献

1) スマートコミュニティ事業（http：//www.meti.go.jp/committee/materials2/downloadfiles/g100408a03j.pdf），2012 年 12 月 1 日アクセス．

2) Black, F. and Scholes, M. (1973)：The pricing of options and corporate liabilities. *Journal of Political Economy*, **81**：637-659.
3) Copeland, T. E. and Antikarov, V. (2001)：Real Options, Texere [栃本克之 ほか 訳 (2002)：[決定版] リアルオプション――戦略フレキシビリティと経営意思決定，東洋経済新報社].
4) Dixit, A. K. and Pindyck, R. S. (1994)：Investment Under Uncertainty, Princeton University Press [川口有一郎 ほか 訳 (2001)：投資決定理論とリアルオプション――不確実性のもとでの投資，エコノミスト社].
5) Grenadier, S. R. (2000)：Option exercise games：the intersection of real options and game theory. *Journal of Applied Corporate Finance*, **13** (2)：99-107.
6) Hendricks, K. and Kovenock, D. (1989)：Asymmetric information, information externalities, and efficiency：the case of oil exploration. *RAND Journal of Economics*, **20** (2)：164-182.
7) Kester, W. C. (1984)：Today's options for tomorrow's growth. *Harvard Business Review*, March-April：153-160.
8) Paddock, J. L., Siegel, D. R. and Smith, J. L (1988)：Option valuation of claims on real assets：the case of offshore petroleum leases. *The Quarterly Journal of Economics*, **103** (3)：479-508.
9) Myers, S. C. (1984)：Finance theory and financial strategy. *Interfaces* **14**(1)：126-137.
10) Smit, H. T. J. and Ankum, L. A. (2000)：A real options and game-theoretic approach to corporate investment strategy under competition. (In Grenadier, S. R. ed.) Game Choices, 21-37, Risk Books.
11) Smit, H. T. J. and Trigeorgis, L. (2004)：Strategic Investment, Princeton University Press.
12) Titman, S. (1985)：Urban land prices under uncertainty. *The American Economic Review*, **75** (3)：505-514.
13) Trigeorgis, L. (1996)：Real Options, MIT Press [川口有一郎 ほか 訳 (2001)：リアルオプション，エコノミスト社].

III. 持続可能な都市・地域戦略と広域連携

10 広域空間形成と地域の持続性

10.1 社会の変化と都市・地域計画

10.1.1 フィジカルプランニングとしての都市・地域計画の変遷

　本書では都市・地域計画を次のように定義する．すなわち，都市・地域計画とは，都市ないし地域という空間を対象に，そこで営まれる人間の生産と生活に関わる諸活動が効率的かつ円滑に，安全かつ快適に行えるための器として，そのフィジカルな将来像・ビジョンを構想し，それに至るプロセスを示し，当面の計画を立て，実践することとする．

　18世紀末に始まる産業革命とそれに伴う工業都市の発生は，それまでの古代から中世まで続いた都市の有り様を大きく変えていく．農村から都市への急激な人口流入に伴う生活環境の悪化，職と住の分離，通勤現象の発生，このような新しい産業と生活の有り様に対応した都市計画が生まれる．近代都市計画の誕生である．その代表が19世紀後半から20世紀初めにかけてのハワード E. の田園都市，ガルニエ T. の工業都市，ル・コルビュジェの300万人の都市計画，ペリー C.A. の近隣住区理論などである．その社会的背景には，技術革新による生産性向上・工業化に伴う産業経済活動の変化，そして都市人口の増加に対応するためのコミュニティ生活空間に対する渇望があった．

　1960年代に入ると，近代都市計画の抽象性，形式性，デザインの画一性や無機質さが批判される．ジェイコブス J. は著書『アメリカ大都市の死と生』で，それまでの計画理論を批判し，都市の多様性や街路の重要性を指摘する．『都市のイメージ』を著したリンチ K.，「A city is not a tree」を著したアレグザンダー C. らも新しい都市および都市計画の有り様を唱える．この頃から都市の計画・デザインの価値観に変化が生まれてくる．彼らの新しい価値観の探求には，都市の荒廃，都心の空洞化，犯罪の多発など，当時のアメリカ社会が抱える都市問題が背景にあった．

　1970年代には，いわゆる地球環境問題がクローズアップされる．ローマクラブによる書物『成長の限界』は，世界人口の増加による食糧不足，資源の枯渇，

環境汚染を警告した．1975年にはダンツィヒとサティが，エネルギー消費が最小となる高密度な人工空間「コンパクトシティ」を提案する．そして1987年の国連「ブルントラント委員会」の最終報告書「Our common future」に示された「持続可能な開発（sustainable development）」は，その後の都市・地域計画の中心的テーマとなっていく．欧州では持続可能な都市形態＝コンパクトシティが，地域全体の均衡ある発展を目指す都市・地域戦略の重要な概念となる．アメリカでは自動車に依存せず公共交通を中心にした開発（TOD）＝ニューアーバニズムが都市・地域開発の主流となっていく．

フィジカルプランニングとしての都市・地域計画は100年以上にわたって，社会の変化に呼応しながらその理論と実践を探求しつづけてきた．その有り様の変化は，都市単体をどう創るかという議論から，環境，経済，教育・福祉などの政策とも連携した総合性を有しつつ，都市を中心に郊外・農山村を含む都市地域を一体で捉える計画の議論に移っている．

◯ 10.1.2　これからの都市・地域計画：総合性と広域性

このような世界の潮流の中で，日本の都市・地域計画は欧米のそれに学びながら現在に至っている．その変遷をみると，建築・都市の計画制度は1888年の東京市区改正条例に始まり，その後，社会の変化や都市人口の増加を背景に，1919

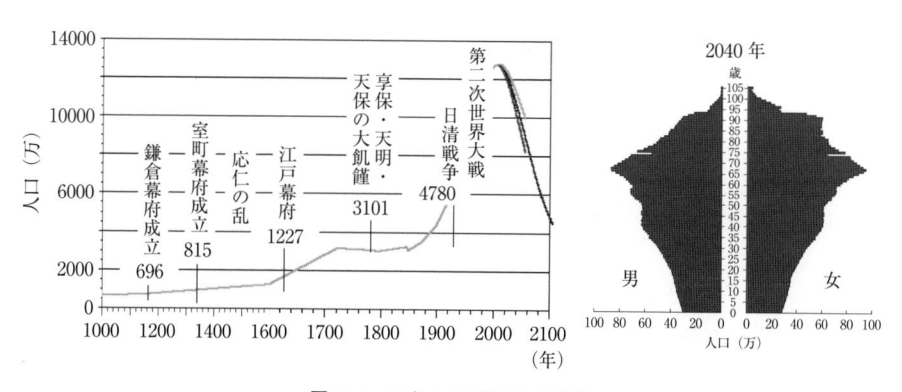

図10.1　日本の人口推移と高齢化
2006年にピーク：1億2774万（約5人に1人が高齢者），2025年：1億2114万（約4人に1人が高齢者），2050年：1億59万（約3人に1人が高齢者）．
左図は総務省「国勢調査報告」，同「人口推計年報」，国立社会保障・人口問題研究所「日本の将来推計人口（2002年1月推計）」，国土庁「日本列島における人口分布変動の長期時系列分析」（1974年）をもとに作成．右図は国立社会保障・人口問題研究所資料より．

年に市街地建築物法とともに都市計画法が制定される．そして戦後の高度経済成長下の1968年に大改正が行われ，今日の都市計画制度の大枠が出来上がる．現在まで不十分ながらも社会の変化と要請に応える形で改正を重ね，体系化が図られてきた．

一方，国土・地域の計画制度は，戦後の1950年からようやく国土総合開発法などの制度が設けられ，1974年の国土利用計画法の制定で一応の体系化が図られた．その後，開発基調の国土総合開発法は，2005年に国土形成計画法へと衣替えする．

これからの日本の都市・地域計画が歩むべき方向とは一体どのようなものであろうか？

現在の日本は，欧米で18世紀後半に始まった産業革命にも匹敵する大きな社会の変換点にある．図10.1のとおり，明治中期以降の人口は急速に増加した．そして2006年の1億2774万人をピークに，それまでの増加率とほぼ同じ割合で減少し，2050年には1億人前後に，2100年には大正時代とほぼ同じ4500万人前後となり，高齢者は3人に1人以上と推計されている．かつて経験したことのない時代を

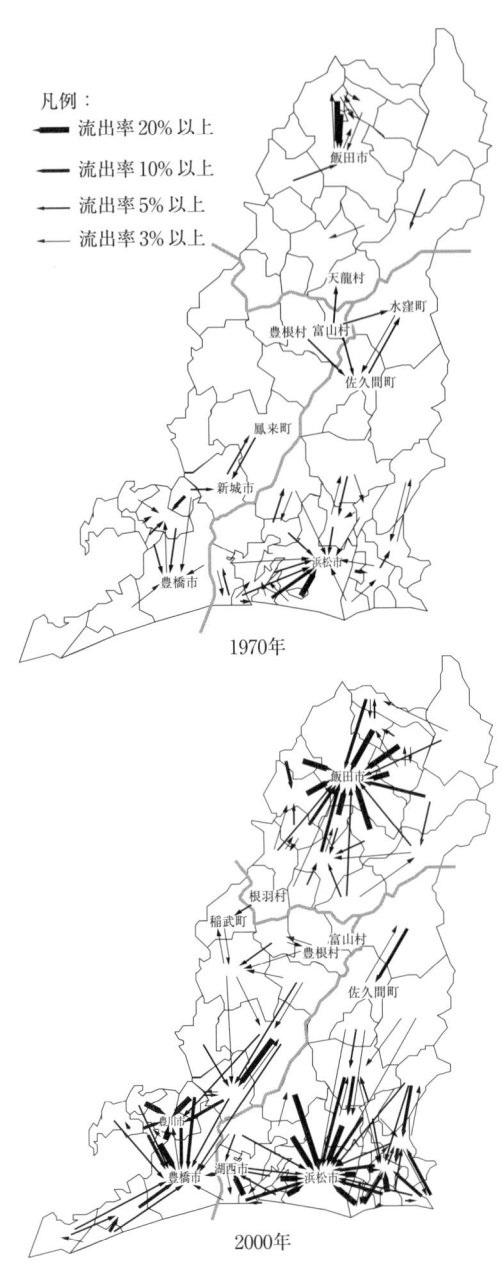

図10.2 三遠南信地域の通勤通学流動の変化

迎えようとしている．

　一方で，大都市圏を除く地方の人の移動（通勤・通学）をみると，かつてはそれぞれ核となる都市を中心に比較的狭い範囲で完結する傾向にあった．しかし現在の人とモノの移動は，より規模の大きい都市を中心にその範囲を拡大し，より小さな都市を包含する傾向にある．地方圏での都市・地域空間の階層化と広域化が進んでいる（図10.2）．

　このような社会の変化の中で，地球環境問題への対応として省資源・省エネルギー，低炭素の都市・地域空間のあり方，気候変動に伴う新たな都市型災害や広域巨大地震災害への対応，安全安心な都市・地域空間の形成，さらには地方圏における経済的自立と活性化にどう応えるかなど，都市・地域計画に課せられたテーマはその領域を拡大させている．単なるフィジカルプランニングの計画技術だけではもはや十分に応えることができない．経済，環境などの分野を包含した総合性と広域性に配慮した都市・地域戦略，広域の計画の理論と実践が求められている．

◎ 10.2 ◎　人口減少下の都市・地域計画の課題

　人口減少と少子高齢化は，日本のあらゆる場所（都市，農村，山村など）とあらゆる分野（産業，医療，福祉，教育，交通など）で新たな社会的課題を突き付けている．ここでは，これからの都市・地域計画のあり方を考えるうえでの重要な課題について具体的に解説する．

◎ 10.2.1　都市のコンパクト化と自治体経営

　経済の停滞とも相まって，人口減少と少子高齢化は，地方自治体の財政状況の悪化をもたらしている．右肩上がりの時代に拡大したスプロール市街地の公共施設や道路，上下水道などの生活基盤は，その維持・管理の将来見通しが立たない事態に陥っている．限られた財源の中で市民の基礎的生活サービス水準をいかにして維持していくか，政策転換が求められている．持続可能な自治体経営として，都市のコンパクト化は避けられない政策オプションであり，車に過度に依存しない「歩いて暮らせる」まちの実現，省エネルギー化や，低炭素社会の実現にも貢献できる．都市のコンパクト化の実現には，自治体経営の視点，環境分野と連携した空間的戦略が求められる．

10.2.2　少子高齢化と中山間地域問題

次に，中山間地域を取り上げてみよう．図 10.3 は，愛知県新城市鳳来地区における集落別高齢化率（65 歳以上人口の割合）の現状と将来推定値である．今後 20 年足らずでほとんどの集落が高齢化率 50% を超え，いわゆる「限界集落」に至ることを示している．鳳来地区は，日本を代表するものづくり産業が集積した東海エリア沿岸部へ車で 90 分程度の地域であるが，それでも人口減少と少子高齢化に歯止めがかかっていない．地域コミュニティの中心的施設であった小学校の統廃合，かかりつけ医院や個人経営店舗などの廃業，金融機関の撤退などが進んでいる．人口減少と高齢化の進行は，緩やかではあるが確実に，日常生活に欠かせないサービス機能の低下，生活の質（quality of life）の低下をもたらす．それはさらに人口減少を加速させる．それまで集落居住者の営みによって管理されてきた農地や森林が放棄され，その結果，水源涵養機能など森林が本来有してきた国土保全機能が低下することになる．それはさらに近年の気候変動に起因するとみられる集中豪雨などの都市型災害の遠因ともなっている．つまり中山間地域の人口減少と少子高齢化は，都市部を含めた流域圏全体の生態系と生活ならびに産業に大きな負の影響を与えている．中山間地域の問題は中山間地域だけの問題ではなく，都市部の自治体と連携した戦略が必要である．

10.2.3　広域巨大災害と都市・地域計画

頻発する大規模地震災害や気

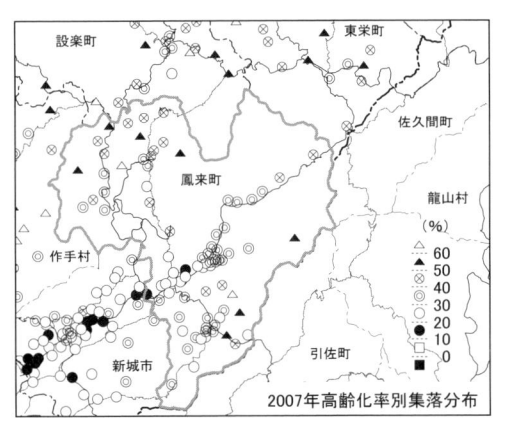

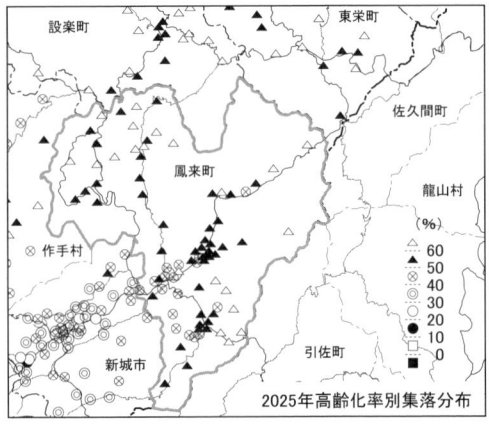

図 10.3　中山間地域の集落別高齢化（新城市鳳来地区）

候変動に起因するとみられる風水害に対して安全安心な都市・地域づくりが不可欠である．災害に強い「しなやかな地域社会」の形成には，ハードの抵抗力（都市・地域基盤の安全性）を高めるとともに，地域コミュニティの持つソフトの回復力（地域防災力）向上が必要である．ところが，人口減少と少子高齢化は，独居・高齢世帯あるいは要介護者世帯の増加，さらには空き家の増加や建物更新の困難化をもたらしている．それは抵抗力と回復力にマイナスに作用する．事前の備えとして，行政におけるまちづくり分野と医療・福祉分野が連携した防災・減災コミュニティ活動を支援する仕組みづくりが急務である．

一方，東日本大震災の教訓から明らかなように，大規模災害に対して個々の自治体ごとに備えるだけではもはや対応できない．広域防災拠点の配置は，地域の災害危険性と緊急物資輸送路となる広域幹線交通ネットワークを考慮する必要がある．また広域幹線道路のリダンダンシー（多重性）確保のためには，現状の土地利用と交通ネットワークを踏まえた将来の広域空間構造を明確に示すことが求められる．その他，避難所運営の相互連携支援体制の構築，救援物資などの配送体制，医療・介護支援体制など，基礎自治体の枠を超えた広域生活圏レベルでの広域防災計画の策定が必須である．

つまり，広域巨大災害に抗する「しなやかな地域社会」の形成に向けた都市・地域計画の役割は，地域コミュニティレベルの抵抗力と回復力を高めることに加え，広域空間構造のあり方の検討に重点を置く必要がある．

◉ **10.2.4 炭素循環と経済活性化**

人口減少・少子高齢社会にあって地球環境問題に応える計画論として，都市のコンパクト化は必然の流れである．コンパクトな都市構造への変換は，時間を要しても着実に進められるべきである．また再生可能エネルギーや環境負荷低減技術の開発，国の推進するエコタウン構想やスマートタウン構想などのプロジェクトが実施され，確実に地球温暖化ガス排出量は抑制されるだろう．

しかし，それでもなお CO_2 排出源は，産業と人口が集積する都市に集中して存在しつづける．一方，中山間地域の豊かな森林資源は CO_2 吸収源となっている．日本の国土空間は，その地理的条件から，上流域には森林資源に恵まれた中山間地域が広がり，中流域の田園地帯を経て，下流域には産業・人口が集積する都市が形成される．このような空間パターンからなる流域系の空間システムを特徴としている．この特徴を生かし，流域全体の CO_2 排出量を上回る吸収量を炭素

クレジットとして他地域に売却し，それを森林の維持・管理や林業再生の原資としたり，中山間地域の振興策に回すことが可能である（第5章参照）．炭素循環による地域経済の活性化を目指した取組みの実現には，流域圏内の都市と中山間地域の自治体が参画する新たなガバナンスの構築が求められる．NPO・ボランティア団体，民間企業などとの連携も不可欠である．

◯10.3◯ 持続可能な都市・地域空間形成

◯10.3.1 3つの空間系が重なる都市・地域空間

　経済のグローバル化は，その活動空間を都市という単位を超えて拡大させている．10.1.2項でみたように，経済社会活動に不可欠な人とモノの移動の容易性が飛躍的に高まっている．かつて流動性がそれほど高くなく，経済活動が比較的狭い範囲で完結した社会では，経済社会活動の器としてのフィジカルプランニングは，都市という単位，つまり制度上は自治体という単位で対処することで比較的可能であった．しかし，いまや経済のグローバル化と経済社会活動（人，もの，情報，カネ）の流動性の高まり，高流動性社会への変化は，産業経済空間と生活空間の広域化を引き起こし，フィジカルプランニングの広域対応を求めている．

　図10.4は，これからの都市・地域計画を考えるうえで前提とすべき広域空間イメージである．経済系，生活系，生態・流域系の3つの空間系に現実の行政空間を重ねて示している．生活系空間は通勤・通学圏，商圏，生活サービス圏に相当する．経済系空間は，複数の生活系空間を包含しながらより広域に他の経済系空間と重なり合って存在している．そして生活系，経済系空間はともに高流動性社会の中でその領域の広さと境界のあいまいさを増大させている．一方，生態・流域圏は，広域化する生活系・経済系空間の様々な活動と相互作用しながら存在する．

　したがって，生態系，経済系，生活系の3つの空間系の良好な相互関係を維持・改善ないし再生しつつ，それぞれが持続可能な空間系として存続しうるか．この点こそが，人口減少下の社会において，10.2節でみた地球

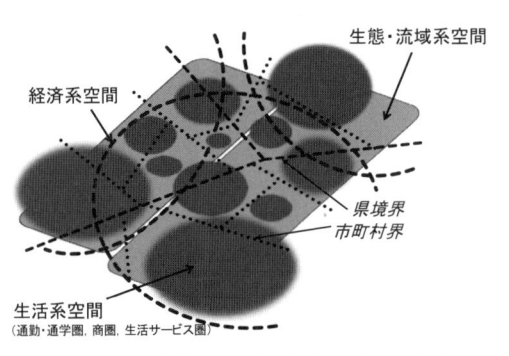

図10.4 広域空間イメージ（文献2をもとに作成）

環境問題や広域巨大災害への対応などの都市・地域計画の諸課題に対処する大前提である．環境，経済分野の政策と連携した，既存の自治体の枠にとらわれない広域空間の計画理論と実践が求められる．

◉ 10.3.2　拠点とネットワークによる集約型空間構造

今後確実に縮小していく都市の将来像として，集約型都市構造の考え方が一般的となっている．広域の都市地域の空間構造を考える場合も同様の考え方が必要である．複数の基礎自治体[*1]からなる広域圏においては，既存の中核的都市を広域圏の中心核と位置づけ，その周辺市町村では，既存の産業・人口の集積や今後の人口動向などを考慮しながら，原則市町村ごとに中心拠点と地域拠点を設定し，これらを域内幹線交通ネットワークで結ぶ「拠点とネットワークによる集約型空間構造」を将来の空間構想図として描くことが肝要である．

集約型空間構造の実現に向けては，中核的都市の郊外部も含めて地域拠点と中心拠点へのサービス機能の集約化を図る．加えて，周辺市町村の中心拠点といえども生活に必要なすべてのサービスを提供することはもはやできない．中心拠点が相互に提供すべき機能を水平的に分担連携することで，複数の拠点が一体となって全体の機能を満足させる取組み，仕組みの構築が求められる．また高度医療機関のように周辺市町村では提供困難な機能については，中核的都市と周辺市町村の垂直的機能分担連携が必要である．広域空間基盤としての域内幹線道路ネットワー

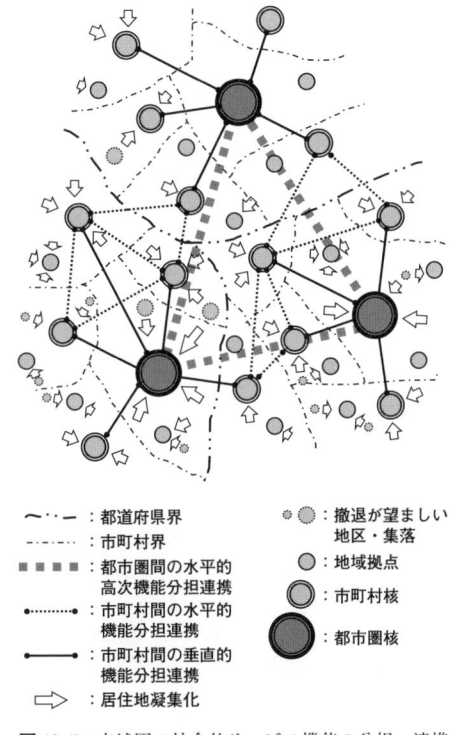

凡例：
- ‐‐‐：都道府県界
- ———：市町村界
- ＝＝＝：都市圏間の水平的高次機能分担連携
- ●———：市町村間の水平的機能分担連携
- ●———：市町村間の垂直的機能分担連携
- ⇨：居住地凝集化
- ◎：撤退が望ましい地区・集落
- ○：地域拠点
- ◎：市町村核
- ◉：都市圏核

図 10.5　広域圏の社会的サービス機能の分担・連携と居住地凝集化による空間形成イメージ

[*1]：平成大合併で広域化した単一基礎自治体では旧市町村．

ク整備や公共交通ネットワーク整備に加えて,日常生活サービス機能の連携・ネットワーク化が不可欠といえる.

また,港湾・空港機能のような産業・流通系拠点については,複数の広域圏相互で機能分担ないし連携することで生産・流通の効率化を図ることも必要であろう.さらに,広域巨大災害への対応として,複数の広域圏自治体間での相互連携協定も有効である.

10.3.3 中山間地域の社会的サービス機能の維持

前項でみたのは広域の都市地域におけるサービス機能の集約化と機能の分担・連携である.これとほぼ類似の考え方が中山間地域にも適用できる.人口減少と高齢化が進む中山間地域においては,個々の自治体が単独で限界集落を含むすべての集落の維持を前提とすること,またそのために生活サービス機能の提供を継続することは,中長期的にみて非現実的である.一方,中山間地域と一口にいっても集落の置かれている状況(人口動向,産業,立地特性,地域コミュニティ特性など)は様々であり,とるべき対策も自ずと異なってくる.したがって,既存の自治体の枠にこだわることなく自治体間の連携のもとに,例えば図10.6に示すような,居住地の凝集化とサービス機能の拠点化の考え方に基づく地域空間構造の再編が必要である.「拠点集落」は,今後とも当該地域の生活サービスを提供する拠点として,分散しているサービス機能を漸進的に集約化し,撤退してくる移住者を受け入れ定住を促進する集落である.また,ここでいう「限界集落」とは,居住者の意思を尊重しつつも,時間をかけて緩やかな撤退を図っていく集落を意味する.「持続集落」とは,「拠点集落」の生活サービス機能提供を補完するサブ拠点に位置づける集落である.このように,集落の現状を踏まえ,各集落の中長期的な機能分担(空間構造)を明確にするとともに,居住者の移動手段を確保するための「拠点集落」を拠点とした交通サービスの提供も不可欠である.

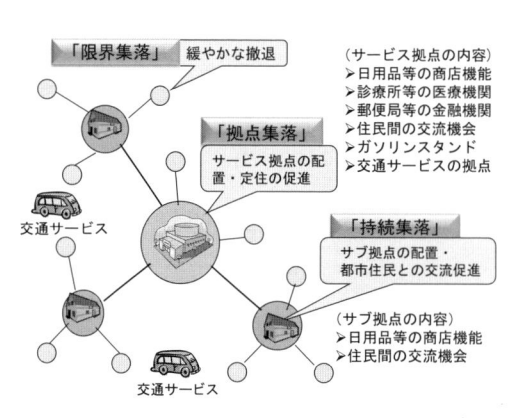

図10.6 中山間地域における地域空間構造モデル[1)]

⬤ 10.3.4　広域空間ガバナンス

　以上のように，持続可能な都市地域の空間形成には，広域の土地利用と交通ネットワークのあり方，そして様々な生活サービス機能の連携分担を既存の自治体の枠を超えた広域連携体制のもとに，そのビジョン・戦略を描き，実践していく新たな仕組み，つまり新たな空間ガバナンスが求められる．しかし現時点において，日本の地方自治制度と計画制度は，あくまで国，県があって基礎自治体があるという枠組みである．自治体間連携によって広域の空間戦略を実現するための仕組みは必ずしも十分でない．

　補完的な制度として「広域連合」，「一部事務組合」があり，また現在は総務省の「定住自立圏構想」（第13章参照）による取組みが進められている．しかし，このような制度・仕組みのもとで実際に取り組まれている分野は，自治体間で双方のメリットが明確な観光や消防・防災が中心である．土地利用，交通，生活サービスなどの分野は自治体間の利害関係が表面化しやすく，事業推進を困難にしている面が否めない．経済的，社会的に一体性を有する広域圏を構成する各自治体が，個々の利益ではなく，広域全体の経済的自立と競争力強化ならびに生活の質の維持・向上の観点からビジョン・戦略を共有し，連携事業を推進する必要がある．これらを可能にするための新たなガバナンスとして，戦略立案，連携政策決定，組織間調整などの役割を担う官民連携組織のあり方が問われている．

[大貝　彰]

文　献

1) 大貝　彰　編（2011）：県境を跨ぐエコ地域づくり戦略プラン，豊橋技術科学大学地域協働まちづくりリサーチセンター．
2) 城所哲夫（2010）：広域計画の合意形成とプランニング手法．広域計画と地域の持続可能性（大西　隆　編），学芸出版社．
3) 都市計画教育研究会　編（1988）：都市計画教科書，彰国社．
4) 萩島　哲　編（2010）：［シリーズ〈建築工学〉7］都市計画，朝倉書店．

III. 持続可能な都市・地域戦略と広域連携

11 都市郊外部の土地利用マネジメントと持続可能性

11.1 都市郊外部の土地利用課題の変遷

11.1.1 高度経済成長とスプロール

　第二次大戦の廃墟から始まった日本の戦後は，朝鮮戦争（1950～1953年）の特需を受けた鉱工業生産の急回復とともにいち早い復興をみせ，そのまま1950年代からの高度経済成長期に突入していった．高度経済成長は国民総生産の成長率を目標に掲げ，これを実現するための経済計画に基づいて財政出動していく政策である．これにより，太平洋ベルト地帯への重化学コンビナートの立地や高速自動車道路，新幹線整備などといった国土整備が進められていくとともに，様々な地域開発や都市開発が進展していった．こうした急速な経済成長とそれに伴う多様な開発が，乱開発による自然環境の破壊や公害の発生，歴史的な建築物や町並みの消失，農山村の過疎化などを伴ったことは周知の事実である．

　他方，工業の急回復とともに起こった農村から都市への労働者の流入は，戦後のベビーブームによる人口増加と重なって，著しい都市人口の増加につながった．例えば，敗戦時（1945年）の東京都の人口は約350万であったが，1955年には800万を超えていた．こうした大都市圏を中心とした深刻な住宅不足を解消するために，国では日本住宅公団（1955年）が設立されたほか，都道府県や自治体レベルでは住宅供給公社が設立され，公的セクターからの団地開発が進められるとともに，大阪府の千里ニュータウンをスタートとして，多数のニュータウン開発が行われた[*1]．また大都市圏以外の全国の地方都市でも，各自治体や各都道府県による公的団地開発が1960年代頃から次々に竣工していった．団地開発やニュータウン開発の用地は，都市郊外や都市周辺部の農地や丘陵地に求められ，宅地開発が行われることで新市街地が生まれ，都市が拡大していった．すなわち，都市郊外部は常に市街地拡大の最前線にあった．

＊1：1958年に大阪府企業局により決定されたものであり，新住宅市街地開発法の初適用とされた．開発面積は1160 ha，計画人口は15万．その他，大規模な事例として，愛知県の高蔵寺ニュータウン（1961年～）や東京都の多摩ニュータウン（1965年～）などが知られている．

公的セクターによる開発は，行政が手がけるがゆえに，道路幅員の確保や公園などの設置，敷地規模や排水施設整備などといった一定の開発水準が維持される．しかし，民間ディベロッパーによる開発は経済性が優先されるがゆえに，開発水準が低くなりがちである．急速な市街地拡大に道路や下水道などといった都市レベルの基盤整備が追いつかない中で，基盤未整備の場所に民間による低水準の住宅開発が行われることで生まれたのがスプロール市街地である．こうした状況を受け，適切な開発水準や無秩序な郊外開発の防止を目的とした開発許可制度や線引き制度（11.3節で説明）が，1968年の都市計画法によって初めて導入された．1970年代の二度のオイルショックや1990年前後のバブル経済とその崩壊を経て，日本の人口増加は鈍化していくものの，スプロール防止，つまり拡大する市街地をどう整序するのか，具体的には住宅系開発をどう適切にコントロールするのかは依然として都市郊外の大きな土地利用課題の1つである（図11.1）．

● 11.1.2 モータリゼーションと郊外商業開発の進展

モータリゼーション（車社会化）は自動車保有状況や道路整備の進展度から測ることができる．1966年に230万台弱だった乗用車保有数は，1972年に1000万台を超え，1979年には2000万台に達している[*2]．高速道路は大阪万国博覧会に間に合うように1970年までに整備されたほか（名神高速は1965年，東名高速は1969年に全線開通），高度経済成長期には3Cという造語が広く知られるようになり[*3]，日本のモータリゼーションは1970年頃に到来した．高速道路整備はその

図 11.1　スプロールによる農地と宅地の混在化　　図 11.2　バイパスとロードサイドショップ

[*2]：自動車検査登録情報協会の調べによる．なお，1989年に乗用車保有数は3000万台を超えた．
[*3]：3Cはカラーテレビ，クーラー，カーの頭文字からとったもので，家庭での必需品とされ，1960年代半ばに喧伝された．

後，中央道（1982年），中国道（1983年），関越道（1985年），東北道（1987年）が全通し，乗用車保有数の増加と歩を揃えて高速道路交通網の拡大も進んでいくが，これは同時にIC（インターチェンジ）の設置やICへのアクセス道路の整備完了も意味している．各都市レベルでも，主要国道のバイパス道路や都市環状線などの整備が進み，とりわけ郊外における自動車交通の便が改善されていった．バブル経済の崩壊以降は，こうした道路整備が地方の農村部にまで及び，鉄道やバスといった公共交通手段の乏しい地方部において，個人の移動の自由度を大幅に高めた．現在ではモータリゼーションは日本の隅々にまで及んだといえる．

　日本の外食産業の各チェーン店は1970年頃にその1号店が登場し，郊外の幹線道路沿道に立地した．モータリゼーションとともに，外食産業やドライブイン，カーディーラーなどの施設が，1970年代初めから都市郊外の幹線道路沿いに現れ始めた．また小売業の流通革命を背景に，スーパーマーケットの業態が1950年代半ばに日本に導入された．当初は各都市の中心商業地に立地したものの，1970年代後半頃からは，車客を見込み，都市郊外の幹線道路沿いに各種物販店として立地するようになった．こうして幹線道路整備の進展とともに1980年頃から各都市の郊外に形成が進んだのが，郊外ロードサイドショップ集積地である（図11.2）．その後，今日に至るまで，店舗の複合化を伴ったショッピングセンター（SC），パワーセンター，シネマコンプレックスを伴った巨大SC，アウトレットモールなど，様々な業態が登場しているが，大半は都市郊外の幹線道路沿いで開発されている．こうした郊外商業集積は，周辺道路での交通渋滞の発生に加え，中心商業地の衰退化や中心市街地の空洞化，周辺の営農環境に悪影響を及ぼすなど問題が多く，いかにこれをコントロールするかが大きな課題となっている．また，地方都市においては道路整備が向上した結果，宅地開発の可能範囲が拡大した．人口増加の鈍化とともに現在では開発量は低下しているものの，開発が分散した結果，低密度で広範な市街地形態が進行することとなった．

◎11.1.3　人口減少時代の到来と新たな課題

　人口増加の鈍化から人口減少への移行，さらにそれに伴う経済低成長社会の到来が確実視されるに及んで，1990年代後半から様々な都市整備上の課題が新たに現れてきている．まず，モータリゼーションの浸透とそれに伴って形成された市街地形態（低密度に分散）は，道路や下水道などの基盤整備の費用対効果が非効率であり，自治体の財政が逼迫していく中で，長期的に維持するのが困難であ

る．実際に，高度経済成長期に建設されてきたインフラは，すでに更新時期を迎えてきており，これらを維持整備できない自治体では，道路の廃道などを検討している事例もみられる．また移動手段を個人の自家用車に依存している地方都市では，低密度な市街地形態は，車による移動距離の長距離化を意味する．こうした構造が都市での二酸化炭素排出量の増加，ひいては地球温暖化に悪影響を及ぼすのではないかという指摘もある．さらに，そもそも人口が減少していく中で現在の市街地規模を維持すること自体が非効率であり，計画的に市街地範囲を縮小すべきとの検討もなされ始めている．このように，人口増加から人口減少へと社会が移行するのに合わせて，都市レベルでの構造転換が迫られている．具体的には既成市街地の高度土地利用や都市の適切な縮退が求められており，ここでも都市郊外部は課題の最前線にあるといえる．

他方，高度経済成長期に進められた多数の郊外団地においても問題が山積している．開発から約40年が経過し，各団地では子が自立し親世代のみとなった高齢者世帯が急増している．一部では親世帯も退居し空き家が増加しているが，各敷地における駐車スペースが最近の生活スタイルに合致しない[*4]など，団地の再整備が追いついていないために居住者の世帯交替が進んでいない．また市街地縁辺の農村集落では，世帯の縮小化・高齢化とともに空き家が増え，農村コミュニティの維持が困難となる事例が急増している．同時に不耕作地の増大や農村環境の荒廃化が懸念されており，優良農地の保全が大きな課題である．すなわち都市郊外の土地利用は都市サイドだけではなく，農村サイドを含めた取組みが必要とされている．こうした最近の諸問題への対応として生まれてきたのが「都市の持続可能性」という概念である．

◉ 11.2 ◉ 都市の持続可能性と郊外土地利用マネジメント

「持続可能性（sustainability）」や「持続可能な開発（sustainable development）」は，特に1990年以降に顕著になった都市整備に通底する考え方である．サステイナビリティ（持続可能性）の概念のルーツは，1972年のローマクラブのレポートに初登場した「成長の限界」という概念に遡るという指摘があるが[2]，欧米では種々の施策の展開と並行しながら，サステイナビリティ概念の内実が着

[*4]：近年の地方都市では，1世帯に2台の自家用車所有は当たり前である．しかし1970年当時の団地では1台の駐車スペースが主流なうえ車のサイズも小さかったため，今日の規格に合致していない．

実に蓄積されてきた．例えばアメリカでは，持続可能性に通じる都市整備論をニューアーバニズムと総称しているが，そこでは，①ヒューマンスケール観（大きいものを良しとした，それまでのスケール観からの脱却），②多様性の重視，③保全（エネルギー資源，歴史的建築物，人的資源など）の推進，の3つがキーとされている．特に②の多様性は，物的多様性（建築・街並み・景観の多様性），社会的多様性（年齢層・家族層・階級などの多様性），経済的多様性（企業規模などの多様性），環境生態的な多様性の4つを含み，持続可能性に向けた都市整備が単に都市計画・建築分野の政策だけによるのではなく，経済分野に加え教育福祉などの社会政策を含んだ総合的な政策によって推進されるものとして考えられている[2]．

　他方，日本においては持続可能性の概念に基づいた具体的な都市整備のイメージ像として「コンパクトシティ」が共有されるようになってきた[1]．今日では多くの自治体の都市計画マスタープランにおいてコンパクトシティ構想が打ち出されているが，祖型としては青森市と富山市の2つが挙げられる．青森市（人口31万1508：2005年国勢調査）では，1999年6月策定の都市計画マスタープランにおいて，「都市づくりの基本理念」に「コンパクト・シティの形成」が掲げられた．将来の都市構造はインナー，ミッド，アウターの3つのエリアに分けられ（図11.3），ミッドの境界線は「開発の限界線」と位置づけられている．さらに，インナーは市街地の再構築を進めるエリア，ミッドは良質な宅地をストックし，無秩序な郊外開発を抑制するエリア，アウターは都市化を抑制し，開発は原則として認めないエリアであり，インナーとミッドを実質的な市街地としたワンコア型（市街地の広がりが1カ所である）のコンパクトシティ像を描いている．青森市では，ワンコア型のコンパクトシティを目指すことでインフラ整備範囲を限定して，防災力の向上，環境調和の推進，冬季の除雪範囲の低減などを図るとともに，インナーの再構築を進めることで高齢化・福祉社会への対応や効率的で快適な

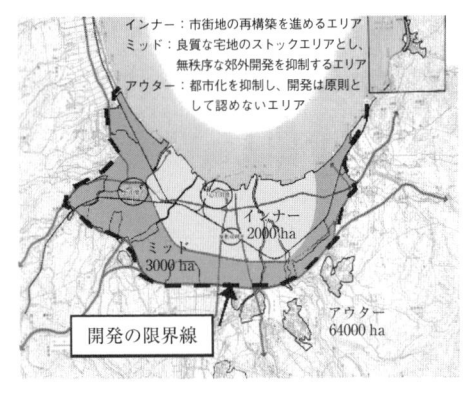

図11.3　青森市のコンパクトシティ都市構造の考え方
青森市の資料をもとに作成．

都市づくりを進めようとしている．

青森市に比べて郊外への散漫な開発が進行していた富山市（人口42万1239：2005年国勢調査）では，JRや富山地方鉄道などの公共交通網が富山市街地やその周辺部に比較的発達していたことから，「串団子型」と呼ばれる公共交通ネッ

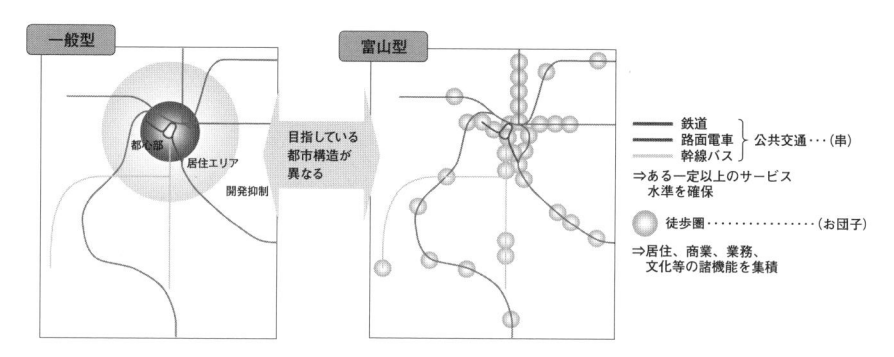

図 11.4　日本型コンパクトシティモデルの比較
富山市都市マスタープランより．

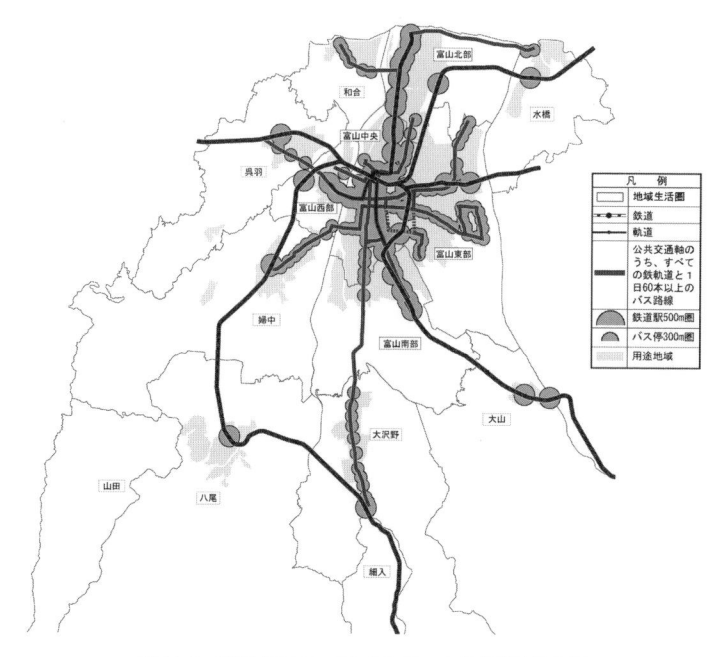

図 11.5　富山市のコンパクトシティの都市構造概念図
富山市都市マスタープランより．

トワーク型のコンパクトシティ構想が掲げられている（1999年6月策定，2000年3月改訂）．ここで団子とは，居住，商業，業務，文化などの諸機能が集積した徒歩圏単位の小コアであり，串とは公共交通（鉄道，路面電車，幹線バス）である（図11.4）．団子が公共交通路線上に位置することで，居住者は自家用車に頼らないモビリティが確保されるわけであり，移動手段を公共交通に頼らざるをえない高齢者の日常生活を都市構造の改変によって支えることを意図している．また，団子は新たな開発によって設定されるのではなく，鉄道駅などの交通拠点を中心に既存の公益施設配置をもとに設定され，将来の居住誘導を図ることで団子の形成が意図されているため，青森市とは別の型のコンパクトシティ像といえる（図11.5）．

いずれのコンパクトシティ像を目指すにしても，市街地のコンパクト化の是非は開発の大部分を占める個別民間開発の誘導にかかっている．そこで以下では，都市計画法のフレームに沿いながら郊外土地利用計画の基本を解説し，都市のコンパクト化に向けた運用のあり方を概観する．

11.3 郊外土地利用計画の諸制度と運用の課題

11.3.1 線引き制度と市街化調整区域

都市計画法では，都市計画を行う区域を都市計画区域と定めているが，その都市計画区域を市街化区域と市街化調整区域（調整区域）に分けることを区域区分（線引き）という．2000年の都市計画法改正によって区域区分は選択制とされたため，都市計画法に基づく基本的な土地利用計画フレームは，表11.1のように5つに分類することができる[*5]．

市街化区域は「すでに市街地を形成している区域及びおおむね10年以内に優先的かつ計画的に市街化を図るべき区域」，調整区域は「市街化を抑制すべき区域」であり，調整区域では開発許可（立地基準）の適用があるため，規制が強い．線引き制度の効果は，計画的に整備された新市街地を市街化区域（既成市街地）に適切に編入していくことにあり，11.1.1項でみたようなスプロール問題への対策として確立されてきた．今後は本格的な都市縮小の時代を迎えるが，線引き制度は市街地のコンパクト化にも効果があるため，依然として都市レベルにおける

[*5]：表11.1では，都市計画法・建築基準法による許認可権に加え，都市郊外や田園地域における土地利用計画と関係が密な農地法や農振法（農業振興地域の整備に関する法律）による許認可状況についても掲載している．

11.3 郊外土地利用計画の諸制度と運用の課題

表 11.1 都市計画法および農地関係法による土地利用規制一覧

		開発許可 (都市計画法)	建築確認 (建築基準法)	農地転用許可 (農地法)	農振農用地区域 除外（農振法）
線引きあり	市街化区域	原則 1000 m² 以上が許可必要．技術基準（法 33 条）の適合要	確認要．集団規定・単体規定の適用	許可不要（農業委員会への届け出のみ）	農振地域の指定不可のため，該当せず
	市街化調整区域	一部の例外を除き許可必要．技術基準の適合と立地基準（法 34 条）の該当が必要		一部例外を除き許可要．一般基準および立地基準に基づく（甲種農地は原則不許可）	除外必要
線引きなし※	用途指定区域	原則 3000 m² 以上が許可必要．技術基準の適合要		一部例外を除き許可要．一般基準および立地基準に基づく（第 3 種農地は原則許可）	農振地域の指定不可のため，該当せず
	用途無指定区域（白地区域）				
都市計画区域外		1 ha 以上が許可必要．技術基準の適合要	確認要．単体規定の適用	一部例外を除き許可要（一般基準および立地基準に基づく）	除外必要

※：準都市計画区域もこれに準じる．

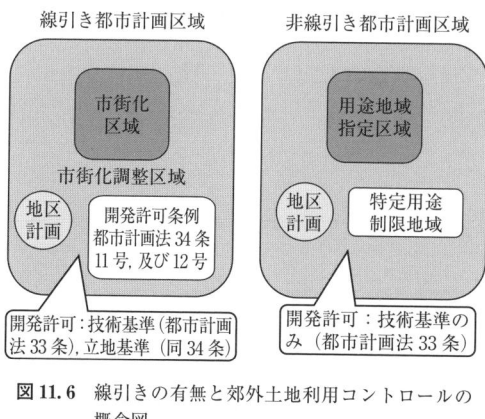

図 11.6 線引きの有無と郊外土地利用コントロールの概念図

市街地の基本的構成を位置づける制度として重要である．

調整区域では開発規制が非常に厳格であったが，過疎化が地方都市周辺の農村部にも及ぶにつれ，同区域に位置する農村集落の衰退防止や維持を目的として，近年様々な緩和制度が盛り込まれている．都市計画法による制度としては開発許可条例[*6]や調整区域の地区計画制度が挙げられる（図 11.6）．いずれも現在では適用事例が全国に多数あり，自治体レベルで様々な運用がなされている．しかし，これらは緩和制度であるので，同条例や地区計画の規定内容が緩く，対象範囲が適切でないと，これまで保たれてきた調整区域の農村環境に無秩序な開発や用途混合を引き起こす懸念がある．逆にこ

[*6]：都市計画法 34 条 11 号や 12 号による条例．

れらの制度の適切な運用は，きめ細かな集落環境の整備や再生に貢献する（こうした先進事例を 17.1 節で紹介する）．

● 11.3.2 非線引き白地区域と都市計画区域外

線引きがなされていない都市計画区域を非線引き都市計画区域と呼び，その中で用途地域指定のない区域を非線引き白地区域と呼ぶが，ここでは 3000 m^2 以上の開発が開発許可対象であり，開発規制は調整区域に比べて非常に緩くなっている．こうした非線引き都市は人口 10 万以下の地方都市に多いが，開発圧力が高い都市では，住宅地開発に加え，11.1.2 項でみたようなロードサイドの商業開発が無秩序に進む例が多く，問題視されてきた．これに対し 2000 年の都市計画法改正では特定用途制限地域が創設され（図 11.6），例えば一定規模以上の商業開発を制限するように同制度を用いるような運用が可能となった．しかし，同制度の積極的な運用事例はまだ少なく，都市計画法によるコントロール手段だけではなく，農振農用地区域の除外や農地転用許可といった農政サイドの土地利用コントロール[*7]とうまく運動させることが課題となっている（表 11.1）．

都市計画区域外は一般に開発圧力が低いが，高速道路整備が地方の隅々にまで進むにつれ，IC の周辺が開発対象とされる場合が増えてきた．例えばアウトレットモールなどの大規模商業開発が代表的なものである．こうした場合，準都市計画区域の制度が準備されており，予防的に指定することが重要である．

● 11.3.3 地区レベルの計画の重要性

都市レベルにおける土地利用計画を位置づける制度に加えて，持続可能なまちづくりを進めるためには，地区レベルでの計画やまちづくりが非常に重要になってきている．地区レベルの計画策定には住民参加が必須であり，1980 年代から全国でその蓄積が進んでいるが，近年ではますますその役割と効果が重要視されている．例えば，空き家の目立つ古い団地をどう再生するのか，コミュニティ維持が難しくなった農村集落をどう維持するのかといった課題に対し，住民参加で計画を策定するだけではなく，その計画実施や運用に住民が携わっていくことが

[*7]：通常，地目が農地の土地で開発・建築を行う場合，農地法に基づく農地転用許可が必要であり，その土地が農業振興地域の農用地区域にある場合は，農地転用許可の前に農用地区域の除外を受ける必要がある．非線引き白地区域では都市計画法による開発許可制度が緩いため，実質的にはこうした農政サイドの農地保全の規制が都市的な開発規制として機能している．

必要となっている.地区レベルのまちづくりを支援する制度として,都市計画法では地区計画制度があり,用途地域指定区域に加えて現在では調整区域や非線引き白地区域でも策定が可能である(図11.6).また,各自治体による自主条例としてのまちづくり条例にも,地区レベルでの住民参加型まちづくりを制度化している事例が増えている(17.1節で事例を紹介する).住民参加型の地区まちづくりの効果には,住民からみた場合,2つの目的や効用が認められる.1つは,住民自らがまちづくりに参加することにより,法で規定されるよりも水準の高い住環境が得られることである.2つ目は,その地区のみが抱えるような固有の課題に対し,オーダーメイド的に計画を策定し解決に向かえることである.今後,経済の低成長化とともに自治体財政が逼迫してくると,行政によるインフラ基盤維持や各種公共サービスといった社会サービスの低下が予想される.こうしてみた場合でも,その問題解決の方法として,行政ばかりに頼るのではなく,住民自らが行動することが求められるようになってきており,住民参加による地区まちづくりが果たす役割は非常に大きい.

[浅野純一郎]

文 献

1) 海道清信(2001):コンパクトシティ——持続可能な社会の都市像を求めて,学芸出版社.
2) Calthorpe, P. and Fulton, W. (2001): The Regional City: Planning for the end of sprawl, Island Press.

III. 持続可能な都市・地域戦略と広域連携

12　中山間地域の維持・活性化

◯ 12.1 ◯　中山間地域の現状

　中山間地域とは，農林統計上の定義と法律上の定義とではそのエリアが若干異なり，ある意味曖昧さを伴った概念である．農林統計上の定義では，林野率や耕地率などから中間農業地域と山間農業地域を併せて中山間地域と呼称しており，ほぼ「平野の外縁部から山間地」（農林水産省）と等しくなる．一方，法律上の定義では，関係する法律によってその定義（対象地域）が若干ずれている．例えば食料・農業・農村基本法（1999年制定）の第35条では，「山間地及びその周辺の地域その他の地勢等の地理的条件が悪く，農業の生産条件が不利な地域」（傍点筆者）を「中山間地域」と称し，この場合，「離島」など農業生産の条件不利地域も対象エリアに含むことになる．本章で「中山間地域」という場合は，地域住民の生活という視点からその持続が困難な状況に置かれている地域を指す．すなわち「過疎法」による指定を受けた地域を中山間地域と呼称することにしたい．なお過疎法では人口要件と財政力要件から過疎地域を指定する[*1]．

　それでは，この過疎地域の基本的な姿を総務省過疎対策室の『過疎対策の現況（2010年度版）』で確認してみよう．2011年4月1日現在，全国1725市町村のうち，45％にあたる776市町村が過疎指定を受けている．2005年の国勢調査によれば，その人口は1112万（総人口の8.7％），面積は21万6193 km^2（国土面積の57.2％）に及ぶ．また過疎地域の老年人口比率（65歳以上人口比率，いわゆる高齢化率）は30.6％（全国平均20.1％），生産年齢人口比率（15〜64歳人口比率）は56.8％（全国平均65.8％），年少人口比率（15歳未満人口比率）は12.5％（全国平均13.7％），財政力指数は0.26（全国平均0.55）である．また医療・教育環境について，人口1万当たりの医師数（2008年厚生労働省調べ）は過疎地域13.72人（全国平均21.28人），1自治体当たりの小学校数（2005年総務省調べ）

[*1]：この過疎法は1970年に10年の時限立法として制定され，以後10年ごと4度にわたって改正されて今日に至っている．

表 12.1 新城市鳳来地区の 7 集落で困っていること（抜粋）

嫁さんがいない．/年寄りが多く荒地が多い．/保育園児がいない．/外に出た人間が地元に出産で戻ってきた場合，産める病院がない．/サル・イノシシの害はここ 10 年ひどい（シカ・ハクビシンなども）．/子供たちを大学に入れようと学業を奨励したため若い人がいなくなった．国道 257 までの道が狭い（道路整備，草刈りも含めて．林道が荒れている）．/先日，独居老人が道端で倒れたが，家の中であれば発見できなかった．近所どうし常に顔を合わすというような状態ではない．/今のところどの世帯とも自家用車を利用できるが今後はわからない．/沢水を使っているので水道をなんとかしてほしい．/携帯電話が某会社しか通じない．/グリーンツーリズム（県事業）で耕作体験やヤナのつかみ取りなどを行っているがボランティアということもあり地元側の参加意識は低い．2〜3 人やる気のある人はいるが村に持ち掛けると結局やめようということになる．/消防団がなくなったためポンプなどの引き上げの話があったが，村で管理すること（点検を含め）を条件に残してもらった．村の消防団の OB が消防車の到着前に消火したケースもある．/有志で盆踊りとハネコミの再現をしたが金と労力がかかるため続けられなくなった．/林業の衰退→山を大事にしてほしい．

新城市役所資料より．

は過疎地域平均 5.8 校（全国平均 13.1 校）という数値を示し，いずれも厳しい生活環境に置かれていることがわかる．

実際の生活状況は数字ではわかりにくいが，集落での様々な問題をみることで明らかになる．表 12.1 に愛知県奥三河地域の過疎集落の調査結果を抜き書きしてみる．課題を整理すれば，人口減少・少子高齢化，農林業の衰退に加え，①獣害・耕作放棄地の増大，②インフラの未整備，③結婚難，④教育問題（複式学級，小学校統廃合など），⑤医療福祉への不安，⑥付き合いの希薄化，⑦消防組織の消滅（防災への不安，地縁組織の機能不全），⑧祭りなど伝統文化の存続が困難，⑨交通弱者への対応難や将来への不安，⑩地域づくりの担い手欠如などを挙げることができる．これ以外にも，不在村森林所有，地域機関の集中，内家族・外家族[*2]の関係などが課題として挙げられる．もちろん地域の置かれた環境によって課題は異なっているとはいえ，ここに整理したものは日本全国どの中山間地域にも共通する最大公約数的なものだと考えられる．

12.2　中山間地域の存在意義

さて，こうした中山間地域（過疎地域）は，今後いっそう深刻化する人口縮小社会，少子高齢社会において，いかなる存在意義を持ちうるのだろうか．都市部でコンパクトシティ論が実現に向けて具体化しつつあるなか，過疎地域の「積極的撤退論」も一部の論者から提案されるに至っている．ここで中山間地域の存在

[*2]：内家族とは集落に居住している親世代の家族，外家族は集落外に居住する子世代の家族．

意義を整理しておきたい．

12.2.1 多面的機能論

　食料・農業・農村基本法の第3条では「国土の保全，水源のかん養，自然環境の保全，良好な景観の形成，文化の伝承等農村で農業生産活動が行われることにより生ずる食料その他の農産物の供給の機能以外の多面にわたる機能」を「多面的機能」と呼び，この多面的機能については「国民生活及び国民経済の安定に果たす役割にかんがみ，将来にわたって，適切かつ十分に発揮されなければならない」とうたっている．

　その後2001年に日本学術会議が農業と森林の多面的機能に関する答申を提出した．同答申によれば，主として代替法に基づく多面的機能（環境や地域文化などへの貢献機能）の貨幣価値は農業8兆2226億円，森林70兆2638億円，合計で78兆4864億円だとされている．2010年度の農業総産出額が8兆1214億円であったので，農業に限定してもほぼ同額の外部経済を算出している試算になる．森林価値についていえば農業産出額の9倍近い価値を生産している．中山間地域の存在意義は現在，この多面的機能論に依拠して立論されることが多い．

12.2.2 地域共生論（1）：応分の負担論

　この多面的機能論が都市部へ向けて発信されると，市場を経由しない外部経済を無償で享受している都市住民も応分の負担をすべきであるという議論に発展する．その具体的な例が，2003年に高知県で導入された森林環境税（県民税）である．中山間地域の森林を県民全体の負担でシェアしようという新たな税制度[*3]であり，同種の県税は全国31県（2011年4月現在）で導入されている．また水源基金，水道料金への加算など，一県単位もしくは流域での応分の負担もすでに実施しているところが少なくない．

12.2.3 地域共生論（2）：地域連帯論

　だが多面的機能論は，その名の通り機能論であり，そこに暮らす人々の視点（存在論）が希薄だといえる．極論すれば，重要なのは森林資源なのであり，定住している人々の暮らしは二次的なものに貶められる危険性が常につきまとう．市場

---

*3：1世帯当たりの負担額は年間500円の増額．

規模換算で高額の価値を算出する森林資源が管理されていれば，そこに人々が住もうと住まいと関係ない．このような議論へと展開することを論理的に妨げることは難しいであろう．政策的に定住の是非を問う判断は結局のところコスト論に還元され，地域の存在論は無視されてしまう．

しかしながら，1人1人に憲法第25条で保障された〈生存権〉がある以上，1つ1つの地域にも〈地域生存権〉があってよいのではないだろうか．この地域生存権は，さらに，①地域自治権（当事者主権），②生活保護権で構成される．すなわち，自地域に関わる事柄は自地域の住民自身が決める権利を有するという地域自治権を軸とし，地域自治が困難になった場合，生活保護が自立困難者に対する最後のセーフティーネットの役割を果たすように，その地域住民自身が望む以上，可能な限り定住を保障する施策が発動される，というような権利である．その財源は一定規模の地域圏での合意のもとでシェアする必要があるだろう．

12.2.4　広域の視点と狭域の取組み

このように考えると，中山間地域の維持・活性化に関しては，例えば流域圏のような広域の視点が重要であることが浮かび上がる．この視点を共有するためには，おそらく〈学び〉が必要不可欠であろう．より具体的にいえば，どこであれ，いま・ここに生きる我々の地域がつながりのなかに存在しているという事実に気づき（中山間地域の発見），学びを深めることで身近な自分事としてその意味を再認識し（中山間地域への理解），自分にできる広い意味での行動を起こす（中山間地域への様々な関わり），さらにこの行動が新たな気づきや理解を促して新たな行動を誘発する…という循環的・再帰的な学びである．

本来，広義の都市農村交流は，こうした学びの機能を通して，応分の負担論を超える〈地域生存権〉を承認した地域連帯論を可能にするはずだった．この地域連帯論は，自地域の永続を願う普通の人々の普通の感情を共通の土台としつつ，共感に基づくつながり（共同性）を意味している．過疎地域崩壊の危機は他人事ではなく，都市部住民のいま・ここにある危機として共感できる感性が必要となる．災害リスクという観点からも流域圏を一体として捉えるほうが理にかなっている．地域連帯論に支えられた地域共生論は，当然のことながら応分の負担論をも包括する．

しかしながら中山間地域の側から事態をみるならば，広域と同時に狭域（小さな範囲）での対応が求められている．平成の大合併以降とりわけ小さな範囲，実

際には集落ないし地区レベルでの自治が重要性を増してきている．この集落・地区レベルでの取組みが次節の課題となるが，論点を一部先取りしておけば，「集落の取組みライフサイクル」に即した対応が求められるということである．止まらない過疎化過程において，中山間地域は現在，むらの「たたみ直し期」に突入したといえる．むらのたたみ直しとは，一義的に集落移転＝撤退を意味するわけではない．もちろん衰退を余儀なくされる集落はあるだろうが，再生維持が可能な集落もあるだろうし，停滞しつつも何とか維持できると予測される集落もあるだろう．次節ではその具体的な取組みを紹介したい．

◎ 12.3 ◎　様々な維持・活性化策

◎ 12.3.1　集落活性化の行政施策

　1960年代にみられた大分県大山町（農村のNPC運動）や北海道池田町（町営企業）の村おこし運動，村づくり活動は，農山村地域で内発的に起きた自助・共助・地域の自立を目指した地域（集落）再生・維持の先駆的な方策として捉えることができよう．大山町や池田町の方策は，農山村地域あるいは過疎化が出現した地方自治体の政策形成や施策思考へ伝播された．三遠南信地域[*4]においても，集落の活性化は主として行政施策として実施された．1960年代後半には，静岡県天竜市 熊(くんま)地区（現 浜松市），愛知県豊根村，長野県南信濃村（現 飯田市）などが地区単位，集落単位での維持存続の方策と過疎対策として「地域づくり（自地域の維持存続に向けた住民主体の活動）」の活動を始動させている．以来，40年余りの時間が経過しているが，集落の過疎化現象は鈍化したわけではない．

　次に，もう少し具体的に集落活性化策をみておく．日本の中山間地域，山村過疎集落の維持・活性化策の担い手は，国，都道府県，市町村と地域，中間支援組織体など[*5]である．活性化策の事業は，「産業の振興」，「交通通信体系の整備」，「生活環境の整備」，「高齢者の保健および福祉の向上」，「医療の確保」，「教育の振興」，「地域文化の振興」，「集落などの整備」，「定住・交流の促進」などである．これらの事業は，法律に基づく過疎対策や農業・農村政策としての中山間地域対策などであり，国，都道府県，市町村が補助事業制度を持ち実施している．例えば過疎対策の場合，市町村は独自に「過疎地域自立促進計画」などを策定する．主た

＊4：愛知・長野・静岡県境を跨ぐ52市町村の範域．詳しくは17.3.2項を参照．
＊5：行政区，自治会，公共的団体，任意の地域組織，NPO，企業，大学など．

る事業は，前記した活性化策を組み合わせているが，施設整備などのハード事業が目立っている．同時に集落活性化策のソフト事業としての人材投入策の取組みもある．それらは，集落支援員制度（国，都道府県の補助施策），若者の地域インターン（市町村の施策），学生の集落ステイ（大学のインターンシップ），緑のふるさと協力隊（NPO法人・地球緑化センターの事業），交流居住の支援（JOIN・移住交流推進機構，愛知県交流居住センターなど）の多様な主体が，人材投入と地域をつなぐ中間支援的な活動を行っている．とりわけ，地球緑化センター（東京都）が行っている「緑のふるさと協力隊」は，若者を中山間地域，過疎地域に1年間派遣する事業で，33都道府県76市町村が受け入れている．派遣にかかる費用は，受入れ市町村が負担する仕組みである．

12.3.2 「集落の取組みライフサイクル」

集落は，人々が共同して生活を営んでいる場・居住地であり，当事者は居住者である．集落での変容として，居住者の家族形態・機能の変化が挙げられる．つまり，家族の人的再生や世代交代による規模の縮小が，集落での共同意識や生産活動の参加，所得・消費機会などを逓減させることになる．集落あるいは中山間地域における出生・死亡，転入・転出といった人口の変動も集落機能の変化の誘因である．

中山間地域の集落の形態は小規模であり，町村の範囲でみるとおおむね2つのタイプに分けられよう．住居が比較的集合している集落形態と，縁辺部で住居が分散している集落形態である．三遠南信地域での集落は「行政区」，「地区」，「組」などに区分けされるが，5～30戸程度の小規模集落も少なくない．もちろん集落の規模に関わらず，地域の活性化策は現在もなお対策として講じられている．図12.1は，集落の活性化策の取組みをライフサイクルと

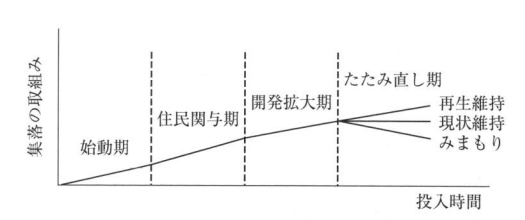

図12.1 集落の取組みライフサイクル
豊根村役場の資料をもとに作成[*6]．

---

*6：愛知県豊根村が2002～2004年にわたり国土交通省の「地域間交流支援事業」を導入した際，事業化に向けての集落点検調査から過去の集落施策の投資評価と今後の取組み方策を探る過程で作成したものであり（早稲田大学理工学部の後藤春彦研究室との共同研究事業），村づくり施策の評価をするイメージ図でもある．

してみたものである.

　集落のタイプで活性化に向けた取組みが異なるわけではないが，取組みの展開には，集落当事者の気づきと活動の始動期，住民が活動や事業に関与する時期，事業開発と実施が中長期にわたり投入される時期，そして点検評価と新たな行動を起こす見直しの時期がある．この時期区分を通して，村づくりの手法として導入されてきた多様な過疎対策，中山間地域施策，集落対策を点検評価することができる．見直し＝たたみ直し期の視点は，当事者が今日までの集落の取組みを点検評価し今後の方向性を問うことである．集落の方向性としては，「緩やかな再生をして維持を目指す」，「現状を維持する」，そして「みまもり」がある．

◯ 12.3.3　中山間地域の集落の取組み事例

　以下では，「集落の取組みライフサイクル」のたたみ直し期の事例として，長野県阿南町和合地区，静岡県天竜市熊地区，愛知県豊根村間黒集落を紹介する．

事例1.　再生維持

　長野県伊那郡阿南町は，旧4カ村が合併した町で人口5276（2126世帯．2012年4月）である．和合区も旧村の1つであり，2010年4月に「和合福祉村（集落・生活サービスの拠点施設）」を開設した．当時の和合区の人口は229（141世帯）であり，13の組（小集落）からなっている．和合地区でのたたみ直しとは，分散型の公共投資で整備してきた集落の生活機能基盤（施設など）の集中化と人的サービスの仕組みを提供することである．阿南町が導入した事業施策は，「地域介護・福祉空間整備交付金」，「地域活性化・生活対策臨時交付金」であり，和合福祉村は阿南町が独自に構想した集落再生事業でもある．阿南町和合地区は縁辺の小規模集落であるが，集落の移転ではなく生活機能基盤の統合再配置と共住施策を行政主導で実現させている（図12.2）．

　「和合福祉村」が提供する共住・生活サービスの仕組みは，①生活支援ハウス（高齢者世帯用共同住宅），②デイサービスセ

図12.2　阿南町和合福祉村

ンター（通所介護サービス），③ヘルパーステーション（支援サービス），④診療所，⑤簡易郵便局，⑥森林組合，⑦店舗，⑧阿南町役場出張所，⑨社会福祉協議会，⑩旧和合多目的会館，⑪アマゴセンター（養殖施設）などである．店舗経営，アマゴセンターでの生産は，移住した人たちで設立したNPO法人「和合のむら」が担っている．交通・通信としては，阿南町民バスが運行され，光ファイバーが敷設されている．このように公と民の共同による地域経営の仕組みがある．

事例2．現状維持

　静岡県天竜市熊は，平成の大合併で，政令指定都市になった浜松市の中山間地域で，三遠南信地域では先駆的な村おこしを進めてきた地区である．熊地区には23の集落があり，2012年4月現在の人口は720（264世帯）である．熊地区の村おこし始動期は，1976年の「神沢生活改善グループ（55名の女性）」が牽引している．1986年には，熊地区306戸の全戸加入による「熊地区活性化協議会」を設立している．熊地区住民が関与してくる時期である．活性化の目標を農産物の生産・加工・販売，都市との交流におき，その基幹施設が「くんま水車の里（かあさんの店など）」である．この時期は，熊地区での施設整備や交流事業，地区活動の仕組みづくりなどの開発と展開期でもある．2000年には特定非営利活動法人「夢未来くんま」が全戸参加のもとに設立された．「くんま水車の里」の営利部門を担い，「地区のディサービスの福祉事業，子供たちの環境学習，若者の地域づくりインターン事業，有償ボランティア輸送」などの非営利部門が地域での中間支援的な活動と事業を担っている．

　熊地区の取組みは，地区の小さな経済活動づくりであり，コミュニティビジネス，あるいは地域の六次産業化を目指した地域資源の開発でもある．特に，都市農村交流活動，体験的環境学習活動などは新たな集落ツーリズムの開発としても捉えられよう．開発拡大を展開してきた"くんまの弱み"は，地域づくりのキーパーソン（集落内の人たち）を育てる人育ての観点と方策が手薄であったことである．とはいえ女性たちによる起業は"強み"であり，リーダー的人材の世代交代と地域の人たちの学びや気づきなど，住民のエンパワーメントを引き出す，いわば「地域学」の場と機会の提供という役割も担っていたのではないだろうか．熊地区のむらづくりの実践と経験が地域学だと捉えれば，これまでの取組みの中に人育てのヒントが隠されていると考えられる．

　熊地区集落の取組みは，従来の開発・拡大展開期からの見直し（たたみ直し）期にあり，緩やかな再生維持か現状維持かの方向性を探っていると思われる．熊

地区の中間的な支援組織でもある「夢未来くんま」と広域市町村合併を行った「行政体」の役割が重要になるだろう．政令指定都市・浜松市の中山間地域集落施策に注目したい．

事例3．みまもり

2007年に愛知県豊根村の間黒集落（豊根村行政区）から花祭りが消えた．国の重要無形民俗文化財の指定（1976年）を受けている「花祭り」は三遠南信地域の伝統芸能であり，集落の氏神を祭る地域の生活文化でもある（図12.3）．花祭りは事前準備から本番まで約10日間を費やし，祭りの運営は集落の老若男女の共同作業で行う．これらが過重負担になったという．

図12.3 豊根村「間黒集落」の花祭り
写真提供：豊根村・河合清子氏．

祭りに限らず集落維持の共同作業には労力提供が求められる．それが困難になったのは，家族の世代交代の有無も影響している．間黒集落は世代交代が進んでいない．したがって，「花祭り」という集落の共同作業を取り止めることは，むしろ集落（住民生活）を守るための苦渋の決断だったといえるかもしれない．たたみ直し期には，このように，むらと不可分な様々な共同作業の一部を（場合によっては）取り止める（みまもる＝最期をみとる）ことによって集落の維持を図るという方策もありうるだろう．「花祭り」という興行は集落にとって外貨を稼ぐ機会でもあったが[*7]，花祭りを止めたことで集落が衰退したという実感は地元にはない．ただ静かな日常があるだけである[*8]．

みまもりの事例として愛知県豊根村の間黒集落を取り上げたが，「花祭り」が消えたことは，集落での生活の営みが消滅したことを意味するわけではない．こ

[*7]：豊根村では5地区で花祭りが開催されているが2地区から花祭りが消えた．
[*8]：祭りの維持に関していえば，隣接する集落間の連携，あるいは広域的な交流連携による「祭り連携」の方策もあるのではないだろうか．また愛知県東栄町では，「花祭り」を新たな都市・農村交流あるいはツーリズムの資源として活用している．名古屋市のNPO，中学校などが「花祭り」の準備・本番・後片付けなどに参加し集落と交流している．交流による人とカネが循環する方策の仕組みがある．

の事実を強調しておきたい．併せて間黒集落の事例で重要なことは，祭りのみまもりを自らが決定したという事実である（当事者主権）．「みまもり」とは，辞書的な定義に従えば「目をはなさないで見る」ことであるが，この間黒集落のみまもりの事例は祭りの最期を自らの意思で「みとる」ことに近い．自集落の永続を願うのは，住民の当然の感情であり権利である．その中でみまもる（みとる）決断をした集落の意思は尊重されるべきであろう．またそれは消極的な意味ばかりでなく，むしろ集落の維持に向けた集落自身の「知恵」だと捉えることもできる．たたみ直し期には，集落の「知恵」に委ねることも１つの方策でありうるだろう．

　中山間地域の集落は，「過疎集落」，「限界集落」，「無住集落」などの多様な造語で語られている．集落の維持方策も国，地方公共団体あるいは地域で取り組んでいるが，集落に暮らす居住者には，「過疎」とか「限界」という意識よりも生まれ育った「故郷」だという意識のほうが強いと思う．したがって，集落維持の多様な施策事例として紹介した３つの事例も，集落の現状をみて住民自身が故郷を愛する思いから自ら選択，決定した方策なのである．　　［岩崎正弥，黍嶋久好］

III. 持続可能な都市・地域戦略と広域連携

13 社会的サービス機能の集約・分担・連携

◉ 13.1 ◉ 社会的サービス機能と"コンパクトな都市・地域"

a. 社会的サービス機能とは

我々の生活は，教育，文化，医療など様々な社会的サービスが提供されることによって成立している．そのような社会的サービスは少なからずそのための施設，すなわち社会的サービス施設と結びついて提供されている．例えば教育的サービスは主として学校や図書館などの施設を通じて，また文化的サービスは主として文化会館や市民ホールなどの施設を通じて提供されている．このような公共機関が中心となって整備する公共施設に加えて，日々の食料や日用品を入手するための小売店をはじめとした商業施設や，日々の健康を支える病院をはじめとした医療施設などの民間施設も，ここでいう社会的サービス施設に含まれる．

これらの施設は，特に高度経済成長期以降，次々と新しく建設されてきた．その背景としては，もちろん何より人口の増加とそれに伴う市街地の拡大が挙げられるが，それ以外にも技術が進歩し生活水準が高まり，要求されるサービス水準が高度化したこと，自動車の普及に伴い人々のモビリティが高まったこと，サービス圏域が拡大したことなども挙げられる．

しかし現在すでに，あるいは少なくとも近い将来，ほとんどの自治体が人口減少・少子高齢化・財政難に陥ることが予測されている．そのような状況下では，これまで通りに社会的サービス施設を建設し，そのサービスを提供することが困難になってきている．のみならず，このような施設の少なからぬ部分がいま，ちょうど更新期にある．

それにあわせてこれらの機能を今後どのように再編し，人口減少している都市・地域の空間形態と適合させていくのかが課題となってきている[1]．近年各地で「公共施設見直し計画」が策定されているのは，このような流れによるものである．

---

[1]: 以下，「都市」という場合には基本的には自治体域を指し，「地域」という場合にはそれを越えた広域圏を指す．

b. 社会的サービス機能とその空間的配置

社会的サービス機能の配置には，将来的な人口の空間的配置を規定・誘導するという側面がある．人々は基本的により便利な場所（社会的サービス機能の集積する区域）に住みたいという希望を有している．したがって，この社会的サービス機能の配置については，都市・地域構造の目指すべき将来像を意識しつつ決定することが重要である．

この点，現在，持続可能性を充足するために一般に目指されている都市・地域の物的空間像は，「コンパクトシティ」といわれるものである．この言葉の具体的な内容は，その言葉を使う人の数だけあるが，おおむね，1つ1つの市街地・集落の空間的まとまりを「コンパクト」にし，それらを相互に交通・情報などで「ネットワーク化」するという，分散的集中型の多核的空間構造を有する都市・地域像と捉えることができるだろう．

とはいうものの，コンパクトシティを目指すからといって単純に中心部の居住者のみに社会的サービスを提供すればよいというものではない．ここで特に問題となってくるのが，人口が急激に減少しているネットワークの"末端"地域である．サービスの提供と施設整備とが密接に結びついている中で，施設整備をあらゆる場所でくまなく行うということは現実問題として不可能である以上，すべての人に平等に高い水準で社会的サービスを提供するわけにはいかないことは明白である．地域内/毎に一定の差異が生じることはやむをえない．しかし健康で文化的な生活を送るために最低限の社会サービスを国民に提供することは，政府の義務である．したがって，それを適切に保障していくこと，すなわち社会的サービス機能を住民の空間分布に適合するように適切に配置していくことも重要な課題である．

ここで注意しなければならないのが，社会的サービス機能を有する施設の整備は一般に各部門別計画に基づき「縦割り」的に行われるという点である．しかし，ここまで述べてきたように，社会的サービス施設を空間的にどのように配置するかは重要な問題であり，その配置を空間戦略と密接に結びつけて行うことが肝要である．

c. 「広域的」集約の必要性

さて，社会的サービス機能の提供は必ずしも自治体ごとに行われる，または行われるべきものとは限らない．特に前述の通り，住民からの要求水準の高まりに伴い，一自治体では必要とされる社会サービス機能を提供することが困難になっ

てきている場合もある．しかし，そのために提供機能をグレードダウンさせることは，住民生活の質（QOL）の低下をもたらし，ひいてはさらなる人口減少などの問題を引き起こすことになりうる．

解決策の1つとして，自治体域を越えて，広域的に社会的サービスを提供することが考えられる．その場合，集約・分担・連携も自治体域を越えて行うことになる．

◉ 13.2 ◉ 人口減少時代の社会的サービス機能の維持・対応に関する計画理論

次に，社会的サービス機能を維持するための対策の多様性と，そのための広域連携の態様について述べていく．

a. 人口減少に対応した社会的サービス機能の再編方策

ドイツの連邦政府が2010年に出した報告書『広域的観点からの生活基盤維持計画』[2]においては，人口減少に対応した社会的サービス機能の再編方策として，表13.1のように類型化している．

第一に考えられているのが施設の「廃止，閉鎖」であり，生徒数の減少した小

表13.1 人口減少に対応した社会的サービス機能の再編方策（文献2をもとに作成）

①廃止・閉鎖	●→✕	・小中学校の閉鎖 ・市民会館の閉鎖
②アクセス性の改善		・公共交通網の改善 ・道路整備
③縮小化		・学校の複式学級化 ・バス路線網の削減
④小規模分散化		・合併浄化槽の導入 ・支所への権限移譲
⑤集中化		・学校の統合 ・商業施設の大型化
⑥一時化	●→🕐	・移動販売の導入 ・移動図書館
⑦新・再構築/代替化	●→?	・インターネット授業の配信 ・宅配サービスの活用
⑧複合化		・商業施設と集会施設の併設化
⑨民営化/地域化	●→△	・施設管理の民間委託化

中学校や利用者数の少ない文化施設の閉鎖などが挙げられる．最も単純な，わかりやすい形の対応といえるが，利便性が損なわれる人たちからは大きな反対運動が起こされる場合も少なくない．特に小学校の閉鎖は地区の衰退に直結するため，その傾向が強い．

第二には「アクセス性の改善」であり，特に公共交通による周辺地域からサブセンターを含む中心へのアクセス性を担保することが挙げられる．サービスの提供拠点が少なくなったとしても，ネットワークの改善によって，それに伴うQOLの低下を最小限に抑えることが可能になる．

第三には「縮小化」であり，バスネットワークの縮小や学校の複式学級化などが挙げられる．これは，当該社会的サービス機能を完全に廃止まではしないものの，それを縮小させることであり，眼目は需要の減少に対応してそのレベルを下げつつも機能を維持する，または下げることで当該機能自体を維持していこうとすることにある．

第四には「小規模分散化」であり，大規模集中型の下水処理施設ではなく合併浄化槽をはじめとした小規模分散型の処理施設を建設することや，本庁から支所に権限を委譲することなどが挙げられる．需要密度が低い場合，それを収集するコストを考えると分散的に当該需要に対応したほうが様々な観点から有利であり，また小回りが利くため需要の変化や技術革新等にも対応しやすいというメリットがある．

第五には「集中化」であり，学校の統合，商業施設の大型化・拠点化などが挙げられる．これは，需要を集中させて必要な需要量を確保し，比較的高次の機能を維持・展開していこうとするものである．この場合，サービスの供給拠点自体は減少するため，通学バスや買い物バスの高頻度化などアクセス性の改善と一体的に行わなければQOLの低下に結びついてしまう．

第六は「一時化」であり，移動販売や移動図書館などが挙げられる．当該サービス機能を1つの場所で固定的・永続的に提供することが需要と比較して過大な場合，それを移動させつつ複数の拠点でそれぞれ一時的に提供することにより，拠点数自体を減らすことなくサービスの提供が可能になる．

第七は「新・再構築/代替化」であり，学校への通学の替わりとしてのテレビ電話やインターネットを通じた授業配信や，商店の替わりとしてのインターネットを通じた商品の販売・購入などが挙げられる．特に近年の情報技術革新の進展は目覚ましいものがある．それを活用することで，これまでとはまったく異なる

サービス供給システムの構築が可能になり，施設整備自体が不要になる場合もある．

第八は「複合化」であり，例えば鉄道駅と図書館の併設が挙げられる．ここでは1つの施設だけではなく複数の種類の施設を複合化させることで利便性を高め，ひいては需要の拡大とそれに伴う機能維持を意図するものである．

最後は「民営化・地域化」であり，インフラのサービス提供主体としての公営企業体を民営化したり，施設管理を民間や地域に委託したりすることが挙げられる．地域のボランティアやNPOなどによる公共交通サービスの提供も，ここに含まれるだろう．サービスの提供が困難になる最大の理由は経済性である．したがって，民営化などによって施設の維持管理などのコストを削減し，サービスを存続させることがこの眼目である．

このように，人口減少などの地域の状況変化に対応しつつ社会的サービスを提供するための手法としては，一般に想定されているように単なる統廃合だけではなく様々なものがあり，提供サービスの内容と地域の状況とを勘案して最適なものを選択することが重要になってくる．なお，これらの手法は互いに排他的ではなく，総合的に組み合わせることで地域に合った解決策となることはいうまでもない．

b. 広域的連携態様：「協働」，「機能分担」，「水平」，「垂直」

もう1つの観点として，複数の拠点をどのように相互に関係づけながらサービス機能を提供していくのか，という連携形態の問題がある．拠点間の広域的関係性の計画問題である．

これは，連携態様の差異からは「協働型連携」と「機能分担型連携」に，また連携自治体間の規模の差異からは「垂直的連携」と「水平的連携」に分類することができる（図13.1）．「協働型連携」とは，複数の自治体が一体的に住民などへの都市機能・サービスを提供することであり，例えば図書館の相互利用，産業の共同誘致などが挙げられる．この連携態様は，サービス提供の効率性が向上するというメリットに加え，それぞれの自治体の機能が阻害されることが少ないため，比較的協力関

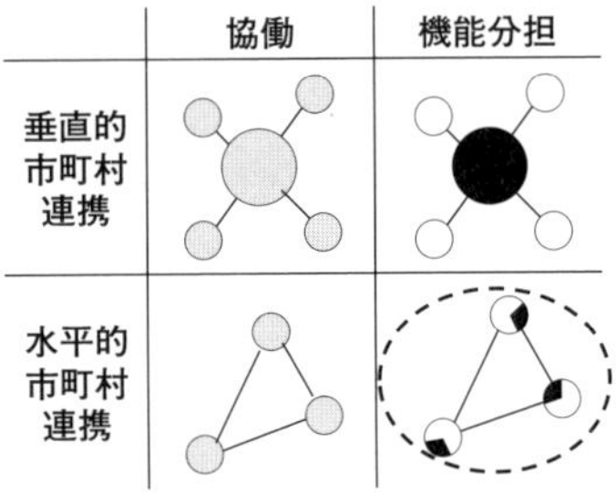

図13.1 社会的サービス機能維持のための広域的連携の類型
円の大きさは自治体の規模を表す．
色が濃いほど高次の都市機能を表す．

係を構築しやすい．一方の「機能分担型連携」は，各都市がそれぞれの特徴を生かして異なる種類の都市的機能を計画的・分野横断的に整備・維持させる連携態様である．

「機能分担型連携」のうち「垂直的機能分担型連携」とは，中心都市がより高次の都市機能を基本的に保持し，そのサービスの提供圏域を周辺自治体にも及ばせるという，自治体間ヒエラルキー関係を基礎とした連携である．一方，「水平的機能分担型連携」とは，近接・隣接した類似規模の都市間の連携であり，複数の自治体が同次元の，すなわち同一の圏域を対象とした相互に異なる種類のサービスを補完的に提供する形態をいう．中心都市が複数の隣接・近接する類似規模の都市によって構成される場合などでは，このような水平的機能分担型連携によって，地域としてはより高次の都市機能を具備しうる．また，人口減少や財政状況の悪化などに伴い，各自治体が単独で現在の都市機能レベルを維持すること自体が困難になってきている状況下では，このような連携様態の重要性は増してきているといえる．

以上，ここまで総論的に社会的サービス機能とその空間計画的整備について述べてきた．以下では各論的に，商業サービス機能の提供，日本における計画的な取組み，そしてドイツにおける取組みに関して，事例的に述べていく．

◉ 13.3 ◉ 商業サービス機能の提供

住民に提供すべき社会的サービスの中でも，最も重要なものの1つが商業サービスである．特に食料品や日用生活品など，生活必需品を扱う店舗へのアクセスが確保されていないということは，日々の生活が成り立たない，すなわちいわゆる「買い物難民」化するということを意味する．

とはいうものの，そのような物の提供は店舗がなくても可能である．例えば近年はカタログやインターネットによる注文・配達という宅配システムが整備されてきている．その意味では，単に施設の整備にとらわれず，多様な手段の中から商業サービスの提供のために最適なものを選択することが求められる．過疎地の限界集落化やそれに伴う買い物難民化が一般にはいわれているが，現実にはそのような地域の住民は，集落内の互助や，近隣に住む家族からの支援のほかこれらの手法を活用することで，難民化していないのではともいわれている[*2]．

また逆に商業施設を維持するために，それ単独ではなく，公共施設と併設して「複合化」して整備するということも行われている．商業施設は，商業的に魅力

ある個店である必要性・重要性は論を待たないが，住民にとっては単に生活必需品を入手する場としてのみならず，それを1つのきっかけとして地区の他の住民と交流・共同活動も図る場としても重要である．そこで談話・活動空間を有する公共施設（とはいっても通常は集会室程度であるが）を商業施設に併設することで，施設利用に伴う住民の満足度を上げることが可能になる．住民がより頻繁に商業・公共施設の両方を利用することになり，これらの施設の永続化にもつながるという，住民側，商業施設運営側，また公共側のいずれにとってもメリットのある，Win-Winの関係を構築することが可能になる．

13.4 定住自立圏構想

　日本においては，社会的サービス水準の一律的向上を図るため，戦後，数多くの広域圏施策が様々な省庁によって行われてきた．中でも近年，人口減少を背景とした社会サービスを提供するための計画的広域的な取組みとして行われているのが，定住自立圏構想である．これは，「選択と集中」，「集約とネットワーク」をキーワードに，中心市と周辺市町村が「定住自立圏形成協定」を締結することで連携・役割分担を行い，生活に必要な都市機能の確保，結びつきやネットワークの強化，圏域マネジメント能力の強化などにより，安心して暮らせる地域を創出することを目的としている．

　総務省のまとめによると，2012年2月現在で73市が中心市宣言を行っている．これまでの取組み事例をまとめると，おおむね核となる中心市に中核的医療施設をはじめとする高次の社会的サービス機能を集約し，それと周辺自治体を道路・公共交通ネットワークで結び，周辺からのアクセスを担保する，というヒエラルキー型を基本とした垂直的連携となっている．規模の小さな周辺自治体にとっては自前で高次のサービス拠点を整備することなくサービスの提供を受けることが可能になる一方で，中心自治体にとってもサービスの提供圏域を広域的にすることで当該拠点の維持に必要な需要量を確保することが可能になるという，双方にとってのメリットがある．その他にも，図書館や体育館，運動施設などの公共施設の相互利用化，救急・消防機能の共同化などの水平的協働型連携もみられる．

　それに加えて，同規模の自治体が一体となって中心市となる「複眼型」の定住

---

*2: 逆にいうと，本当に難民化した場合にはもはやそこに住み続けることはできないと捉えることもできる．いずれにせよ，「難民」をどの程度の不便性と定義づけるかによる．

自立圏も一部にみられる．とはいうものの，この複眼型の中心市が水平的機能分担型連携を積域的に目指している事例まではみられない．このような連携態様は，都市・地域の縮退プロセスにおいては類似規模の自治体間での一部都市機能の放棄に結びつく場合もあるため，どの都市がどのような機能をどの程度具備するのかという点に関する調整が難しい．特に住民の日常生活と深く関連する生活利便施設の立地については，調整が実態的に困難である．しかし本来的には，そのような積極的な「間引き」，すなわち施設などの計画的廃止も計画に含めることで，効率的かつ高度な社会的サービスの提供が可能になっていくものであり，またその必要性はさらに高まることが予想され，今後の課題として残されている．

◯ 13.5 ◯ ドイツにおける社会的サービス機能維持のための広域的連携

ドイツにおいて広域レベルの拠点整備，すなわち各種社会的サービスを空間的集中的に整備するための計画・調整を行う基礎となるのが，中心地システムである．原則としてヒエラルキー構造をとっており，州などが広域計画，すなわち州計画や地域計画において各自治体を上位中心地・中位中心地・下位中心地などにランクづけして指定する（図13.2）．その位置づけをもとに，部門別の公共施設の整備場所や整備水準なども決定されることになる．適切な圏域内に適切な水準の都市施設などを計画的に整備・維持し，以って国土全域において一定の水準以

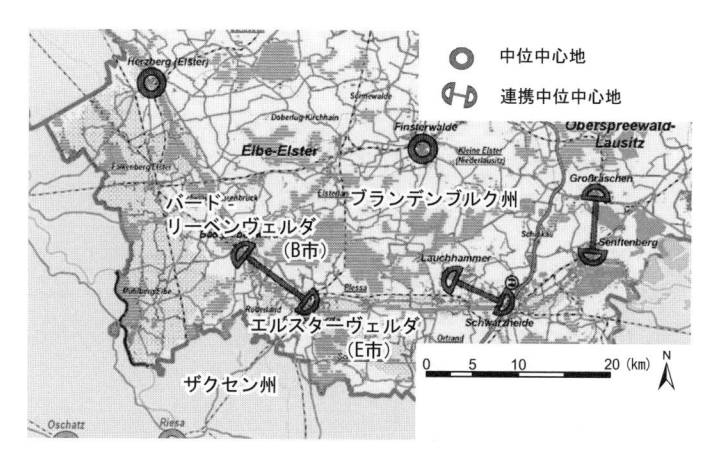

図13.2 ドイツ（ブランデンブルク州）における中心地指定の状況
（出典：ブランデンブルク州計画，一部筆者改変）

上の社会的サービスを提供することを目的としている．

近年は，特に人口減少の激しい旧東ドイツの低密居住地域において，このような拠点をどのように維持していくのかが課題になっている．例えばブランデンブルク州においては，下位の中心地指定を行わず，上位の中心地に社会的サービスを集中させることで拠点の「選択と集中」化を進めた．その一方で，従来の指定基準では拠点となる中心地がなくなってしまう地域が出てくるという状況が生じたため，要件を緩和し指定数を増やした．さらに，その緩和要件も満たさない地域については，複数の自治体を共同で「連携型中心地」や「機能分担型中心地」として指定し，単独で拠点とするには規模が小さい自治体間の分野横断的機能分担型連携を積極的に促進することによって，複数自治体に共同で社会サービス提供機能を担わせようとしている．その際には，単に「連携型中心地」などとして広域計画に位置づけるのみならず，交付金を与えたり，地域の計画策定に対して財政的支援を行ったり，またはそれに位置づけた事業に対しては補助金を積極的に交付したりする一方で，モニタリングの結果，連携が十分に進展していないと判断される場合には中心地の指定を見直す姿勢をみせるという，「アメ」と「ムチ」を用いている点が特徴的である．自治体間では，その機能分担の基本的枠組みに関する連携協定を締結し，その中で，それぞれの自治体の有する既存の社会サービス機能の特徴を踏まえた今後の機能整備のあり方を位置づけている．

◎13.6◎ 社会的サービス機能のための地域連携の課題

以上みてきたように，いずれの国・地域においても，「コンパクトシティ」化を目指して周辺部の「縮退」を積極的に進めるというよりはむしろ，その周辺部に対しても社会的サービス機能を一定水準を維持しつつ持続的に提供していくことを目的として，様々な計画・施策がとられていることがわかる．ただし，そのためにはいくつかの「壁」を取り除く必要がある．

第一には「ハードとソフト」の壁である．社会的サービス機能の提供のためには，社会的サービス施設というハード整備が必要な場合もあるが，場合によってはソフトと組み合わせて，またはソフト的手法のみ（サービスレベルは多少落ちてもコスト的メリットが大きい場合が少なくない）で提供することも可能である．それらを総合的に勘案して，地域にあったサービス提供手法を考えていくことが必要である．

第二には「縦割り」の壁である．社会的サービス機能は様々な分野に跨がって

おり，それらは通常，縦割り的に整備されるものである．それらが単独では成立しなくなってきているところに人口減少時代の社会的サービス機能の維持管理の問題があるわけだが，それらを空間的に組み合わせること（機能分担や統合化）によって，両立または並立させることが可能になる場合もある．部門別計画という「縦の糸」を，空間計画という「横の糸」で紡ぎ織りなすことで空間的調整・総合化を図っていくということである．

第三には「横割り」の壁である．地方分権が進行し，基礎自治体に多くの事柄が委ねられている昨今ではあるが，特に広域レベルの社会的サービス機能の維持については，基礎自治体どうしがボトムアップですべてを行うことは現実的に困難である．そのような場合には，広域政府が主導的または調整的な役割を果たすべきであろう．

第四には「官民」の壁である．これまでは，例えば商業機能であれば基本的には民が，文化機能であれば基本的には官が整備をしてきた．しかし，これからは社会的サービス機能としてこれらを一体的に捉え，相互に連携・役割分担をしていくことが重要になってくる．

一般に，地域住民が主体となりつつ，行政など他の主体と協働して行う地域の環境や価値を維持・向上させるための総合的・戦略的取組みは，「エリアマネジメント（地域経営）」といわれる．人口減少社会におけるエリアマネジメントの重要な要素の1つが，まさにこのような様々な「壁」を越えて，様々な知恵を出し合い工夫を重ねて，社会的サービス機能を地域に持続的に提供していくことである．

[姥浦道生]

文献

1) 姥浦道生，瀬田史彦（2001）：ドイツにおける水平的機能分担型広域連携に関する研究．日本都市計画学会学術論文集，**46**(1)：pp. 99-107.
2) Bundesministerium für Verkehr, Bau und Stadtentwicklung (Hrsg.) (2010)：Regionale Daseinsvorsorgeplanung, Werkstatt：Praxis 64.

III. 持続可能な都市・地域戦略と広域連携

14 広域ガバナンスと都市・地域戦略

14.1 広域ガバナンスと都市・地域戦略の必要性

　グローバル化により都市・地域を取り巻く環境は急激に変化している．経済的側面からみると，都市・地域は国際的な競争にさらされている．ヒト，モノ，カネ，情報の移動が自由になり世界がフラット化している一方で，経済活動は一部の都市・地域に集中し，成長を牽引する多核的都市地域圏が世界的に出現している[6,7,12]．都市地域圏への集積は経済の効率化をもたらすとともに，特にイノベーションを生むという点では，創造的な人々がフェイストゥフェイスで交流し様々な知識やアイデアに触れる近接性が重要である．ゆえに，都市・地域の競争力を高めるには，交通・情報インフラの充実，広域土地利用計画による良好な住環境や豊かな自然環境の保全，人材を育てる教育・訓練の機会や生活を支える医療などの生活サービス機能の適切な配置，生活を豊かにする多様な文化の創出など，人を惹きつける魅力的な都市・地域空間を創り出すことが重要になる．

　他方で，これら都市地域圏の出現は，裏を返せば，経済活動にとって有利な制度的・社会的・地理的条件を持つ地域とそうでない地域との間の格差が拡大していることでもある．都市化が進んだ先進国では，かつて重厚長大型産業により繁栄したが，その後の産業構造の転換により衰退傾向にある都市や，若者が進学・就職で大都市に出ていき，少子高齢化に歯止めがかからず人口減少に悩む地方都市も増えている．これらの都市・地域では，都市構造の集約，医療や交通など公共サービスの維持などが課題となっている．開発途上国においては，急速な都市化への対応が求められるのに加え，グローバル化の機をとらえつつ経済成長が進む一方，格差の問題が深刻化している．都市においては，モータリゼーションの進展などに伴う郊外での活発な宅地開発により無秩序に都市が拡大し，また居住環境の劣悪なスラムも形成・拡大し続けている[14]．最近ではリーマンショックやギリシャの財政危機を契機とした世界的な不況，緊縮財政という状況下で，特に若年層の雇用悪化が世界各国で深刻な社会問題となり，政情の不安定化につながっている．ある地域の変化が急速に世界に拡がることがグローバル化の特徴で

あり，都市・地域問題にも影響を及ぼすのである．

経済成長は，自然破壊や公害など環境的ダメージももたらす．気候変動は国際的に取り組むべき課題であり，近年では低炭素都市への関心も高まっている．また，世界各地で洪水や地震による大きな被害が発生しており，国土・流域の管理や脆弱な市街地対策など大規模自然災害に対する都市・地域の頑健性を高めることも必要である．

このように，都市・地域を巡る諸問題は多様化，複雑化し，絶えず変化している．「持続的発展（sustainable development）」の考え方は，経済成長，社会的公平，環境的責任という相互に関係した3つのテーマについて，グローバル化・競争力とその拡大の合理的なプロセスをもたらすものであり，都市・地域戦略には，単に自由な経済成長に基づくものではなく，社会的幸福と環境的幸福を促進する成長のマネジメントの枠組みを提供する役割も求められる[8]．そしてこれまで述べてきたように，経済・社会・環境の諸問題は都市・地域空間のあり方と密接に関係しているから，都市・地域戦略には，将来発展のコンセプトを空間的に提示・共有し，主要な目標，政策，アクションを統合的に含むことが求められよう[5]．

では，誰が都市・地域戦略を策定し実行するのか．地方分権が進む中で，都市・地域が主体的に取り組むことが重要であるが，モータリゼーションの進展，広域にわたる経済活動，流域や生態系の拡がりを考えれば，複数の都市・地域に跨がる広域的な対応が必要となる．ここに広域ガバナンスの必要性がある．

広域ガバナンスは，垂直的なガバナンスと水平的なガバナンスの2つの軸の組合せで捉えることができる[8]．垂直的ガバナンスは，ある都市・地域空間に関わる超国家（EUなど），国家，広域地域政府（州など），基礎自治体に至る各層間で協力関係を形成することであり，水平的ガバナンスは，政府だけでなく非政府部門（経済，社会，環境団体，民間事業者，NGO，NPO，市民）ともパートナーシップを形成することである．その形は都市・地域が置かれる歴史や文化によっても異なるであろうし，フォーマルな制度による体制構築，インフォーマルな自発的連携など，そのプロセスも多様であろう．特に広域的地域空間においては，住民の直接参加というよりは広域地域政府（なければ国や市町村連合）や，広域的な活動を行っている地域団体（経済連合会，交通事業者など）の役割が重要となろう．

このような広域ガバナンスのもとで，都市・地域の課題に戦略的に取り組むことが求められる．取組みの成果や環境変化によって都市・地域における課題は変容するから，柔軟に広域ガバナンスの枠組みを変え，戦略を見直しながら，持続

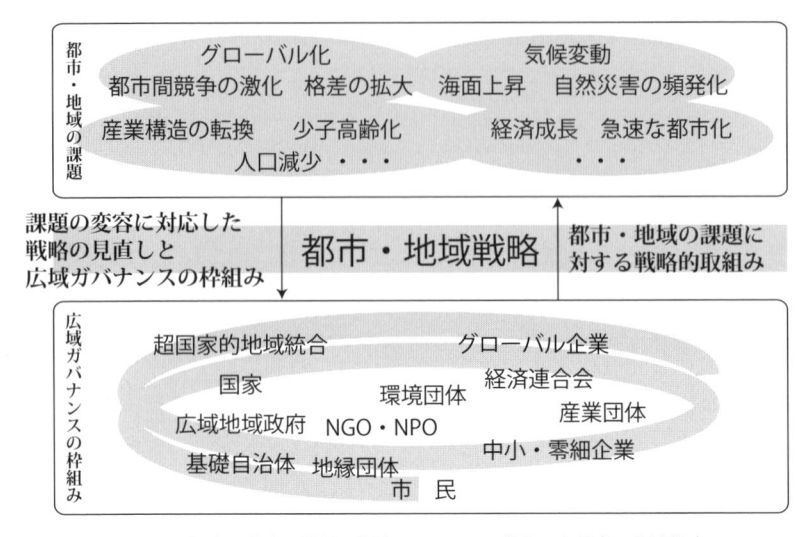

図 14.1 都市・地域の課題，広域ガバナンスの枠組みと都市・地域戦略

的に対処していくことが必要であろう（図 14.1）．

◯ 14.2 ◯ 世界の動き

　前節で述べた広域ガバナンスと都市・地域戦略が，実際に世界でどのような動きをみせているのか．ここでは欧米とアジアについて，その動向を概観する．

◯ 14.2.1　欧州での動き

　地域統合が進む欧州では，広域ガバナンスと地域空間戦略の重要性が高まっている．その理由として第一に，欧州統合の進展により国境を越えた自由な移動がもたらされるとともに，経済的・社会的結束に向けて欧州連合（EU）の空間政策が展開されてきていることがある．EU では 1970 年代半ばから，域内の地域間格差是正のための地域政策が行われてきた．地域政策は国単位でなく EU が設定した地域単位で行われており，政策を遂行するうえでは，補完性原理のもとで，政府間，官民のパートナーシップに基づくマネジメント体制が求められる．このことが EU 域内の広域ガバナンスの形成につながっている面も指摘できよう．

　第二に，欧州ではロンドンやパリを除き，アジアのメガシティのような大都市が少ないため，都市間競争力を高めるためには，都市単独ではなく，複数の都市

が広域的に連携して地域戦略を展開することの必要性が高いといえる．1999年に欧州委員会と当時の加盟15カ国の空間計画担当大臣の非公式会合で合意された「欧州空間発展展望（European spatial development perspective：ESDP）」では，社会・経済・環境のバランスを保ちながら，経済的・社会的結束を強化することによって均衡ある持続的発展を達成するというEUの理念に基づき，EUの空間発展のコンセプトとして，EUレベルの巨大都市圏から加盟国内の都市農村地域まで各スケールに応じた多核的空間構造を形成することが目指されている．

地域政策の制度改革や，約10年にわたるESDPの議論を通じて形成されてきたEUにおける空間発展の考え方は，（欧州）空間計画（(European) spatial planning）概念として注目されている．空間計画は幅広い概念であるが，土地利用/物的なプランニングと経済・社会・環境の発展政策との密接な関連性，長期的展望，戦略的アプローチ，政策とアクションの連繋，多様な主体の協働などの「統合的アプローチ」がその特徴とされる[4,9]．そして空間計画の概念は，加盟各国の都市・地域の空間戦略，ガバナンスに影響を与えている．

例えばイギリス（イングランド）では，2004年の計画・強制収容法により，法定の広域計画として地域空間戦略（regional spatial strategy）が導入された．この戦略はイングランド全土を9つに区分した広域地域で策定されるものであり，伝統的土地利用計画を超えた戦略として，地域経済開発，環境保全，住宅開発，広域交通などの分野を含むものであった．また，地域空間戦略は，地域の自治体および関連諸団体の代表からなる地域評議会が，中央政府の地域事務所，地域経済開発を担当する地域開発庁と協議しながら素案を作成する仕組みとなっており，地域レベルの組織の充実という形で広域ガバナンスの形成もみられた[*1]．

オランダやドイツでは，国土政策の中で複数の都市地域圏を位置づけた（オランダの事例は17.5節を参照）．EUの空間計画の考え方は東欧諸国にも影響を与えており，ハンガリーでは「EUの原則に基づく初の総合的，長期的空間開発文書」である国土空間発展コンセプトで多核的空間構造を示している．

14.2.2 アメリカでの動き

連邦国家であるアメリカには国土計画はないというのが一般的な理解だが，グローバル経済を背景に，近年全土を対象にしたメガ地域の議論が行われてい

[*1]：ただし，地域空間戦略，地域レベルの組織は2010年5月の政権交代により廃止された．

る[16]．メガ地域とは，大都市圏が通勤パターンや経済的連繋，自然資源の共有，社会的・歴史的共通性によりネットワーク化された圏域であり，都市間高速鉄道網の整備，大規模な自然環境の保護，経済再生戦略などにおける行政界を超えたパートナーシップを促している．2005年に地域計画協会（Regional Planning Association）によって提案された「アメリカ2050」プログラムにおいて，10のメガ地域が提案された[11]．

　アメリカは，自然環境保全，経済発展，社会的公平のバランスを，自治体財政なども考慮しながら利害関係者の間で調整する成長管理政策の発祥の国でもある．特に郊外のスプロールを抑制する成長管理政策はいくつかの州でみられる．1990年代以降は，成長抑制的な意味合いではなく，成長をより積極的に受け入れて，中心市街地の再生や郊外部の住環境改善，交通渋滞緩和などにつなげていくスマートグロースという考え方が広まっており，持続的な都市圏形成における州，自治体，コミュニティ，市民団体やNPOの参加と主体間の意向調整が重視されている[2]．

◯ 14.2.3　アジア諸国の動き

　世界的に都市化が進む中，アジア諸国は世界の都市人口の最も多くを抱えることとなる．アジア諸国の都市人口は1950年の2億4千万から2010年には18億5000万にまで増加し，2050年には33億1千万（世界の都市人口の52.9%）になると予測されており，「メガシティ」と呼ばれる巨大都市の多くはアジア諸国にある[13]．

　このような都市化自体の功罪は判じ難い．アジア諸国では，都市に住む人々がGDPの80%を生み出しており，海外直接投資の多くがメガシティをはじめとする都市に向けられるなど，都市はアジア諸国の経済成長を支えているとも評されている[15]．このように都市は経済的機会に恵まれているといえるが，農村との比較でみると，都市は農村よりもジニ係数が高い傾向にある，すなわち，都市は農村よりも経済的格差が大きいのである[13]．したがって都市では経済成長を謳歌する人々がいる一方，多くの都市貧困層を抱えることともなり，彼らはスラムをはじめとするインフォーマル市街地に居住せざるをえない．アジア諸国では，様々な政策的努力によりスラム人口は減少しているといわれてはいるものの，依然として都市人口の30.6%（5億人）はスラム居住者である．世界的な都市人口の分布を考えるとアジア諸国は世界で最も多くのスラム人口を擁するのである[15]．さ

らに，経済成長に伴うモータリゼーションの進展やライフスタイルの転換などにより温室効果ガスの排出量も増加しているし，また，都市が河口デルタや沿岸地域に多く立地することから海面上昇の危機にさらされやすいなど，気候変動への対応も求められている[15]．

持続的発展が開発課題とされる現在，アジア諸国の都市・地域戦略はこうした経済・社会・環境的課題に同時に取り組むことが求められているが，その枢要を担うべき都市・地域戦略の制度的枠組みは欧米諸国に端を発する諸制度が半ばそのまま導入された経緯もあり，これらの課題の前に事実上機能不全の状態にある．スラムの形成と拡大への対応はいうに及ばず，モータリゼーションの進展や民間ディベロッパーの成長に伴って活発化する郊外住宅開発も多くは制度的枠組みの外で行われており，したがって都市は半ばコントロールなきままに拡大しつづけている．制度的枠組みのもと，主として政府によって行われる都市開発はごく限られたものにすぎない[14]．

一方，「ガバナンス」はアジア諸国の都市・地域戦略においても近年のキーワードである．アジア諸国においては，経済成長や市民社会の台頭などの国内情勢に，民主化，市場経済，地方分権化を求める国際的潮流が重なり，1980年代後半以降，フィリピンでのマルコス体制崩壊（1986年）を皮切りとして，1980年代には韓国，台湾，タイ，次いでインドネシアなどで次々と民主化が起こり，1990年代には地方分権化が進められた．

そして，1990年代以降，開発援助においてガバナンスが重視されると，従来の中央政府主導・ブループリント型の都市・地域戦略は福祉国家の遺物であり，経済成長や市場経済の妨げとなりうるとして，参加やパートナーシップに基づくガバナンス型の都市・地域戦略への転換が求められるようになった．それは民主化や地方分権化といった国内情勢と重なりつつ，アジア諸国の都市・地域戦略において様々なガバナンス像の模索が続いている（インドネシアの事例は17.5節を参照）[3]．

◉14.3◉ 日本の現状と課題

日本は世界に先駆けて人口減少時代に突入し，「過密なき過疎」の時代を迎えた．日本の都市・地域もアジア諸国との厳しい競争に直面しており，企業は低コストを求めて国外へと流出している．また，2011年の東日本大震災と原発事故は，災害への頑健性の向上，エネルギー問題とライフスタイルの見直し，環境負荷の

少ない都市・地域への転換を国民的課題として考えることを迫った．これらの諸問題に対処するため，従来の右肩上がりの成長を前提とした都市・地域政策を大きく転換する戦略が求められている．

新たな国土計画体系の議論が行われていた2004年に公表された国土審議会調査改革部会報告「国土の総点検」では，主として経済発展を考える単位としての「地域ブロック（都道府県を越える規模）」と，日常生活に必要な社会サービスを考える単位としての「生活圏域（複数の市町村からなる圏域）」からなる「二層の広域圏」という考え方が示された．これらの議論を踏まえて，2005年に国土形成計画法が制定され，これまでの全国総合開発計画に替えて，全国計画と広域地方計画からなる国土形成計画が策定されることとなった．

広域地方計画は，全国計画で示された「多様な広域ブロックが自立的に発展する国土の構築」という考え方のもと，全国8つの広域ブロックを対象に策定されるものであり，二層のうち「地域ブロック」の計画である．策定プロセスとして，国の地方支分部局，都府県知事，政令市長，市長会・町村長会の代表，経済団体などからなる広域地方計画協議会において計画案を作成し，国土交通大臣により決定される仕組みがとられ，新たな広域計画とガバナンスの枠組みが作られた．しかし計画は総花的・理念的であり，協議会を構成する各都府県の主要事業を束ねただけで，空間戦略としての機能は十分でなかった[1]．

このように法制度によって形作られた協議会が十分に機能せず，道州制論議も進まない中で，首都圏における9都県市首脳会議（首都圏サミット），関西圏における関西広域連合，九州圏における九州地域戦略会議，四国における広域連合の検討など，複数の都府県にわたるボトムアップの広域連携がみられることは注目される．

一方，複数の市町村に跨がる「生活圏域」においては，人口減少，少子高齢化が進む中での生活サービスの維持が大きな課題となっている．地方自治法に基づく広域行政の制度（協議会，一部事務組合，広域連合など）によって，ごみ処理や広域消防，介護保険など生活に関わる行政サービスの効率化は進められてきたが，企業誘致や土地利用計画の調整のように関係市町村の利害が対立しかねないテーマでは合意形成が難しく，広域行政制度が機能してこなかった．

現在，平成の市町村合併後の地域政策として，総務省による定住自立圏構想が推進されている．これは複数の市町村が共同組織を設置するのではなく，中心市が周辺市町村と1対1の協定を締結することで，民間事業者とも連携しながら医

療，公共交通，産業新興などを進める政策であり，今後の展開が注目される．

[片山健介・志摩憲寿]

文　献

1) 片山健介・志摩憲寿 (2008)：地域の自立的発展に向けた空間計画の役割と地域ガバナンスの形成に関する研究——欧州の地域空間戦略の事例を通じた広域地方計画の課題．人と国土21，**33**(6)：14-19.
2) 小泉秀樹・西浦定継 (2003)：スマートグロース——アメリカのサスティナブルな都市圏政策，学芸出版社．
3) 志摩憲寿 (2012)：アジア諸国の民主化・地方分権化とガバナンス型都市計画の地平．都市計画，**300**：43-50.
4) Alden, J. (2006)：Regional development and spatial planning. Regional Development and Spatial Planning in an Enlarged European Union (Adams, N., *et al.* eds.), pp.17-40, Ashgate.
5) Dimitriou, H. T. and Thompson, R. ed. (2007)：Strategic Planning for Regional Development in the UK-A Review of Principles and Practices, Routledge.
6) Florida, R. (2008)：Who's Your City?, Basic Books [井口典夫 訳 (2009)：クリエイティブ都市論，ダイヤモンド社].
7) Hall, P. and Pain, K. eds. (2006)：The Polycentric Metropolis: learning from mega-city regions in Europe, Earthscan.
8) Haughton, G. and Counsell, D. (2004)：Regions, Spatial Strategies and Sustainable Development, Routledge.
9) Healey, P. (2006)：Territory, integration and spatial planning. Territory, Identity and Spatial Planning——Spatial governance on a fragmented nation (Tewdwr-Jones, M. and Allmendinger, P. eds.), pp.64-79, Routledge.
10) Lo, F. C. and Marcotullio, P. J. (2001)：Globalization and the Sustainability of Cities in the Asia Pacific Region, pp.21-68, United Nations University Press.
11) Regional Plan Association (2006)：America 2050：A Prospectus (http://www.america2050.org/), 2012年12月12日アクセス．
12) Scott, A. J. (ed.) (2001)：Global City-Regions: Trends, theory, policy, Oxford University Press [坂本秀和 訳 (2004)：グローバル・シティー・リージョンズ，ダイヤモンド社].
13) United Nations Human Settlements Programme (UN-HABITAT) (2008)：State of the World's Cities 2008/2009：Harmonious Cities, pp.4-23.
14) United Nations Human Settlements Programme (UN-HABITAT) (2009)：Planning Sustainable Cities：Global Report on Human Settlements 2009, pp.23-45.
15) United Nations Human Settlements Programme (UN-HABITAT) (2010)：The State of Asian Cities 2010/11, pp.70-76.
16) Yaro, R. D. (2011)：America 2050：towards a twenty-first-century national infrastructure investment plan for the United States. Governance and Planning of Mega-City Regions：An international comparative perspective (Xu, J. and Yeh, A.G.O. eds.), pp.127-147, Routledge.

IV. ケーススタディ

15 国土環境と広域連携

15.1 森林再生の課題と取組み

15.1.1 いま,なぜ,森林再生か

いま日本の山の多くは森林に覆われているが,江戸末期から明治初期にかけては化石燃料もコンクリートも使えず,エネルギーや建築材料を主に森林に頼っていた.そのため人間の過剰な収奪により,ハゲ山や荒地となっていた山も多くみられた.現在の森林の中には,このような荒地を人間が森林に再生させた山も少なからず含まれている.このようなタイプの森林再生は高度経済成長期におおむね終了し,その後は広葉樹林を針

図 15.1 矢作川流域[1]

葉樹林に転換したことはあっても，森林として維持されてきた．

しかし近年，森林が荒れてきており，再生が必要だという意見が再び聞かれるようになった．ここでいう「荒れた」は，江戸末期から明治初期にかけての「荒れた」とは異なる．山に植林した木がたくさんあるにも関わらず，人間にとって不都合な状態になっていることを表現している．両者を区別するため，後者は「質的荒廃」とも呼ばれる．

ここではケーススタディとして愛知・岐阜・長野の3県に跨がる矢作川流域（図15.1）を取り上げ，「質的荒廃」した人工林の実態，再生の課題と取組みを紹介する．

15.1.2 課題の認識

a. 人工林の質的荒廃とは何か

人工林が，間伐すべきタイミングになっても間伐されないで放置されると，葉が空間をすき間なく覆うため，林の中が暗くなる．光が入らないので植物は生えず，林の中に茶色の木の幹が林立し，地面は茶色の土，ヒノキ・スギの落ち葉，枯れ枝だけで覆われる．このような状態になったヒノキ・スギの人工林を「質的荒廃」した人工林，または不健康な人工林という．

林の中では，雨粒がヒノキ・スギの葉で集められ，巨大化してから落下するため，雨粒の直径が大きくなる．質的荒廃した人工林では，むき出しになった地表面に雨粒が落下し衝突するエネルギーにより，地表面の土粒子が破壊され，細粒化されて地表面を目詰まりさせる．地表面が目詰まりすると雨水が浸み込みにくくなり，大雨になると水が地表面を流れる可能性が高まる．

スギの落ち葉は比較的長期間，原形をとどめているが，ヒノキの落葉は，スギとは異なり，すぐにばらばらになってしまい，地表面を流れる水に流されてしまう．やがて土の表面がむき出しになり，さらに侵食が進むと根が地表に現れてくる．このような人工林では根が木を単独で支える力が弱まっており，隣接する木々が互いに支え合う状態になっているため，大雨で地盤が緩むと数本が根こそぎ倒れる危険がある．また，強風によってもまとまった面積で折れたり倒れたりする危険が高まっている．

b. 矢作川流域における実態の認識

矢作川流域において森林の「質的荒廃」問題が広く認識されたのは，2000年9月の「恵南豪雨災害」のときであった．この豪雨は名古屋市とその周辺域にも大規模な水害を引き起こしたため，一般には東海豪雨として知られているが，矢作川上流域の恵南地方や長野県の根羽村，平谷村でも局地的な豪雨をもたらした．沢筋が崩落して大量の土砂と根こそぎ倒れた木が矢作川を流れ下り，矢作ダム貯水池に流れ込み，湖面は流木で埋め尽くされた．後に測定したところ，15年分の土砂，50年分の流木がひと雨で矢作ダム貯水池に流れ込んでいた．この影響もあり，2004年に矢作ダムの堆砂量は計画堆砂量を上回った[2]．

下流の豊田市の中心市街地は，矢作川の洪水が堤防すれすれの高さまで達したものの越流や破堤には至らず，深刻な水害を免れた．上流の深刻な被害を目の当たりにした豊田市民は，都市の安心・安全には上流の森林保全が欠かせないことを認識し，これまで以上に関心を持つようになった．2004年には矢作川流域の森で別々に活動していた森林ボランティア団体が集結し，「矢作川水系森林ボランティア協議会（矢森協）」が発足した．矢森協は，矢作川流域の森林のうち「質的荒廃」した森林の割合を調べるため，市民も参加する「矢作川流域森の健康診断」を2005年から開始した．矢作川流域のすべての市町村の森林が調査され，ヒノキ・スギ人工林の2/3が，間伐されずに放置された不健康な人工林であることが明らかになった．同年，豊田市は上流6町村と合併し，森林6万3000 ha，ヒノキ・スギ人工林約3万haを擁する「森林都市」になった．豊田市は2007年に「100年の森づくり構想」，「森づくり条例」，「森づくり基本計画」を，恵那市は2008年に「えなの森林づくり基本計画」，「えなの森林づくり実施計画」を，岡崎市は2011年に「森林整備ビジョン」をそれぞれ制定し，矢作川流域の人工林の質的荒廃問題が広く認識されるようになった．

○ **15.1.3 森林再生の課題と取組み**

矢作川流域においては，官学民が結集して問題を認識し，実態を把握し，市町村ごとに行政計画が立てられた．計画の進行によって明らかになってきた課題と取組みは，主体別に以下のように整理される．

a. 森林所有者

日本の森林の所有形態は，おおむね国有3，公有1，私有6となっている．私有されている森林は，私的な利益のために所有されているため，行政が森林の公益的機能のための作業をしようとしても同意が得られるとは限らず，森林計画の進行における最大の足かせの1つとなっている．

日本の森林から伐り出される木材の価値が高かった時代には，所有者は，自ら所有する森林の管理に積極的であったが，価値が低くなってしまったいま，所有していることが重荷になっている．所有者が死亡した際に相続手続きが行われていないこともあるし，相続されていても，相続人はその森林がどこにあるのかわかっていないこともある．

次に障害となるのは，土地の境界である．境界が未確定な森林は，集約的管理，作業道づくり，補助金を申請する際などの支障になる．境界を確定するための国の事業として「地籍調査」があるが，国土交通省のウェブサイトによれば，2009年度末時点における山村部の地籍調査進捗率は41%にとどまっている．同じ矢作川流域でも，長野県根羽村では100%完了しているが，愛知県豊田市，岡崎市ではほぼゼロであり，都道府県，市町村で進捗率にばらつきがある．

国土交通省は2010年度から，国が経費を全額負担して山村境界基本調査を行ってい

る．この調査では，土地の境界に詳しい人の踏査と簡易な測量で，境界に関する情報を図面等にまとめ，保全している．地籍調査のように土地所有者による立会いや精密な測量は行われないが，簡易な手法により広範囲の境界情報を調査・保全することができる．

b. 行 政

矢作川流域の市町村では森林計画が別々に立てられたため，到達目標の設定年や期間，森づくりの優先順位などは市町村ごとにばらばらであり，統一された計画は存在していない．

行政の役割として，補助金などの経済的インセンティブの用意がある．補助金は国の制度に都道府県，市町村が上乗せするもの，都道府県や市町村単独のもの，河川の流域などを単位とするものなど様々な種類がある．近年，県民税の均等割に300～1000円上乗せし，基金に積み立て，森林の公益的機能の維持のために使う「森林環境税」を導入する県が30を超えている[1]．豊田市，中部水道企業団管内の市町，東三河地域の市町村では，水道料金 $1\,m^3$ につき1円を上乗せして徴収し，基金に積み立て，水源の森林の管理のために使う制度を導入している．さらに，豊川と矢作川には水源基金があり，流域の県と市町村からお金を集めて積み立て，水源地域の森林管理のために使う仕組みができている．しかしこのような二重，三重の手厚い経済的支援があってもなお，人工林の間伐などの作業は，計画通りに進んでいないのが実態である．

豊田市は，森づくり構想，条例，計画で，集落ごとに森林所有者が集まって森づくりの計画を話し合う「森づくり会議」を全域で設立し，市と森林組合が交付金やサービスを提供することで，所有者のやる気を引き出す試みを開始した．この試みは後に国の政策となる集約化施業を先取りするものであったが，木材生産を主目的としているわけではなく，行政が関与し，広葉樹林への転換を含めた公益的機能重視の考え方を採用している点で大きく異なっている．

c. 森林組合

森林組合は，組合員である森林所有者の利益と森林の持続性，公益性の両立を旨とした組織である．近年，森林所有者の経営意欲が低下したため，森林組合の経営は，公共事業として行われる森林管理作業の請負にシフトする傾向にあった．しかし2009年，民主党を中心とする連立政権が木材生産を重視する政策に転換し，集約化と原木丸太の搬出を間伐補助金の必須条件としたことに伴い，森林組合には，所有者を集約化し，森林を団地化し，団地ごとに低コストで原木丸太を搬出する「集約化施業」の主体としての役割が期待されるようになり，民間業者との対等な競争も求められるようになった．

作業を低コストで行おうとすれば，その分，森林の取扱いは粗雑になる．森林所有者の利益と森林の公益性を両立させようとすれば，その分，追加的なコストがかかる．森林組合が自らの組織の雇用を守るために少しでも利益を出そうとすれば，コストを下げることになるが，粗雑な作業を行えば「森林組合に頼むと山が荒れるので，民間業者に

頼む」と考える所有者も出てくる．

　森林組合は林業労働者の高齢化への危機意識から，Ｉターン者の受け入れに積極的であり，矢作川流域の根羽，恵南，岡崎の各森林組合ではＩターン者が多数を占めている．林業労働は４Ｋ（きつい，汚い，危険，給料が安い）労働といわれる．他産業に比べて労働災害の発生率が高い業種であるため，それに見合う収入を得て当然であるが，木材価格の下落傾向は続いており，せっかく森林が好きで使命感を持って入ってきた若者が，結婚，出産，子供の入学などをきっかけに，山を離れていく事例もみられる．雇う側にとっては，通常の人件費に加えて，保険料の負担が経営を圧迫する要因の１つとなる．

d. 素材生産業者など

　木材生産に関係する民間業者には，素材生産業者，製材業者，プレカット業者，工務店，チップ業者などがある．素材生産業者は，立木を伐採して搬出し，玉切りをして原木丸太にして市場で販売する工程を主として担っており，製材業者は市場で原木丸太を調達し，製材品（柱，板など）を作る工程を担っている．

　拡大造林期以前から林業が行われていた地域では，素材生産業者や製材業者が古くから立地していた．その後の林業の低迷により数は減ったが，残った業者が頑張っている場合も多い．それに対して，拡大造林期以前に林業がほとんど行われていなかった地域では，業者が皆無の地域もあり，森林関連の作業を森林組合が独占的に行っている．

　また，民間業者が存在していても，集約化，団地化の営業に際しては森林簿，森林計画図などの情報をもとに所有者を特定する必要があるが，業者はこういった個人情報を簡単には閲覧できない．

　恵南森林組合は，民間企業の参入が不活発になることは短期的には森づくりの遅れ，長期的には森林組合の弱体化につながるという認識から，民間業者４社とともに「NPO法人東濃森づくりの会」を立ち上げ，新たな協働の試みを行っている．

e. 森林ボランティア

　森林ボランティアは，かつてはチェーンソーを持って山で作業することを楽しみとする個人や団体が主であったが，近年は市民を森林に誘う架け橋の役割を担う団体が増えてきた．前述した矢森協もその１つで，設立宣言には，自ら作業すること以外に「山の大切さ，山の愉しさを都会の仲間に語ろう」，「素人山主（森林作業の経験のない森林所有者）さん，いっしょに山の手入れを学ぼう」，「山仕事のプロ（森林組合や素材生産者の現場職員）を応援する」と宣言している．

　矢森協のメンバーは，豊田市の森づくり委員会委員，矢作川流域圏懇談会地域部会山部会副座長，同市民部会山部会会長を務めるなど，政策提言にも直接関わっている．

　また，山仕事のプロと森林ボランティアの間を埋める主体の活動を支援する取組みとして「木の駅」プロジェクトがある．小規模森林所有者が自ら軽トラックなどで間伐材を搬出し，集荷場所となる「木の駅」に持ち込んで「モリ券（地域通貨）」に換えるこ

とで地域に自立と誇りを取り戻すことを目指しており，矢作川流域周辺では豊田市，恵那市で試行されている．

f．市　民

市民の森への関心は近年高まってきている．しかしその実態は，漠然と「自然は保護しなければならない」，「生物多様性は大事だ」，「もっと木を植えることが必要」といったイメージを持っているだけの人が大多数であり，「人工林の質的荒廃」に関する正確な情報が伝わっていない．また実際に体を動かして森林の現場に出向き，立ち入って中を歩く行動を起こす人は極めて少ない．

矢作川流域では，ハードルが低く，森林ボランティアと研究者が協働して企画し，初心者でも気軽に参加できる「森の健康診断」や，豊田市と豊田森林組合が協働して行っている「とよた森林学校」がある．岡崎市では，自然と人が交流するキーステーションとして「水とみどりの森の駅」事業を行っている．こういった講座や事業に主体的に関わる市民が自然増加するような価値観の転換が起こり，流域の森林が質的荒廃から回復に向かうことを期待したい．

［蔵治光一郎］

文　献

1) 蔵治光一郎・洲崎燈子・丹羽健司 編（2006）：森の健康診断，築地書館．
2) 諸富 徹・沼尾波子 編（2012）：森と水の財政学，日本経済評論社．
3) 渡邊 守・田島 健（2008）：ダムにおける堆砂対策の現状と課題 ── 矢作ダムを事例として．日本水産工学会秋季シンポジウム「ダムにおける堆砂対策の現状と課題」，1-4．

15.2　河川環境の再生・創造の取組み

15.2.1　多自然川づくりの事例（岐阜県・梅谷川）

図15.2のように，国は，河川管理（調査・計画・設計・施工・維持管理）のすべてにおいて「多自然川づくり」を基本とし，「自然な川に作り直すこと」を本来の目的としない治水工事や災害復旧工事でも，本来そこにいる生物の環境や景観を保全・創出することとしている．

図15.3は，豪雨災害後の改良復旧事業として行われた小河川における例である（岐阜県自然共生川づくり）．もともと河畔林が多く地域住民にも緑多い空間として知られる場所で，川幅も狭く浅い．所定の規模の雨が上流に降って発生する流量を安全な水位で流すには，川の断面積をより大きく確保する必要があり，河川区域の中で行うには流路を掘り広げるしか方法はなく，元の川にはない急な斜面が必要となった．また，砂礫・玉石による自然な河床を維持したいが，川の流れる方向の勾配（傾き）が大きいために流速が速くなり河床の石が動きすぎてしまうことや，カーブや蛇行があると自然な河岸では掘れて崩れ浸食してしまうことが懸念された．従来の工法では河床や護岸をコンク

1 「多自然川づくり」の定義
　河川全体の自然の営みを視野に入れ，地域の暮らしや歴史・文化との調和にも配慮し，河川が本来有している生物の生息・生育・繁殖環境及び多様な河川景観を保全・創出するために，河川管理を行うこと．

2 適用範囲
　すべての川づくりの基本であり，すべての一級河川，二級河川及び準用河川における調査，計画，設計，施工，維持管理等の河川管理におけるすべての行為が対象となる．

3 実施の基本
　(1) 川づくりにあたっては，単に自然のものや自然に近いものを多く寄せ集めるのではなく，可能な限り自然の特性やメカニズムを活用する．
　(2) 関係者間で留意すべき事項を確認する．
　(3) 川づくり全体の水準の向上のため，以下の方向性で取り組む．
　　ア．河川全体の自然の営みを視野に入れる．
　　イ．生物の生息・生育・繁殖環境を保全・創出することはもちろんのこと，地域の暮らしや歴史・文化と結びつける．
　　ウ．調査，計画，設計，施工，維持管理等の河川管理全般を視野に入れる．

図 15.2　多自然川づくり基本方針（抜粋）[4]

図 15.3　改修後の梅谷川

リートで固めるのが通常であったが，景観や生物環境への配慮を考えるべき状況である．

　この川づくりは多くの人が関わって進められた．住民の代表にこの区域がどのように認識されているのかを聞くとともに，勉強会を開き，地域で活動されている人々，技術者，専門家，行政担当者が現地をみながら意見交換し，この川で何を大切にするか，植物や生物にとっての環境，景観に極力配慮するため，水や土砂の流れといった自然営力を考慮しながら技術的にどのような河川形状や工法がよいのかを決めていった．その結果，以下のような工夫がなされた．
・直線的な水際線とせず，河床の掘削・整形には横断・縦断方向に変化を持たせる．
・川底は基本的にコンクリートとはせず，現地の自然素材（玉石・礫）の活用を優先する．
　特に特徴的なのは，治水のための護岸と自然環境のための水際を左岸と右岸に分けた

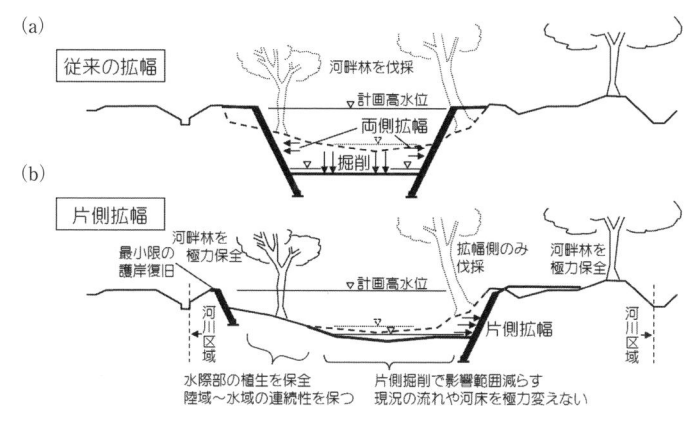

図 15.4 断面の工夫（文献 6 を改変）

ことである．従来ならば図 15.4(a) のように左右対称にコンクリート護岸とする設計となるところを，実際には (b) のように流水断面を確保できるように「片側拡幅」とした．一方の岸に河畔林の立木を極力残すとともに，緩傾斜として護岸を入れないで水際として生息環境を保った．一方で対岸側は，流下能力を高めるために深くして断面積を確保している．こちらはコンクリートブロックによる傾斜の急な護岸とするが，自然の河川風景を壊さないよう，覆土・緑化で際立たせないよう工夫している．水面の両岸付近に大きな礫を配置して浸食・洗掘を抑止するとともに，自然な水際に近い環境を作ることとした．水位の計算を繰り返して，洪水時に安全な水位となるか確認しながら，構造物のみえる面が小さくなるように配慮された断面形になっている．

● 15.2.2 自然再生事業の試行例（愛知県・矢作川河口域）

治水護岸工事など，川の現場そのものに手が加えられてきたこと以外にも，構造物によって流れが変わったり上流にダムができたりすることで，生物の生息場の土台となる河床地形，河床材料（土砂の粒径），水質などが大きく変わり，間接的に自然生態系が大きく変化することがある．こうした現場をより自然に近い川に戻そうとするため，積極的に川の自然環境を回復するための「自然再生事業」も行われている．

川の地形や河床材料は，出水時にどのような状況になるのかによって決まることが多く，またその現象やメカニズムがはっきりわかっていない場合もある．したがって一度に事業を整備しきってしまうのではなく，試験的な施工を行って川の地形・材料の変化や生物の応答をみながら事業を進めるのが望ましい．

図 15.5 は，矢作川河口部での干潟の再生事業の試験施工の様子である．この区間の干潟はアサリやシジミの生息域であり，また，シギなど鳥類の餌場としても期待される

が，河床が低く干潟の干出頻度が極めて低いため，他の工事で発生する砂を岸寄りに盛ることで高くした．出水により土砂輸送が生じて干潟の形状は変化するものの，河床底質が還元状態から酸化状態に変化し，ヤマトシジミやコメツキガニの定着など，生息環境の改善がみられた．

図15.6は，矢作川（愛知県）のヨシ原再生の試験施工の様子である．河口付近のヨシ原は，鳥類やカニ類をはじめとする生物の生息場である．40年前にはヨシ原であった場所は長年の出水時土砂堆積で高くなり陸生の植物が占有してしまった一方で，水域での河床低下が進み，相対的に高くなったために出水時に攪乱を受けにくく，ヨシが回

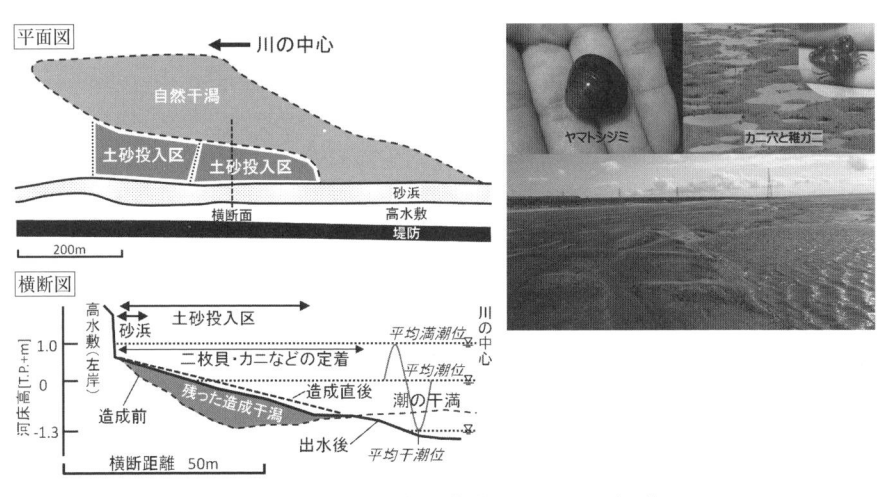

図15.5 干潟の試験施工（矢作川河口0.6km付近）
平面図，断面図（文献5を改変），および現地写真（2012年3月）

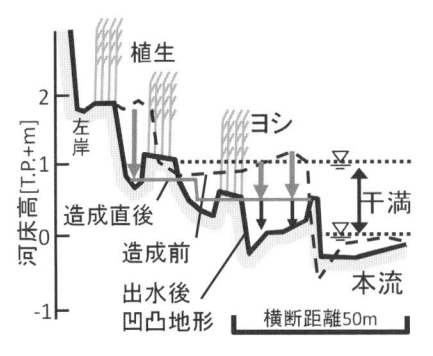

図15.6 ヨシ原再生の試験施工
横断イメージ（文献5を改変．↓：掘削，↓：出水後変化），および現地写真（2012年4月）．

復することが困難となった．試験施工では，干満の影響を受けやすい高さまで岸を掘り下げ，複数の方法で新たに植えたり埋没していたヨシの根からの発芽を促したりしたところ，出水時の攪乱で多くの苗が失われながらも，1年後にはヨシ原の一部が定着し，地形は出水によって自然な起伏が現れた．また，カニ類の定着が進行し，ヨシ原としての環境の再生が進んでいることが確認されている．

　これらの例では，土砂輸送やそれによって生ずる地形の変化は大きくなかったために環境改善の方向に進んでいるが，他の例ではその変化が大きすぎて一度の施工では望ましい環境が保てないことが多い．こうした応答に注意して，生息場の基盤が維持されるかどうかをモニタリングし，ときには修正を加える順応的管理（アダプティヴマネジメント）を行うことが，こうした事業では重要となっている．　　　　　　　　[鷲見哲也]

文　献

4) 国土交通省（2006）：多自然川づくり基本方針．
5) 国土交通省豊橋河川事務所（2012）：第9回矢作川自然再生計画勉強会資料．
6) 堂薗俊太（2011）：岐阜県における「自然の水辺復活プロジェクト」の取り組みについて．第9回「川の自然再生セミナー」資料（www.rfc.or.jp/sozai/result/ivent/H23/sizensaisei/gifu.pdf），2012年7月1日アクセス．

◯ 15.3 ◯　三河湾再生の取組み

◯ 15.3.1　三河湾の貧酸素化の主原因は干潟域の喪失

　三河湾は面積 604 km^2（伊勢湾の約 1/3，東京湾の6割ほど）で，平均深度は 9.2 m と浅く，知多湾に注ぐ矢作川，渥美湾に注ぐ豊川の両河口域を中心として干潟域が発達している．湾の最も深刻な環境問題は夏季の貧酸素水塊の発生であり，底生生物が生息できない溶存酸素飽和度 30% 未満の海域が湾全域に広がるときもある[9]．底層の貧酸素化は，陸域からの N, P 流入負荷の増大と，湾口が狭く奥行きが広いという湾の地形的特徴に起因する富栄養化現象であるとされているが，東京湾や大阪湾と比較して流入負荷は相対的にかなり小さく[22]，かつ 1985 年以降，三河湾に注ぐ一級河川からの流入負荷量は現在すでに，赤潮が多発し貧酸素化が顕著になり始めた 1970 年頃の水準にまで減少しているという試算[11]もなされているにもかかわらず貧酸素化が依然として顕著（図 15.7）な現状も，単純な負荷単独原因説を支持しない．

　詳細にみてみると，三河湾への N, P 負荷が大きく増加したのは，1950 年代から 1960 年代であり，この時期に透明度が低下した．一方，赤潮の発生や底層の貧酸素化が進行したのは，1970 年代に入ってからである．この時期は高度経済成長期で，三河港域内の臨海用地整備のための大規模な埋立てが短期間に進行し，1970 年代の 10 年間だけで三河湾東部を中心に約 1200 ha の干潟・浅場が失われた[7]．図 15.8 に示すように赤潮が多発するようになったのは，この埋立てと時期を同

じくしており，夏季の貧酸素化も同時に進行した．

海外では，底生生物群集がその摂食活動により内湾水中のプランクトン群集や栄養塩濃度を変化させ，湾全体の物質循環に大きな影響を与えているという研究結果が1980年代から多く報告されている[17〜21]．三河湾における現場実験では，ろ過食性マクロベントスであるアサリの海水ろ過速度はアサリ軟体部含有窒素量当たり33.5 L/gN・時と計算されている[8]．1970年代の消失海面1200 ha は三河湾全体の2%であるが，そこに生息していた二枚貝類による生物的海水ろ過速度は，現在の湾内干潟での実測ろ過

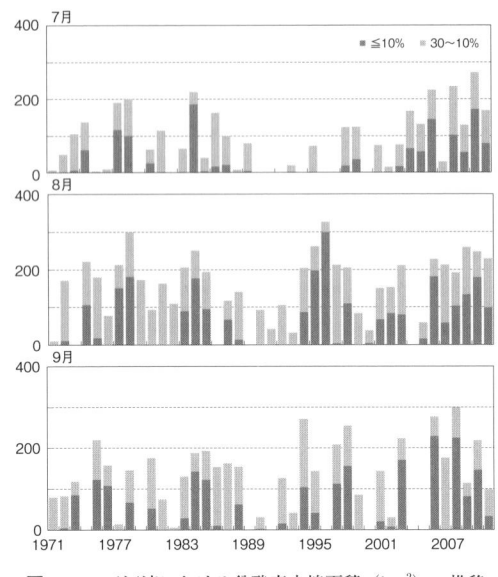

図 15.7 三河湾における貧酸素水塊面積（km^2）の推移

速度で計算すると，夏季の三河湾湾口における物理的海水交換速度の19〜43%，過去の現存量から補正したろ過速度では65〜145%に相当すると推定される[12]．三河湾奥部の浅場で2カ月間連続して貧酸素化の進行過程と，それに伴う底生生物群集の変化を観測し，底泥と水中との窒素収支の変化を時系列で計算した研究結果がある[13]．この収支計算の結果は，水深5m以浅の浅場は高い浄化機能を有する場であり，陸域や湾口境界下層からの栄養塩流入により生じる高い内部生産を水中から除去するとともに，高次

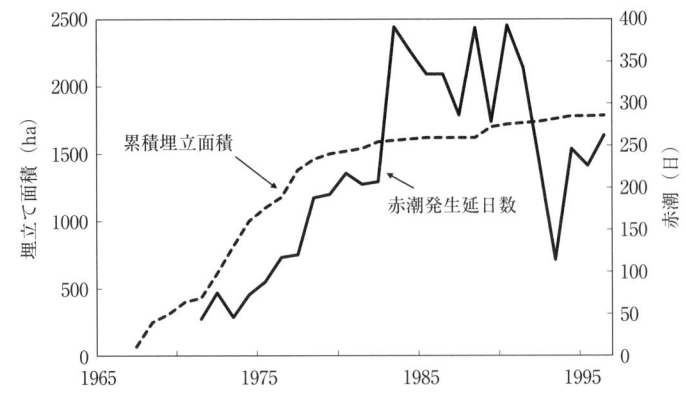

図 15.8 三河湾の赤潮発生状況と三河湾東部における累積埋立て面積

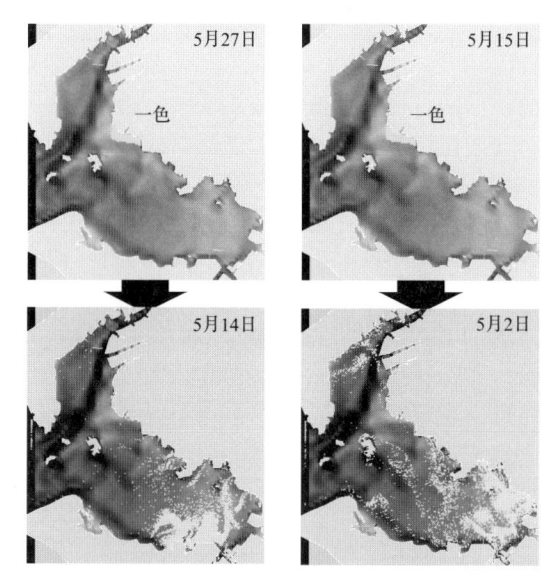

図 15.9 三河湾一色干潟域に漂着するアサリ浮遊幼生の産卵場に関する数値模擬実験

生物への転化や好気的な分解に移行させる能力を有しているが，沖合深場の貧酸素化が浅場に影響し始めると一転，大きな負荷源に転じ，赤潮や貧酸素化にさらに拍車をかける負のスパイラルに陥ってしまうことを示している．

また，湾奥の埋立てが単にその場の水質浄化機能を喪失させただけではなく，湾全体の水質浄化機能を低下させた可能性が数値模擬実験から得られている[14]．アサリの産卵時期である5月の流動場を再現した後，その流動場をベースに三河湾最大のアサリ生息域である一色干潟域の海底に置いたアサリ浮遊幼生を模擬した漂流粒子が2週間の浮遊期間を時間的に遡ることにより，どの海域から供給されたのかを推測した試みである．計算は流動場の異なる2つの期間（5/27→5/14, 5/15→5/2）で行われたが，結果はいずれのケースも主として湾奥の埋立て海面付近に到達した（図15.9）．湾奥一部海域の埋立てによる濃密なアサリ母貝群の喪失によって，湾内全域への浮遊幼生の供給が大きく減少し，それによって湾内アサリ資源およびそれらによる水質浄化機能が影響を受けた可能性は極めて高い．

○ 15.3.2 **内湾環境修復の方針と課題**
　a. **流入負荷削減は貧酸素化抑制に有効か？**
　三河湾における夏季の植物プランクトン量の支配要因に関する詳細な調査・解析が

行われた[24]．その結果，陸域や，エスチュアリー循環による湾口底層からの豊富な栄養塩供給により常に赤潮になりうるような高い水準の植物プランクトンの生産（net primary production）があるにも関わらず，それらを摂食する動物プランクトン，マイワシなどの魚類，二枚貝などの底生生物などによって，生産されるやいなや摂食され，結果として，実現される海水中の植物プランクトン生産（community primary production）は低い水準に抑えられているという生態系の仕組みが明らかにされている．つまり赤潮になるかならないかは湾への供給栄養塩量の多寡よりも，植物プランクトンにかかる様々な動物群の摂食圧の強弱によっているという観測結果である．三河湾における栄養塩類のここ30年間の経年的な変化傾向をみると，図15.10に示すようにTN（総窒素），TP（総リン）は横ばいか，やや減少傾向で推移しているが，DIN（溶存無機態窒素），PO_4-P（リン酸態リン）はどちらも近年減少傾向にある．TN，TPに占めるDIN，PO_4-Pの割合（DIN/TN比，PO_4-P/TP比）もそれぞれ減少傾向にありDIN/TN比では30年前に比べ1～2割，PO_4-P/TP比では2～3割減少している．環境省資料によればTN，TPの発生負荷量はこの間それぞれ45％，64％減少しているが，海域の

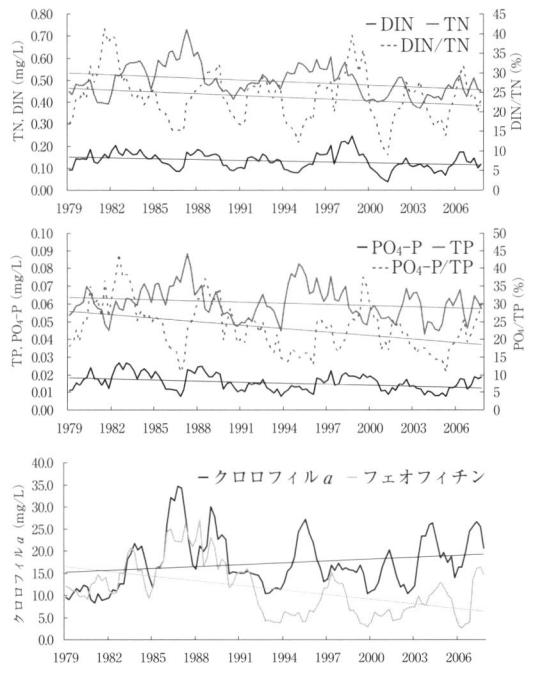

図15.10 三河湾における栄養塩類およびクロロフィルaの経年変化

TN, TP濃度が顕著な減少傾向にないことは総量規制による流入負荷削減の影響がややみられるものの，湾口下層からの流入フラックスが流入負荷の3倍程度大きいため[23]と考えられる．問題はTN, TPに占めるDIN, PO$_4$-Pの割合が減少している点である．つまり裏返せば流入負荷の削減によって期待された貧酸素化の原因物質である懸濁態有機物は減少していないことが示唆される．クロロフィルaの傾向をみると近年2～3割程度増加していることから，懸濁態有機物の主体をなす植物プランクトンは減少ではなく逆に増加している．またその分解生成色素であるフェオ色素が減少していることは，植物プランクトンに対する摂食圧が年々低下している可能性を示唆している[15]．これら長期の水質変化も，現在の三河湾海域の物質循環過程の中で動物群集による懸濁有機態から溶存無機態への転換系が劣化していることを示している．

近年では，生態系モデルを利用した研究からも，浅場の消失とそれに伴うアサリなど二枚貝類資源の減少が，三河湾の貧酸素水塊形成の規模と関係していることが報告されている[16]．

b. 干潟・浅場修復の必要性と環境修復事業実現の経緯

これまで紹介した一連の研究を整理すると，現在の三河湾は，大河川や湾口下層から

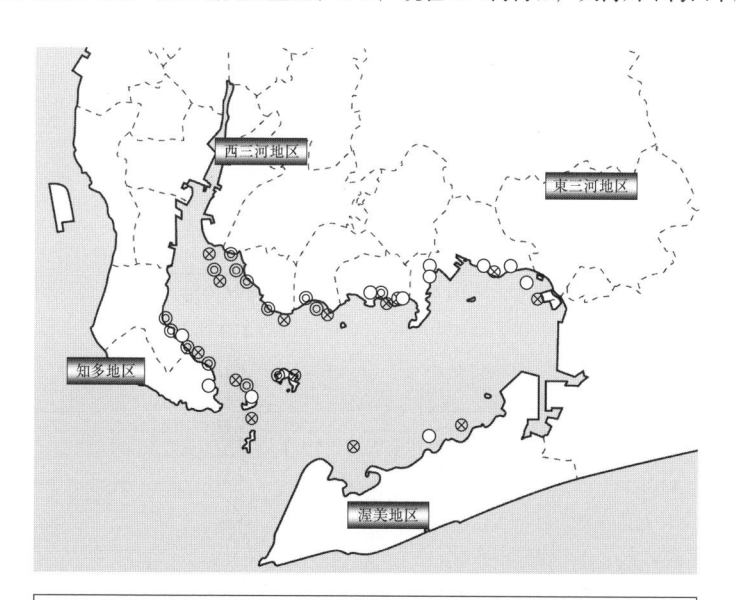

⊗ 2004年まで国交省直轄施工箇所（一般海域 14カ所）
◎ 2004年まで愛知県水産課施工箇所（第1種共同漁業権内 15カ所）
○ 2004年まで愛知県港湾課施工箇所（港湾区域内および漁港区域 10カ所）

直轄施工箇所総面積：1,764,100 m^2
水産課施工箇所総面積：2,419,600 m^2
港湾課施工箇所総面積：1,823,400 m^2
三河湾全体施工箇所総面積：6,007,100 m^2

図15.11 海砂を利用した干潟・浅場造成箇所

流入する栄養塩フラックスと，入り口が狭く，奥行きが広く，浅いという地形的特徴に裏づけられた本来的に高い基礎生産を，埋立てを契機として，より高次の生物生産に転換する生物的制御ができなくなり，基礎生産が無駄に海底に沈降する結果，貧酸素化が引き起こされ，そのことがさらに浅場の海水-底泥間の物質収支を sink から source に転換させ，水質悪化の負のスパイラルから逸脱できなくなっていると判断される．

健全な生態系を回復させるためには，埋立てを契機とした貧酸素化による水質悪化のスパイラルを脱し，生物的機能による自律的な回復軌道（水質改善のスパイラル）に復帰させることが重要となる．そのためには残存干潟域の保全はもちろん，貧酸素の影響を受けない大規模な干潟・浅場造成が必須である．このような海域環境の修復なしに，対策が流入負荷削減のみに偏ることは，貧酸素化の軽減に効果的ではなく，逆に海藻群落の縮小やノリなどの漁業生産にマイナスの影響をもたらすことが危惧されている[10]．

三河湾では，貧酸素化による水産資源の減少に危機感を抱いた愛知県漁業協同組合連合会（県漁連）の強い要望により，湾口航路拡幅に伴い発生する海砂を利用し国，県の連携事業により 1998～2004 年にかけて図 15.11 に示すように 39 カ所，合計約 600 ha の干潟・浅場造成事業が行われた．

◯ 15.3.3 今後の課題

図 15.12 に示すように，全国的にアサリ漁獲量が激減する中で三河湾を主漁場とする愛知県では増加傾向にあり，2010 年度の漁獲量は 1 万 7636 t で全国の 64.9% を占めている．これは湾口が狭く浮遊幼生が外海に無効分散する確率が低いことや，減少しているとはいえ干潟・浅場が湾内各所に存在していることによる幼生供給ネットワークの存在がある．さらに豊川や矢作川河口域のアサリ稚貝の発生海域の保全と漁業者による活発な移植放流活動，および上述の干潟・浅場の大規模造成や無酸素水の無限発生装置化している過去の浚渫土砂採取跡の埋戻しなど，環境修復事業の実施も大きく寄与している．

貧酸素化の抑制にとって陸域負荷のさらなる削減が効果的なのか，干潟・浅場・藻場造成や浚渫窪地修復による海域の水質浄化能力の回復が効果的なのかといった議論に結論が出てはいないが，本章で述べた様々な理由から，干潟浅場造成などの海域の水質浄化能力の回復により重点を置くことが，より経済的かつ合理的な環境改善手法ではないかと考えている．三河湾の例ではあるが，全国の類似内湾の環境管理上，重要な課題であろう． ［鈴木輝明］

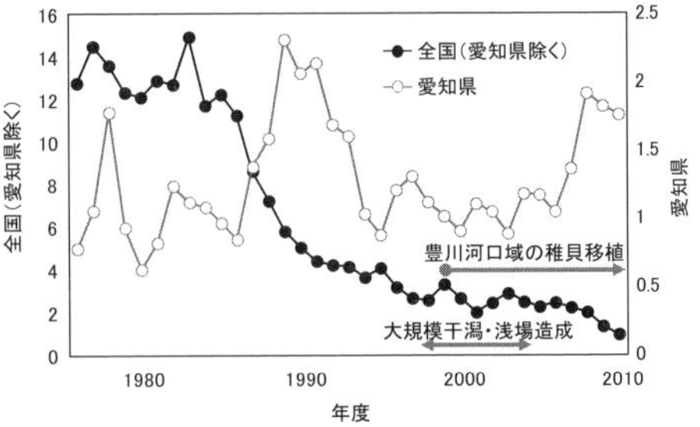

図 15.12 アサリ漁獲量（10^4 t）の推移

文　献

7) 青山裕晃 (2000)：三河湾における海岸線の変遷と漁場環境．愛知水試研報, **7**：7-12.
8) 青山裕晃・鈴木輝明 (1997)：干潟上におけるマクロベントス群集による有機懸濁物除去速度の現場測定．水産海洋研究, **61**：265-274.
9) 石田基雄・鈴木輝明 (2009)：伊勢湾地域の底層における貧酸素水塊問題の現状と対策の動向．資源環境対策, **45**：36-42.
10) 石田基雄・青山高士 (2012)：伊勢・三河湾における水質変化と漁獲量変動について．海洋と生物, **34**：149-157.
11) 河川環境管理財団 (2008)：流域における栄養塩等物質の動態と沿岸海域生態系への影響に関する研究成果のとりまとめ (三河湾ケーススタディー).
12) 鈴木輝明 (2000)：三河湾の干潟域と水質浄化機能．海洋と生物, **129**：315-322
13) 鈴木輝明・青山裕晃・甲斐正信・畑 恭子 (1999)：貧酸素化の進行による底生生物群集構造の変化が底泥-海水間の窒素収支に与える影響――底生生態系モデルによる解析．海洋理工学会誌, **4**：65-80.
14) 鈴木輝明・市川哲也・桃井幹夫 (2002)：リセプターモードモデルを利用した干潟域に加入する二枚貝類浮遊幼生の供給源予測に関する試み――三河湾における事例研究．水産海洋研究, **66**：88-101.
15) 鈴木輝明・大橋昭彦・和久光靖 (2011)：内湾の水質環境の現状と課題．海洋と生物, **193**：117-126.
16) 山本裕也・中田喜三郎・鈴木輝明 (2008)：三河湾における貧酸素水塊形成過程に関する研究．海洋理工学会誌, **14**：1-14.
17) Alpine, A. E. and Cloern, J. E. (1992)：Trophic interactions and direct physical effects control phytoplankton biomass and production in an estuary. *Limnology and Oceanography*, **37**：946-955.
18) Carlson, D. J., Townsend, D. W., Hilyard, A. L. and Eaton, J. F. (1984)：Effect of an intertidal mudflat on plankton of the overlying water column. *Canadian Journal of Fisheries and Aquatic Sciences*, **41**：1523-1528.
19) Cloern, J. E. (1982)：Does the benthos control the phytoplankton in South San Francisco Bay? *Marine Ecology Progress Series.*, **9**：191-202.
20) Cohen, R. R., Dresler, P. V., Phillips, E. J. P. and Cory, R. L. (1984)：The effect of the Asiatic clam *Corbicula fluminea* on phytoplankton of the Potomac River, Maryland. *Limnology and Oceanography*, **29**：170-180.
21) Officer, C. B., Smayda, T. and Mann, R. (1982)：Benthic filter feeding：a natural eutrophication control. *Marine Ecolies Progress Series*, **9**：203-210.
22) Suzuki, T. (2001)：Oxygen-deficient waters along the Japanese coast and their effects upon the estuarine ecosystem. *Journal of Environmental Quality*, **30**：291-302.
23) Suzuki, T. and Matsukawa, Y. (1987) Hydrography and budget of dissolved total nitrogen and dissolved oxygen in the stratified season in Mikawa bay, Japan. *Journal of the Oceanographical Society of Japan*, **43**：37-48.
24) Suzuki, T., Ishii, K., Imao, K. and Matsukawa, Y. (1987)：Box model analysis on the phytoplankton production and grazing pressure in a eutrophic estuary. *Journal of the Oceanographical Society of Japan*, **43**：261-275.

● 15.4 ● 天竜川と遠州灘海岸の土砂管理

● 15.4.1 天竜川・遠州灘の土砂問題

諏訪湖に源を発する天竜川（図15.13）の上・中流域は，中央構造線が縦断し，伊那谷断層群が存在することなどから，地質は脆く地形は急峻である．天竜川は日本でも有数の土砂河川であり，これまでにも数多くの水害とともに土石流などの土砂災害をもたらしてきた．そのため，治水・砂防ダムの建設，河道整備，地すべり対策などを行って土砂流出を防いできた歴史がある．これらは流域の災害防止に大きく貢献したが，一方で河川への土砂供給，ひいては河川によって海に運ばれる土砂の減少を招くことにもつながった．また戦後は，天竜川に利水ダム（発電ダム）が数多く建設され，経済発展に大きく寄与した．天竜川水系の主要なダム貯水池は15基，砂防ダムを含めると流域のダムの数は数百にも達する．河道を遮る形で建設されたこれらのダムには大量の土砂が堆積し，すでに満砂状態のダムも存在する．1956年に建設された佐久間ダムは天竜川水系最大のダムであるが，図15.14に示すようにダム湖内には大量の土砂の堆積がみられ，建設後50年で約1億2000万m^3の土砂が堆積している．これは計画堆砂容量[*1]にほぼ一致する量であり，総貯水容量の約1/3に相当する．このようなダムによる流砂の遮断は，河川環境にも大きな影響を及ぼす．ダムの上流部では，河床の上昇が洪水時の水位上昇を引き起こすため，治水上の問題が生じるだけでなく，シルト・粘土分の堆積による水質の悪化も問題となる．一方，ダムの下流部では，土砂の供給が絶たれることにより河床の低下や底質の粗粒化が生じ，さらに洪水調節の効果もあって，河道の固定化や樹林化が進む．河道内での土砂の問題は，ダムによる土砂の遮断によるものだけでなく，建設資材調

図15.13 天竜川水系とダム群[26]

[*1]：ダム建設時に100年間で堆積すると推定した土砂量．

15.4 天竜川と遠州灘海岸の土砂管理

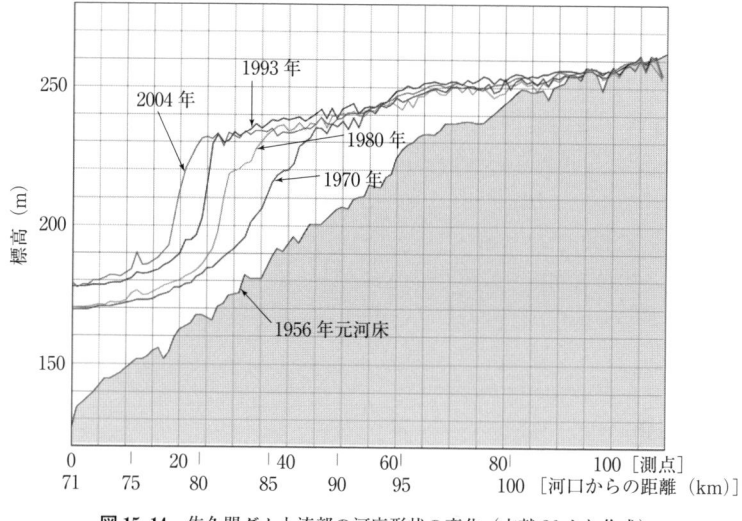

図 15.14 佐久間ダム上流部の河床形状の変化（文献 26 より作成）

達のための土砂の採取によるところも大きい．高度経済成長期には天竜川下流域だけで年間 100 万 m³ 以上の土砂採取が行われており，これにより顕著な河床の低下が生じた．近年は，下流部の土砂採取は制限されているが，それでもダム湖からの採砂を含めると，天竜川の河道内から年間 100 万 m³ 近い土砂が系外に取り出されている事実がある．

遠州灘海岸に目を向ければ，東は御前崎から西は伊良湖岬まで，100 km を越える長大な砂浜海岸が広がっている．この砂浜は天竜川から供給される細砂によって形成されたものであり，遠州灘沿岸域の環境基盤を形成している．しかしながら，上述したように 1950 年代から 1970 年代にかけて数多く建設されたダムや土砂採取の影響により，天竜川から遠州灘への土砂供給量が激減した．推算によると，近年ではこの土砂供給量は年間平均 20 万 m³ 以下で，1960 年代以前の 1/10 にまで減少していると見積もられている．また，時期を同じくして，海岸においても河口導流堤や漁港など多くの構造物が建設され，それらによってもたらされた土砂輸送の不均衡から，近年になって各地で深刻な海岸侵食が発生するようになってきた．

図 15.15 は，1984 年を基準とした天竜川河口部の土砂量の変化を示したものである．1990 年頃までは年間約 40 万 m³ の割合で減少しているが，これは河川からの土砂供給量より東西海岸へ輸送される土砂量のほうが 40 万 m³ 程度大きいことを意味している．1990 年代に入ると減少割合が小さくなっているが，これはすでに河口部の土砂が枯渇してきているためであると考えられる．その影響で周辺海岸への土砂の供給も減少し，天竜川河口の西に位置する中田島砂丘では，50 年ほどの間に砂丘前面の砂浜が 200～300 m 侵食され，砂丘の低地化も進んだ（図 15.16）．この地域は東海・東南海地震に

よる大津波の来襲が予想されており，海岸侵食の問題は沿岸住民の大きな心配事となっている．

浜名湖の湖口（今切口）は，1950年代から1970年代にかけて行われた導流堤の建設によって大きく海岸地形が変化したところである．導流堤は河道の確保や航路維持を目的とするものであるが，図15.17にみられるように，この導流堤の影響でかなりの土砂が今切口の東側に溜められ，西側の海岸に流れにくくなり，西側で砂浜の侵食が生じている．このように，全体として河川から流れ出る土砂が減少しているという状況に加えて，海岸に導流堤のような土砂の動きを阻害する構造物が作られてきたことも海岸侵食が顕著になった一因である．ダムは山から海へという土砂の流れを遮断する大きな障害物であるが，海岸に造られる構造物にも，導流堤のように砂の動きを止めるダムのような効果があり，土砂の流れの下手側に侵食問題を生じさせる．すなわち土砂には山から海への一連の流れがあり，その流れをどこかで遮ると土砂の配置にアンバランスが生じて海岸侵食が顕在化するのである．

海岸侵食への対応策として，これまでは図15.16にみられるように，侵食海岸への離岸堤や消波堤の設置が行われてきた．しかしながら，このような構造物による局所的な対策は，砂浜の土砂を増加させるものではなく，海岸の土砂の動きを抑えて安定化させようとするものであり，広域でみれば，かえって土砂のアンバランスを増幅させてしまうことになる．その結果，侵食対策を行った海岸に隣接して新たな海岸侵食が発生し，

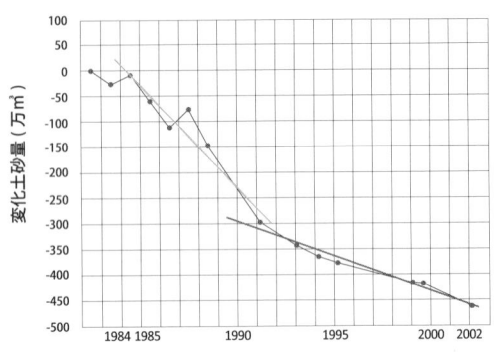

図15.15 天竜川河口テラスの土砂量の変化（静岡県資料より）

図15.16 中田島砂丘周辺の海岸侵食（国土交通省中部地方整備局提供）

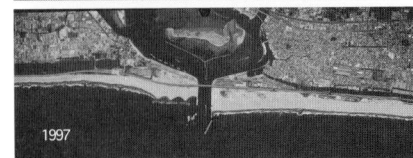

図15.17 浜名湖今切口の地形の変化（国土地理院）

これにまた応急的に対策を講じるというような後追いの対策が繰り返されることになっていく．遠州灘に限らず，このような構造物による海岸保全対策の繰返しにより，海岸の人工化が徐々に進行している例は日本の至る所でみられる．

以上のように，遠州灘で生じている海岸侵食は，背景に天竜川のダム群の建設や土砂採取による流下土砂量の急激な減少という大きな問題を抱えてはいるものの，一見，別々の理由でローカルに発生しており，管理者としては個々の対応を迫られることになる．しかしながら，問題を根本的に解決するには，遮断された土砂あるいは不均衡に配分された土砂の流れを復活させ，それらを有効に利用するしか道がないことは明白である．すなわち，いま遠州灘で直面している海岸侵食は，1つ1つはローカルな海岸の問題ではあるけれども，トータルに考えなければ解決策がみえてこない流域圏全体の問題であり，まさにここに総合的な土砂管理の必要性がある[25]．

15.4.2 天竜川ダム再編事業

国土交通省では，天竜川流域の総合的な土砂管理を目指して，2004年度から「天竜川ダム再編事業」に着手している（詳細は文献27を参照）．この計画は，佐久間ダムのように土砂の流れに大きな影響を持つダムについて，ダムに流入する土砂をバイパスさせて下流側の河道へ供給しようというものである．河川管理の面からみると，河道に土砂を流すことは水の流れを阻害することになり，また河川生態系へのインパクトも大きいのでデメリットのほうが多いが，土砂の問題を河川のみの問題としてではなく，河口から先100 kmに及ぶ海岸とその背後地の問題として捉えると，ダムから土砂を解放するメリットは非常に大きい．

このダム再編事業では，どのようにしてダムから砂を出すかという工法の問題，および土砂を流すことによる環境影響の問題の2つの側面から検討され，2009年以降は建設事業に移行している．環境影響の検討に当たっては，数値モデルを使って土砂流出のシミュレーションを行っている．用いた数値モデルは，粒径群別に土砂の輸送量を計算するもので，粒径を3つのサイズに分け，「ダムなし」の場合，「ダムあり」の場合，および「ダム排砂を実施」した場合の3つのケースについて長期間のシミュレーションを実施し，結果を比較している．排砂を実施すると，砂浜を構成する細砂の供給量が最も増大し，現状の数倍程度に回復することが予測された．このことから，侵食対策に苦慮する海岸管理者や沿岸住民にとっては，ダム再編事業は非常に期待度の大きな事業として位置づけられている．

15.4.3 遠州灘の侵食対策

ダム再編事業により天竜川からの土砂供給量が大幅に増えたとしても，心配の種は少なくない．例えば，①ダム再編に伴って予想される天竜川からの土砂供給量の増加は，

当面,図15.15に示す河口テラスの回復に寄与するのみで,周辺海岸に還元されるには相当の期間(数十年)を要すること,②海岸ではこれまでに様々な侵食対策を行っているために土砂が移動しにくくなっているところも多く,河川から供給された土砂をスムーズに流すための対応が必要であること,③港や中小河川の河口部では航路や河口が土砂で埋没する可能性があること,などが挙げられる.海岸管理者は,このような問題に適切に対応し,海岸で土砂をうまく流すような方法を準備しておかなければならない.

静岡・愛知両県は2002年に合同で「遠州灘沿岸海岸保全基本計画」を策定し,遠州灘ではこれに基づいた海岸保全策を検討しているところである.静岡県では,2000年代に入って天竜川河口周辺海岸,中田島砂丘周辺海岸,浜名湖西側海岸などでの急激な侵食が緊急の課題となったことから,2004年に「遠州灘沿岸侵食対策検討委員会」を立ち上げて具体的な対策を検討してきた.議論の焦点は,天竜川ダム再編事業を見据えながら,緊急に必要とされる海岸侵食対策をどのように講じるかという点であった.愛知県は2006年に「渥美半島表浜海岸保全対策検討会」を立ち上げ,土砂管理の視点から総合的な検討を行っている.本検討会では,静岡県境から流入する土砂量を境界条件として,愛知県側の土砂をどのように管理し,砂浜と海浜環境の保全を図っていくかが大きなテーマとなった.このように,最近では静岡県と愛知県の連携も徐々に進んでおり,天竜川のダム再編事業と合わせて,天竜川・遠州灘流砂系での広域的な総合土砂管理の具体的な実施が大いに期待される.

[青木伸一]

文 献

25) 青木伸一(2008):海岸管理におけるローカルとトータルのジレンマ.地球環境と防災のフロンティア,建築学会総合論文集,**6**:75-78.
26) 国土交通省河川局(2008):天竜川水系河川整備基本方針,土砂管理等に関する資料.
27) 国土交通省中部地方整備局浜松河川国道事務所:天竜川ダム再編事業ウェブサイト(http://www.cbr.mlit.go.jp/hamamatsu/gaiyo_dam/tenryu.html),2012年12月12日アクセス.

IV. ケーススタディ

16 環境持続性と地域活性化

● 16.1 ● 流域管理と3つの収支

持続可能な社会を達成するための環境政策や技術を考えるうえで重要な環境総合評価について述べた後,総合的流域管理政策と地域の活性化を念頭に置いた環境修復技術の評価事例を紹介する.

○ 16.1.1　環境総合評価が考慮すべき3つの収支とその概要

まず考察すべき視点として,価値収支,エネルギー収支および物質収支の3つが挙げられる.価値収支は主に社会経済システムに,エネルギー収支は主に地球温暖化とエネルギーの枯渇に,そして物質収支は自然環境に関係する.

価値収支は,私的なものと社会的なものに分類される.例えばある企業の生産活動に関していうと,当該企業が負担する費用の部分は私的(内部)費用とよばれ,当該企業が負担しない費用は社会的(外部)費用とよばれる.当該企業の利益になる部分は私的(内部)便益とよばれ,これは企業の生産活動にインセンティブを与える.

一方,社会全体に帰着する利益や効用は社会的(外部)便益とよばれ,企業が社会に存在する正当性を表すものである.ある環境技術がある企業に導入された場合,当該企業にも社会全体にも便益が生じない場合は論外として,他の3ケースについては,環境税-補助金政策など,当該技術市場への政策介入の正当性あるいは必然性とその限界が論議される.

次にエネルギー収支では,省エネやエネルギー間の代替は可能でも,'エネルギー'需要を満たすものは'エネルギー'供給でなければならないという点が重要である.1単位の(2次)エネルギーを供給するために1単位以上の(2次)エネルギーを投入する状況は,もちろん許されない.省エネルギーは,エネルギーの(生産あるいは投入)効率を上げるという技術革新によってしか実現できない.多くは物理化学の法則に縛られており,核反応は別として,その自由度は意外と小さい.

最後の物質収支は,一言でいえば,日常一般の世界では,物質,例えば元素記号でいうN(窒素元素)は,様々な化学反応(通常利用可能エネルギーの増減を伴う)によって物質としての姿かたちを変えても,その変化の前後で,Nで追求した総量は変化しないということである.つまり,湖沼などへの窒素流入の削減ばかりを考えると,結果的

に温室効果ガスである亜酸化窒素や大気汚染物質である窒素酸化物として排出される窒素が増加する可能性があるということである．

実はこれら3つの収支は，互いに錯綜し微妙に関連している．これが総合評価の真髄であり，難しい点である．次節では，茨城県霞ヶ浦流域を対象に，この環境総合評価の考え方に基づくシミュレーション例を紹介する．

16.1.2 3つの収支を考慮した環境総合評価シミュレーション：霞ヶ浦の流域管理政策を例に

a. 霞ヶ浦流域における環境負荷削減について

茨城県南東部に位置する霞ヶ浦は，日本第2の面積を有する湖沼である．この湖は家計，産業により様々な水利用がなされているが，水質悪化の原因の1つは流域で排出される畜産廃棄物であるとされている．茨城県ではこの畜産廃棄物をエネルギー化し水質改善に貢献することを目的とした，文部科学省都市エリア産学官連携促進事業「霞ヶ浦バイオマスリサイクル開発事業」を2002～2005年にわたって実施した．筆者らは，このプロジェクトで開発されたバイオマスエネルギー化プラント（以下，プラント）の総合評価を担当し，モデルシミュレーション分析を用いて，プラントの導入を考慮した最も効率的な政策とその効果を分析した．ここではその後のモデル改良に基づいて，流域経済活性化の視点から地域環境税‐補助金政策やプラント導入の効果を分析する．

ここで重要なことは，畜産農家にプラントを設置することによって，水や空気がきれいになるといった，直接的に利益として当該畜産農家に還元されない，市場が評価できない社会的便益を，県は事前に評価し，その環境改善の対価としてどの程度の補助金を支出すべきかを検討する必要があるということである．

b. シミュレーションの概要

●開発されたプラント

図16.1は「霞ヶ浦バイオマスリサイクル開発事業」で開発されたプラントのフローである．このプラントは，年間出荷頭数1000頭規模の養豚農家への設置を想定している．設置費用は1ユニットにつき1億円，維持費用は年間600万円，発電容量は年間約23000 kWhを想定している．

表16.1は，このプラントが排出する汚染物質の排出係数である．この装置で発生するCH_4は電気エネルギーに変換されCO_2となるので，CH_4としての排出量は0である．当然このCO_2はカーボンニュートラルである．T-Nの値がやや高い値となっているが，他はほぼ完全に処理されている．また，このプラント設置養豚業者に対し茨城県が支出する補助金は，下水道などにならい設置費用の1/3とした．

●シミュレーションモデル

シミュレーションモデルは，霞ヶ浦流域内の物質，価値，エネルギー収支を記述した

16.1 流域管理と3つの収支

図 16.1 バイオマスエネルギー化プラントのフロー

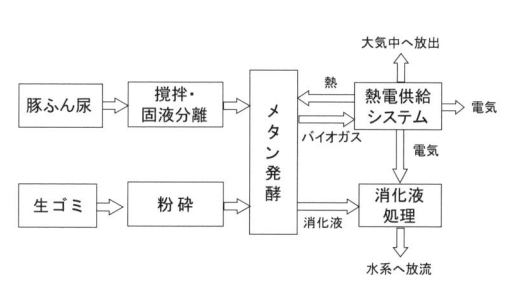

表 16.1 プラントの汚染物質排出係数 (kg/頭(豚)-年)

汚染物質	値
CO_2	283.9
CH_4	0
N_2O	0.0006
NO_x	0
SO_x	0.0041
T-N	0.034
T-P	0.003
COD	0.034

CO_2の値はカーボンニュートラル.

表 16.2 実施を想定する政策手段

政策実施対象	政策手段
産業	I. 各産業への生産資本ストック減少補助金
養豚業	II. バイオマスエネルギー化プラントの設置および生産資本ストック減少補助金
家計(市町村)	III. 市町村への下水道および農業集落排水整備のための補助金支給 IV. 市町村への合併処理浄化槽設置促進のための補助金支給
土地利用	V. コメ生産者への施肥田植機購入補助金支給 VI. コメ生産者への溶出抑制肥料使用補助金支給 VII. 農業生産者への補助金支給による耕作地の削減(休耕地への転換)

各サブモデルを相互依存的に統合した大規模な拡大産業連関モデルである.これは非線形計画法をベースとしており,霞ヶ浦に流入する水質汚濁物質量と流域で排出される温室効果ガス,大気汚染物質を削減しつつ,経済活動(の指標としての GRP:gross regional product,地域総生産)を最大化させる政策オプションの組合せを導き出す.

制御対象としたのは,T-N, T-P, COD の3つの水質汚濁物質,CO_2, CH_4, N_2O の3つの温室効果ガスおよび NO_x, SO_x の2つの大気汚染物質である.

政策手段(表 16.2)を実施するため,目的税として地域環境税-補助金政策を考える.地域環境税は,生産者負担主義に基づいて,産業から排出される水質汚濁物質と産業と家計の両方から排出される温室効果ガスおよび大気汚染物質の排出量に応じて課税される.もしこの目的税財源だけでは不十分な場合には県の一般会計からの補助金支出も可能である.政策の実施主体は茨城県であり,環境対策として政策手段に支出する予算は,目的税収も含み年 200 億円を上限とする.

汚染物質の発生源を生産系,生活系,面源系に分類し,それぞれを表 16.3 のように定義した.シミュレーション期間は,2004〜2013 年の 10 年間である.削減シナリオとして,温室効果ガスについては京都議定書の第一約束期間中の 2010 年までに削減割り

表 16.3 汚染物質の発生源の分類

生産系 産業分類	生活系 生活排水処理分類	面源系 土地利用分類
畑作農業	下水道	畑
稲作農業	農業集落排水	水田
酪農業	合併処理浄化槽	山林
養豚業	単独処理浄化槽	市街地
電力・ガス・熱供給	し尿処理場	その他の土地利用
その他の工場・事業系産業	雑排水未処理	
その他の産業		

当てを達成し，その他水質汚濁物質および大気汚染物質については2013年までに2004年比10％の削減を達成することを想定した．

社会的割引率を考慮した対象期間の累積GRPを目的関数とし，最大化問題として，プラントが利用不可能であり地域環境税-補助金も導入しないケース（ケース1），プラントは利用可能であるが地域環境税-補助金は導入しないケース（ケース2），そしてプラントが利用可能であり地域環境税-補助金も導入するケース（ケース3）の3ケースについてシミュレーションを行った．

○ 16.1.3 シミュレーション結果

a. バイオマスエネルギー化プラント導入による社会的便益

各ケースで導出された目的関数値を図16.2に示す．プラントの社会的便益は，GRPの増加（ケース1とケース2の目的関数値の差）により測定できる．一般に，経済と環境にはトレードオフ（二律背反）の関係があるとされる．しかし，そのトレードオフの関係は技術の導入により改善可能である．この事例では，プラントの社会的便益は10年間で約3兆3618億円（45兆6992億円－42兆3374億円）と評価された．地域環境税の社会的便益は，約195億円（45兆7187億円－45兆6992億円）である．またこの結果は，環境修復新技術の導入は環境税とともに行うべきであることを示すものである．

b. 最適地域環境税率

導出された最適な地域環境税率を表16.4に示す．温室効果ガスであるCH_4の排出に対し，1t当たり989.4万円もの大きな地域環境税が課されている．CH_4は微量温室効果ガスとして知られ，排出量そのものはそれほど多くはないが，CO_2の21倍の温室効果能を持つ温室効果ガスである．この結果は，目的税としての財源確保のためには温室効果ガスとしてのCH_4の排出に焦点を当てて課税すべきであることを示している．

表16.5は，実質支払い税額に基づいて計算した，各産業の生産額100万円当たりの

16.1 流域管理と3つの収支

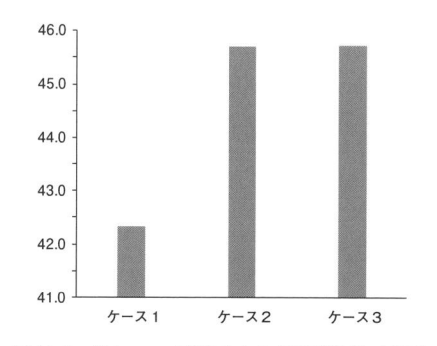

図16.2 各ケースで導出された目的関数値（兆円）

表16.4 導出された最適な地域環境税率

分類	物質名	税率
温室効果ガス （単位：万円/t）	CO_2	0
	CH_4	989.4
	N_2O	0
大気汚染物質 （単位：万円/t）	NO_x	0
	SO_x	0
水質汚濁物質 （単位：円/kg）	T-N	0
	T-P	0
	COD	0

表16.5 各産業の生産100万円当たりの課税率

部門名	税率
畑作農業	0.40
稲作農業	0.40
酪農業	4.15
養豚業	4.15
水産業	0.15
電力・ガス・熱供給	0.32
その他の工場・事業系産業	0.32
その他の産業	0.08

表16.6 発生源別の政策手段に割り当てられた累積予算（億円）

	ケース1	ケース2	ケース3
生活系	1627	969	749
面源系	22	14	16
生産系	123	285	1139
バイオマス	0	30	30
総支出	1772	1298	1934

課税率である．酪農業と養豚業に対する税率が最も大きい．これらの産業は，CO_2 や NO_x，SO_x などの排出係数が小さい一方，地球温暖化係数の大きい CH_4 や N_2O といった微量温室効果ガスや水質汚濁物質の排出係数が大きく，この高い税率によってプラント設置が促進される．しかしプラントの想定規模から，この流域内では大規模養豚農家に91ユニットを設置できるにすぎない．流域内には中小規模の養豚農家も多く存在するため，今後はより小規模でも効率的な処理の行えるプラントの開発が必要である．

c. 各政策への予算支出と政策支出1単位当たりの社会的便益率

発生源別の政策手段に割り当てられた累積予算を表16.6に示す．ケース2とケース3のプラントの設置に10年間累積で上限の30億円の予算が配分された．ケース2,3とも2004年に66台，2005年に25台が設置され，最も初期の段階で上限まで設置が行われた．これは，プラントの設置は，流域の環境改善に非常に有効な手段であることを示す．

ここで社会便益率を計算してみる．ケース2および3で導出された目的関数の値とケース1で導出された目的関数の値の差をとり，これをプラント設置費用総額の91億円（県からの補助金＋養豚農家からの設置支出）で除する．この結果，ケース2では369.4，ケース3では371.6となる．これは，例えば茨城県と養豚農家がプラントの設置に合計100

万円を支出すると，社会全体にケース2では10年間で3億6940万円(3694万円/年)，ケース3では10年間で3億7160万円(3716万円/年)の便益が帰着することを示している．この値はプラントの社会的有用性が非常に高いことを示す．このような分析は，3つの収支を考慮した環境総合評価シミュレーションでのみ行いうる．

d. 流域での環境負荷の変化とバイオマスエネルギー化プラント設置のタイミング

地球温暖化係数（$CH_4:21$, $N_2O:310$）を考慮した二酸化炭素換算温室効果ガスを用いて温室効果ガスの排出制御を行った．二酸化炭素換算温室効果ガス（GHG）は以下の式で定義される．

$$(GHG) = (CO_2 排出量) \times 1 + (CH_4 排出量) \times 21 + (N_2O 排出量) \times 310$$

この値を図16.3に示す．また，すべてのケースにおけるGRPの経年変化を図16.4に示す．GHGの排出量は京都議定書の削減割当てを達成できるが，ケース2および3ではケース1に比して累積排出量がやや増加する．これは図16.4からもわかるように，プラントの導入により環境と経済のトレードオフ関係が改善され，経済活動を活発化させながら環境負荷の削減を行えるようになるためである．

図16.5に霞ヶ浦へのT-N流入量の変化を示す．T-Nの流入量はプラントの設置後に急激に減少している．畜産業のT-N排出係数は処理方法により異なるが，平均して16.87 kg/生産額100万円-年と非常に大きく，これに対してプラントの排出係数はほぼ0である．この差は非常に大きな効果をもたらしている．このシミュレーション結果は，プラント設置の直接的・間接的効果として，ケース1に比してケース2では10年間の累積で4200 t，ケース3では4500 tのT-N削減が可能であることを示す．これらの値は，流域全体の負荷量の1年分に相当する．

e. バイオマスエネルギー化プラント設置による養豚業へのエネルギー供給

プラントの導入によって，養豚農家は生産に必要な電力を発電することができる．9台のプラントが導入された美野里町（現 小美玉市）のプラントによる電力の充足率を図16.6に示す．ケース2，3とも同じ値となる．プラントが稼働する2005年以降，い

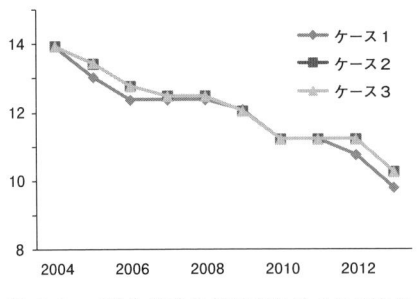

図16.3 二酸化炭素換算温室効果ガスの変化（100万t）

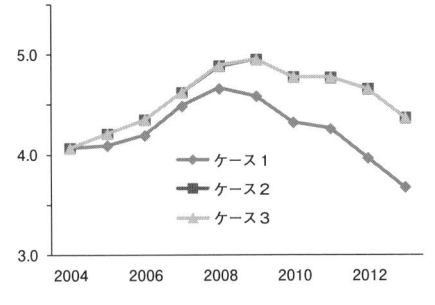

図16.4 GRPの経年変化（兆円）

図 16.5 霞ヶ浦への T-N 流入量（1000 t）

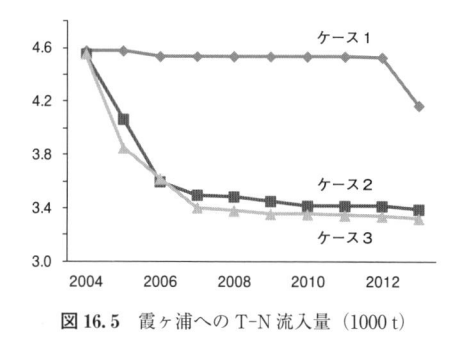

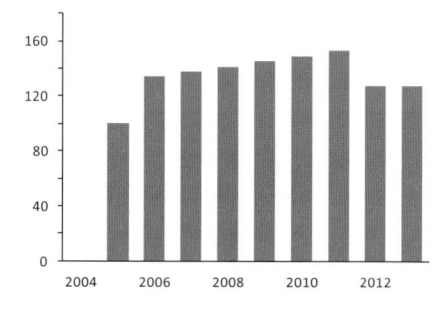

図 16.6 美野里町の養豚農家におけるプラントによる電力充足率（%）

ずれの年も充足率は 100% を超えている．これは生産活動に必要な電力のみでなく，自宅での電力利用や売電の可能性を示している．

◯ 16.1.4　おわりに

　ここでは，3 つの収支に基づく環境総合評価の考え方と，その評価事例を紹介した．

　環境問題の解決のためには，直接規制の政策手法だけでなく，排出権取引や CDM（クリーン開発メカニズム，clean development mechanism）のような国や地域間の枠組みも必要である．これらの枠組みを効率的に機能させるためには，関連する事業を 3 つの収支に基づいて総合的に評価することが必要である．将来において水環境問題が国際的な問題となる懸念が持たれ，現実に一部の水系では深刻となりつつある．大気圏と水圏は密接な関係を有していることを考慮すると，地球温暖化問題だけに焦点を当てている政策枠組みは将来，抜本的な見直しを迫られる可能性がある．

　環境総合評価に基づく評価系が確立されれば，温室効果ガスと水質汚濁物質を対象とした国際汚染排出権取引や，それに対応した CDM 事業の可能性が広がる．これにより総合的かつ抜本的な地球環境の改善に寄与することが期待できる．

[氷鉋揚四郎，水野谷剛]

文　献

1) 氷鉋揚四郎（2006）：環境総合評価における三つの収支．環境共生，**12**：1．
2) 氷鉋揚四郎，小林慎太郎，水野谷剛（2005）：環境・経済・財政を視野に入れた科学技術の総合評価——バイオマスリサイクルプラントを例として．会計検査研究，**32**：51-70．
3) 氷鉋揚四郎，全国農業協同組合連合会飼料畜産中央研究所，水野谷剛，朴 善華（2005）：クリーンエネルギー化システムの普及方策の開発．霞ヶ浦バイオマスリサイクル開発事業成果集（茨城県科学技術振興財団都市エリア産学官連携促進事業）：238-326．
4) 氷鉋揚四郎，水野谷剛，内田 晋，今津佳都子（2008）：総合評価に基づく霞ヶ浦流域の持続可能な循環型社会づくり．環境市民による地域環境資源の保全——理論と実践（熊田禎宣，山本佳世子 編），pp. 215-226，古今書院．

5) Higano, Y., Mizunoya, T., Kobayashi, S., Taguchi, K. and Sakurai, K. (2009): A study on synthetic regional environmental policies for utilizing biomass resources. *International Journal of Environmental Technology and Management*, 11(1/2/3): 102-117.

◯ 16.2 ◯ 地域における生物多様性・生態系サービスの受益とその重要度

◯ 16.2.1 生物多様性・生態系サービス

a. 生物多様性の減少

　科学技術や文明の発展により失われてきた自然や生物多様性を保全・回復していくことは，将来の豊かな社会を実現するうえで極めて重要である．

　生物多様性には様々な定義があるが，CBDの第2条を要約すると，生態系の多様性，種の多様性，遺伝的多様性を含む概念とされている[14]．

　ここ数十年来，豊かな生物多様性を育んできた生態系の減少や，それに伴い多くの動植物が絶滅の危機に瀕している状況が以前にもまして深刻になっていると思われる[23]．

　例えば，環境省によると，日本の絶滅のおそれのある野生生物種の割合は，評価対象となった哺乳類約180種のうち約23%，鳥類約700種のうち約13%，維管束植物約7000種のうち約24%に達すると報告されている[7]．このような生物多様性の減少は，人間の社会経済活動に起因するものが多く[20]，国内外で急速に進展しており，国際的に大きな課題となっている．

b. 生態系サービスの分類と劣化

　人間は自然の一部であり，食べ物や水など自然から多くの恵みを受けて生活している．このように人間が自然から得ている様々な便益を，国連ミレニアム生態系評価（MA）[20]では生態系サービスと称している．生態系サービスは大きく4つ（供給，調節，文化，基盤）に分類される．

　MAによると，供給サービスには食料供給，水供給，木材供給など我々の日常生活と関係の深いものが多く，調節サービスには水の調節，大気質の調節，気候変動の調節，花粉媒介などが含まれる．水調節などは，河川の下流域に居住する人々が直接・間接的に恩恵を受けている（例えば，文献8，13）．

　またMAによると，文化サービスには，レクリエーションの場所，宗教的な場所，景観などの恩恵が含まれる．最後の基盤サービスは，水循環，栄養塩循環などが含まれ，人間のみならず生物の生息にも大きく関係しているとされる．

　生態系サービスの中には，供給サービスの一部のように直接人間の社会経済活動の中で取り引きされているものもあるが，多くは重要性が十分認識されていない場合が多い．そのため，生態系サービスの保全の取組みが十分実施されず，生態系サービスの劣化や喪失をもたらしてきた可能性がある（例えば，文献12）．

このような生物多様性や生態系サービスの保全の重要性は，将来に向けての世界の生物多様性保全の共通目標である愛知ターゲット[16]として具体化された．

◯ 16.2.2　生態系サービスの需要と供給の空間的特徴
a.　生態系サービスの供給エリア

生態系サービスは多くのサブ項目に分類されるとともに，各々が異なる特徴を有する．例えば，各生態系サービスの供給エリアが空間的または時間的に異なるという特徴を有する（文献 18, 21 ほか）．

例えば，森林の CO_2 固定に関する生態系サービスによって地球温暖化緩和の便益を受ける人々は世界のあらゆるところに居住する．地球温暖化は，地域により程度の違いこそあれ世界全体で進行している環境問題であり，世界全体の CO_2 が減少する効果は世界全体に薄く広く行き渡るためである．また直接効果が出るのは何十年・何百年も先であり[22]，現在の世代よりはむしろ将来の世代にとって便益が大きい．

また水源涵養機能については，流域が当該サービスの供給エリアとみなせるだろう*1．

b.　需要に伴う生態系サービスへの影響

生態系サービスの供給エリアは，生態系サービスの物理的な供給エリアに加えて，人が介在することによって，供給エリア（すなわち需要地）が広がるものがある．特に木材供給，食料供給などの生態系サービスはそれらに対する需要が広域に広がる場合がある．例えば都市部を考えてみると，食料供給，水供給などの生態系サービスへの需要は都市内からの供給のみでは満たされず，都市外に大きく依存している．

日本という国を単位として考えた場合も同様である．日本は食料や木材など多くのものを輸入している．これは，これらの生態系サービスを輸出している国々の生物多様性や生態系サービスを間接的に利用していることに他ならない．

一方，文化サービスは異なる特徴を有する．例えば景観については，当該景観をみることができる地理的な範囲が，主な便益の供給エリアと考えられるが，景観をみに来訪する人々も景観サービスの受益者と考えられる．したがって，直接みることができる範囲のみならず，景観をみに来る意思がある人にとっては，当該景観は重要なものであり，直接みることができる限界を超えて人々の意思に応じて便益の供給エリアは異なる．

c.　生態系サービスの需要と供給の課題

生態系サービスの便益は，その生物多様性や生態系が存在する地域以外にも広い範囲に及ぶ場合がある．一方，それらの生態系サービスを供給している地域の保全費用は通常，当該地域が負担する場合が多く，多くの場合，自然が豊かであるが経済的には豊か

---

*1：例えば，文献 11 では水源涵養機能の指標である保水容量と流域貯留量について整理している．

ではない地域が多い．特に世界規模でみると，生物多様性が豊かな地域は発展途上国に多い傾向がある（例えば，生物多様性ホットスポットについては文献17, 19参照）．

こうした便益と費用負担の分布の不一致が生物多様性政策上の課題となっている（例えば文献15）．生態系サービスの供給エリア，便益の分布などの空間構造を把握し政策に生かすことは重要と考えられる．

◯ 16.2.3　生態系サービスの重要度の空間分布 ── 豊田市の森林の事例

生態系サービスの供給と需要の関係をみるために，生態系サービスの供給元として愛知県豊田市の森林を想定し，その森林の生態系サービスに対する人々の意識を調査した（詳細は文献6参照）．2010年に豊田市および愛知県内を対象にインターネットを用いたアンケート調査（1400サンプル回収）を実施した．

豊田市は名古屋市東南に位置し，豊田市を貫く形で一級河川矢作川が流れる．矢作川上中流部は過去には県内でも林業の盛んな地域であったが，木材価格の下落や高齢化に伴い現在は衰退している[9]．

生態系サービスの供給エリアと，便益の空間分布との関係を分析することが望ましいが，ここでは対象森林から回答者の居住地までの距離と生態系サービスの重要度を分析した結果を示す．

矢作川中流域の足助地域を仮想的に対象として，人工林の適切な管理を通じて，生物多様性や様々な生態系サービスが回復できるシナリオを設定した．対象とした森林の生態系サービスはMAの分類[20]などを参考に作成した．

図16.7に生態系サービスの距離依存性を示す．対象となる森林に近い居住者のほうがそれらに対する重要性を認識しており，距離が遠くなるほど重要性が下がることを示している．例えば水供給，水調節，災害防止，大気質調節，土壌侵食などが相当する．

水に関わる生態系サービスは，流域の内外で生態系サービスの供給が異なることが容易に想像でき，今回の結果では遠いほど水調節に関する重要度が低くなる結果となった．また災害防止は，当該森林の近傍地への恩恵が大きいことが想像できる．

個人にとっての重要度と社会にとっての重要度は，必ずしも一致するとは限らない．例えば，河川の下流域に居住している人にとって水供給サービスは重要であるが，流域から遠く離れたところに居住する人々にとっては重要度は低いと考えられる．しかし，水の供給は人間生活には不可欠なものであり，社会全体としてみると，遠く離れた人々にとっても重要度が高いと判断される．

図16.8は大気質調節と水調節サービスについて，個人にとっての重要度と社会にとっての重要度の差が距離によってどう変わるかを示したものである．大気質および水調節の両方とも対象となる森林から距離が近い場合，個人と社会の重要度はほぼ同様の傾向を示すが，距離が遠くなると，社会にとっての重要度のほうが総じて高い値を示す．ま

た，社会にとっての重要度は距離にあまり関係なく，ある一定程度の値をとるということもできる．このような傾向は，文化サービスの中でレクリエーション，宗教などでも同様にみられる．

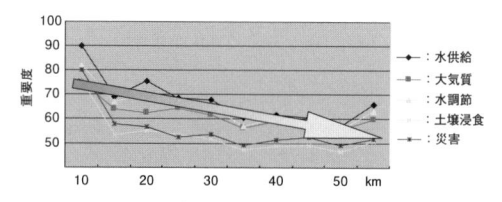

図 16.7 生態系サービスの重要度と距離との関係（暫定値）

◯ 16.2.4 生物多様性・生態系サービスの受益と政策

自然は多くの便益を人間社会に提供しており，それらを生態系サービスとして整理すると，人間活動と自然との関係を理解しやすい．しかし生態系サービスには多様なものが含

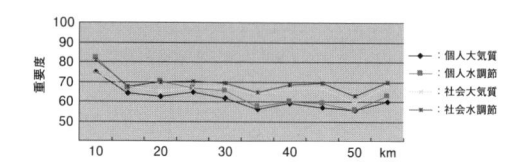

図 16.8 個人と社会の重要度の差（大気質と水調節）（暫定値）

まれ，それぞれが多様な特徴を有する．特に生態系サービスの需給の空間構造を中心にみてみると，その種類によって供給エリアが異なる．

一方，生態系サービスの便益分布は，誰にとっての恩恵と考えるかによってその重要度の認識が異なるが，地域的なものからグローバルなものまで多様である．

また，生物多様性の保全の費用負担と生態系サービスの便益分布の不一致は生物多様性保全政策の実施を困難にしている要因の1つでもあり，費用負担をしている地域への対策が重要である．

豊田市では水道料金に対して 1 円/m^3 を課金しており，これを水道水源保全基金に積み立てて水源涵養機能や水質保全環境整備などを実施している[10]．これは下流の水道利用者が上流の水源保全資金を負担している仕組みである．このような生態系サービスの供給と需要との関係を空間的に分析し，生態系サービスの保全のための対策や地域の政策の実施に生かしていく必要がある．　　　　　　　　　　　　［林希一郎，太田貴大］

謝　辞
本稿の分析は，特別経費（東海地域における生物系未利用資源のカスケード型利用システムの構築）および最先端・次世代研究開発支援プログラムを一部活用した．また，豊田市，愛知県，矢作川研究所，吉田謙太郎教授（長崎大学）など多くの方々に助言をいただいた．この場を借りて謝意を表する．

文献

6) 太田貴大，林希一郎，伊東英幸，大場 真（2013）：再生生態系の生態系サービスに対する重要度の探索的分析：愛知県豊田市の森林の事例．環境共生，**22**：38-50．
7) 環境省（2010）：平成22年版環境・循環型社会・生物多様性白書，環境省（http://www.env.go.jp/policy/hakusyo/h22/index.html#index），2012年5月20日アクセス．
8) 国土交通省（2007）：第25回社会資本整備審議会河川分科会：球磨川水系に係る河川整備基本方針の策定について（資料1-2）（http://www.mlit.go.jp/river/shinngikai_blog/shaseishin/kasenbunkakai/bunkakai/25/pdf/siryo1-2.pdf），2012年5月20日アクセス．
9) 豊田市（2007）：100年の森づくり構想．豊田市．
10) 豊田市（2012）：水道水源保全基金（http://www.city.toyota.aichi.jp/division/ca00/ca12/1224512_15854.html），2012年5月21日アクセス．
11) 藤枝基久（2007）：森林流域の保水容量と流域貯留量．森林総合研究所研究報告，**6**(2)(No. 403)，101-110（http://www.ffpri.affrc.go.jp/labs/kanko/403-3.pdf），2012年5月20日アクセス．
12) 吉田正彦，山口和子，石﨑晶子，小倉久子，中村俊彦（2011）：里沼における人の営みの変遷と生態系サービス．ちばの里山里海サブグローバル評価最終報告書：124-151（http://www.bdcchiba.jp/publication/bulletin/bulletin4/rcbc4-14ch3-05.pdf），2012年5月20日アクセス．
13) 林野庁（2005）：水を育む森林を整備・保全するための制度・事業（http://www.rinya.maff.go.jp/j/suigen/suigen/con_2.html），2012年5月20日アクセス．
14) CBD（1992）：Text of the Convention on Biological Diversity．（http://www.cbd.int/convention/text/）2012年5月10日アクセス．
15) CBD（2008）：IX/11. Review of implementation of Articles 20 and 21（http://www.cbd.int/doc/decisions/cop-09/cop-09-dec-11-en.pdf），2012年5月20日アクセス．
16) CBD（2010）：COP10 Decision X/2. Strategic Plan for Biodiversity 2011-2020（http://www.cbd.int/decision/cop/?id=12268），2012年5月20日アクセス．
17) CEPF（Critical Ecosystem Partnership Fund）（2012）：Hotspot Facts（http://www.cepf.net/where_we_work/Pages/hotspot_facts.aspx），2012年5月20日アクセス．
18) Chan, K. M. A., Shaw, M. R., Cameron, D. R., Underwood, E. C. and Daily, G. C.（2006）：Conservation planning for ecosystem services. *Plos Biology*, **4**：2138-2152．
19) CI Japan（Conservation International Japan）（2012）：生物多様性ホットスポット（http://www.conservation.org/global/japan/priority_areas/hotspots/Pages/overview.aspx），2012年6月2日アクセス．
20) MA（Millennium Ecosystem Assessment）（2005）：Ecosystems and Human Well-being: general synthesis, Island Press.
21) TEEB（2010）：The Economics of Ecosystems and Biodiversity- Ecological and Economic Foundations. Pushpam Kumar, eds., Earthscan.
22) UNEP（2007）：Global Environmental Outlook 4, UNEP.
23) WWF International, Zoological Society of London, Global Footprint Network, and European Space Agency（2012）：The state of the planet: the living planet index. Living Planet Report 2012, pp. 16-35（http://awsassets.panda.org/downloads/1_lpr_2012_online_full_size_single_pages_final_120516.pdf），2012年5月30日アクセス．

● 16.3 ● 炭素埋設農法を通じた持続可能な地域開発「亀岡モデル」

現在，日本においては高齢化とともに農山村部における産業沈滞による過疎化，それに伴う農村環境の荒廃が大きな課題となっており，その地域振興が叫ばれて久しい．一方，都市部においては近年中に気候変動緩和策として企業への温室効果ガス排出規制がかけられると予想される中，具体的かつ効率的な温室効果ガス削減の手法は少ないのが現状である．また一般消費者においては，環境に対する協力意識は高いものの具体的手法としての選択肢はあまり多くない．一方で急激なる気候変動を緩和するための温室効果ガスの削減は喫緊の課題であり，克服には農山村部の地域振興・二酸化炭素の削減に一般消費者および企業を巻き込んだ持続可能な社会スキーム構築が必要とされている．

地域未利用バイオマス（放棄竹林整備による竹材など）を燃焼させずに生物分解を受けにくい形態，すなわち有機物を無酸素もしくは少酸素雰囲気で熱分解（炭化）することによって，無機還元炭素（以下，バイオ炭）とし，農地などへ土壌改良資材などとして物理的に利用することは，長期的に地中へ炭素を隔離し，地表上の炭素循環総量を減少に導くことを可能とすると Lehmann J. は述べている[25]．これはバイオ炭による炭素回収・貯留（carbon capture and storage : CCS．以下，バイオ炭 CCS）と呼ばれ，気候変動緩和策における，二酸化炭素削減の有効的かつ簡便な手法として，世界的に注目されるようになった．

ここでは図 16.9 のように，筆者の所属する立命館大学地域情報研究センターが中心となり 2008 年以来，バイオ炭 CCS を京都府亀岡市[*2]の農地において実験的に実施

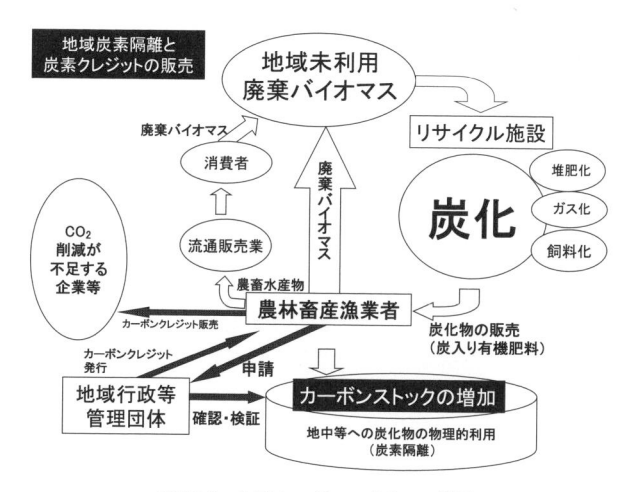

図 16.9 亀岡カーボンマイナスの構図

---
*2：嵐山の山の北側，トロッコ列車の終着駅であり，保津川下りの出発地．

した．炭素貯留野菜を栽培し，ブランド野菜「バイオ炭を使った炭素貯留で地球を冷やす野菜」として，その農地で生産した農作物のエコブランド化（クルベジ®：COOL VEGETABLE）を行い，消費者へ向けて販売した実験を紹介する．農地炭素貯留活動として京都銀行，サントリー社，ブリヂストン社といった企業がCSRを通じて排出量取引きのボランタリーマーケットとして農業者へ炭素削減が資金環流する仕組みを，世界初の企業宣伝付き野菜の販売として実現している．同時に亀岡市の小中学校で，クルベジ®づくりを通じた環境教育や，給食を通じた食育なども行っている．これらの活動を通じて，一般消費者からの理解と賛同を得るべく地域社会ネットワーク化を実験中である．本研究の成果は，政府が掲げる温室効果ガス削減目標の達成に大きく寄与しながら，農林業の疲弊により存続が懸念されている農山村部を経済的・社会的に持続させるための基本施策になりうるものである．また，長期的には途上国農山村部への本技術移転を通じて，世界レベルでの温室効果ガス削減と途上国農山村部の経済振興にも寄与可能である．そして，これらの実現に向けた方策と方策実施により生じる新たな課題の提示を通して，地域社会経済活動としての今後の農林水産業および地域自治体が取り組むべきモデルとして亀岡モデルの実証実験を行っている．

　従来，よりよい未来を現実のものとするため，まずは道路や鉄道，橋梁，港湾に空港，学校や図書館，ダムやトンネルといった社会基盤（インフラ）整備といわれるハードウェアプランニングの専門家教育が戦後一貫して必要とされてきた．建築学科や土木学科が教育を担い，これがプランニングスクールの第一世代である．

　高度経済成長期に入り，東京大学に都市工学科，東京工業大学に社会工学科，そして筑波大学に社会工学群という3つの国立のプランニングスクールが開設された．これがプランニングスクールの第二世代である．都市にモノ（ハード）があることが大事というプランニングから，都市生活には公害があってはいけないし，緑や公園も大切であるよと，都市居住と都市発展の価値やアメニティといった部分でのせめぎ合いまでも扱ったので，住民参加や議論の方法などのソフトウェアプランニングと呼ばれた．

　そんな中，日本でバブル経済が崩壊する前あたりから海外でも市民社会が再度台頭してきた．その代表的な出来事がリオデジャネイロで開催されたアースサミットである．これはその後，京都議定書で有名な気候変動枠組条約へと継承されていった．ちょうど時を同じくして，日本では政策系の学部が設置され始めた．そこでは政策をキーワードに，公共政策や経済政策，政策評価や計画はもちろんのこと環境や防災，市民社会やNPOなど多彩な領域のプランニング教育を行うようになった．これが市民社会における21世紀型のプランニングスクールの第三世代である．このような状況を東京工業大学の社会工学科設立に関わった故 熊田禎宣はすでに1980年代に，コミュニティプランナー育自の時代が到来すると主張し，これにふさわしい多世代間の新しいプランニングスクールを多くの人々の手で構想することが必要だと力説していた．大学という高等教

育機関の卒業生だけでなく，もっと多世代の関わりと相互の学習を通じてリスクを減らし，可能性を高めるプランニングの方法を終わることなく学習しつづけること．これが（上杉）鷹山構想と呼ばれる生涯学習を含めたプランニングスクールの第四世代である．

　国家の経済発展には電源開発と呼ばれるエネルギー確保が第一課題だとして，水力発電ダムや原子力発電所も，はじめは専門家だけが議論し，専門家によって計画が練られて建設が始まった．第一世代のプランナー達はこのような計画立案に関わった．その後の電源開発は専門家から住民達への情報提供によって，税金投入や雇用確保を材料に使い，反対派を説得することを合意形成と呼ぶ方法がとられてきた．これには賛成派側にも，そして反対派側にも第二世代のプランナーが関わってきた．

　誕生から20年近くを経て，第三世代のプランナー達は，まちづくりやボランティア活動にも多く関わってきている．政策科学の根幹をなす計画科学では，未来という将来の情報をどう扱い，例えばどのようにリスクを低減させるのかについて，過去から現在そして未来というだけでなく，未来から現在へと逆算するバックキャスティングのような方法論と考え方も学んでいる．政策系の大学で市井のコミュニティプランナー育成が開始されたのである．それは一村一品のリーダーや地域活性化の担い手としても，またNPOやNGOでの活躍もあたりまえの時代が到来したことを意味しているのである．

　東日本大震災は，市民全員が自分たちの地域やコミュニティの未来とリスクについて語り合うことが必要であり，これを地域社会で考え，対応策も含めてシェアすることが必要なのだと考えるようになった．ここには多くの地域住民が対話に参加して，自分達の公共圏を考えるという行為もみられるようになってきたうえ，そういった場において，小さな懸念でも愚かな議論でも堂々と対話ができる場の持ち方や，そのマインドとそれでよいのだという他者の考えを知るという生涯学習の考え方も取り入れられるようになってきている．その意味でも多様な主体が多様にリスクを評価し，対話する．そのような態度が人々の心の灯火として広がることが大切だと説いた上杉鷹山の求めたプランニングスクールへの広がりを求める時代背景が保津地域（亀岡市）での活動には含まれている．

　亀岡市はWHOのセーフコミュニティの認証では国内でトップを走り，地域住民が多様なリスクをどのようにして減らすかについて実績を積み上げている．もちろん亀岡は石田梅岩による生涯学習都市の元祖ともいえる都市である．そのような場で，「農山村部における炭素埋設農法（クールベジタブル農法）を核とした炭素隔離による地域活性化と地球環境変動緩和方策に関する人間・社会次元における社会実験研究」が胎動した．これはポスト京都議定書を見据えた排出量取引，地域の未利用バイオマスの炭素固定であり，農産物エコブランド化，地域の活性化や食育による生涯学習を通じた都市部から農山村部への資金還流モデルの設計を含んだ壮大な社会実験なのである．

　地球温暖化の原因が人間の経済活動や生活なのは確かだとIPCCの第四次報告書でも

みとめている．地球全体の問題を地域の取組みを通じて改善して，地域の人々も，世界の人々も，経済活動や産業もハッピーになるという三方よしの方法なのである．このような生涯学習を通じて，みんながハッピーな未来をもたらすことこそ，コミュニティプランナーの時代である．ちょっとシンドイところもちょっとずつシェアしながら，そんなイイトコ取りを実現すること，これこそが亀岡モデルなのである． ［鐘ヶ江秀彦］

文　献

24) 柴田　晃・関谷　諒・熊澤輝一・鐘ヶ江秀彦（2010）：亀岡カーボンマイナスプロジェクトおよび農地炭素貯留事業の概要．第8回木質炭化学会研究発表会講演要旨集，pp. 5-7.
25) Lehmann, J. (2007)：A handful of carbon. *Nature*, **447**：143-144.
26) McGreevy, S. R. and Shibata, A. (2010)：A rural revitalization scheme in Japan utilizing biochar and eco-branding：The carbon minus project, Kameoka city. *Annals of Environmental Science*, **4**：Article 2.

◯ 16.4 ◯　木質パウダー燃料による地域再生の試み

◯ 16.4.1　木質バイオマス利用による地域活性化

a. 再生可能なエネルギー源としての木質バイオマス

現在，地球温暖化問題の高まりとともに，再生可能なエネルギーとして木質バイオマスが注目されている．

日本は2002年に，京都議定書の批准に関する国会の承認を得ているが，議定書の中では，日本の基準年排出量の3.9％に相当する1300万tの枠が森林吸収分として認められている．これをふまえて，2006年に策定された森林・林業基本計画では，森林を整備することによって炭素の放出を防ぎ，吸収能力を高める対策が盛り込まれている．

さらに森林には，この吸収源機能以外にも，化石燃料を代替することによって炭素放出を防ぐという重要な役割がある．再生可能エネルギー電力全量固定価格買取制度（FIT）の導入（2012年7月）に伴い，化石代替燃料としての期待が高まっている．

b. 木質バイオマス燃料による地域活性化

現在，木質バイオマスは様々な形態で燃料利用されている（表16.7）．木質の素材をそのまま活かした燃料としては，薪，チップ，ペレットがよく知られている．おが粉などを圧縮成型して作られるペレットは，薪やチップなどよりも単位重量当たりの発熱量が高く，貯蔵・運搬が容易，燃料の供給自動化が容易などの理由から汎用的な燃料として，比較的広く普及している．

これに対して最近では，新しい木質燃料化技術として μm レベルまで微粉砕する粉体燃料（パウダー）なども開発されている．一方で，木材を丸太のまま直接燃焼できる技術も開発されている．これ以外にも，熱化学的な反応を用いた炭化，ガス化，熱分解オイル化や，微生物の力を利用したバイオエタノール化など，様々な木質バイオマスのエ

表16.7 各種木質燃料の特徴と導入地域

燃料	特徴	導入事例
薪	加工に技術を要しない，製品の汎用性が高い，単位熱量が低い，完全燃焼させにくい，燃料としての汎用性が低い，火力調整が困難	岩手県西和賀町，山梨県早川町，岐阜県郡上市，島根県益田市，徳島県上勝町など
木炭	加工技術が確立されている，熱量が高い，貯蔵・運搬が容易，製造過程でのエネルギー消費が大きい，燃料としての汎用性が低い	岩手県陸前高田市，京都府南丹市，山口県岩国市など
ペレット	燃料としての汎用性が高い，貯蔵・運搬が容易，単位重量当たりの熱量が高い，加工度が高く，製造専用のプラントが必要	北海道厚沢部町，苫小牧市，長野県飯田市，岐阜県高山市，岡山県真庭市，山口県岩国市など
チップ	加工度が低い，ボイラーなどでの直接燃焼に好適，様々なエネルギー形態への変換に好適，利用機種が複雑で小規模の利用機器では不可	北海道旭川市，岩手県雫石町，福島県いわき市，滋賀県高島市，和歌山県田辺市など
パウダー	単位重量当たりの熱量が高い，乾燥が容易，燃焼装置はコンパクト（油焚と同規模），特殊な製造技術，バーナーを必要とする	和歌山県日高川町，新宮市など

ネルギー転換技術が，利用側の需要に応じて，開発されている．

全国各地では，これらの様々な木質バイオマス燃料を導入して地域活性化に役立てている．

岐阜県郡上市では，文献28にまとめられているように，森林資源の有効活用と地域の活性化を図るため，薪ストーブの普及・推進に関する検討を行ってきた．郡上市明宝地区では，間伐が行き届かずに放置された樹木を切り出して薪にし，主に都市に暮らす薪ストーブの利用者に販売する取組みを始め，林業を盛り立てようと考えている．

和歌山県田辺市龍神村にある温泉宿「季楽里龍神」では，温泉を加温するために宿泊施設としては全国で初めて，2004年の開業当初からチップボイラーを設置している．燃料のチップを龍神森林組合から購入することで，燃料費はこれまでの灯油燃料に比べて半減した．森林組合側でも，費用をかけて処理していた間伐材wの端材が有効活用されるだけでなく，チップの供給に伴って間伐や山の手入れを行うことで，森そのものを活性化するという効果がもたらされている．さらに市有の温泉浴場2施設でも，湯の加温燃料を重油から木質チップに切り替えるように取り組んでいる．

岡山県真庭市では，影山(2010)など[27]が紹介するように，2006年に「バイオマスタウン」の認定を受け，2007年には新エネルギー設備や体験施設等を整備した「次世代エネルギーパーク」に選ばれるなど，木質バイオマスを活用したまちづくりに取り組んでいる．市内の製材会社が中心となって，木質チップ蒸気ボイラー，発電，農家用ペレット温水ボイラー，ペレット冷暖房対応型ボイラーなど，様々なエネルギー利用を行っている．

c. どの木質燃料が有利か

バイオマス燃料では，燃料の含水率とサイズが燃焼速度や燃焼効率に影響を及ぼす．水分が多いと熱エネルギーの大半が乾燥のために消費されてしまう．また，燃料のサイズが大きい（あるいは不揃いの）場合は効率的，安定的な燃焼が妨げられてしまう．一方で含水率が低く，サイズが小さい燃料を生成するためには，追加的なエネルギー投入が必要になる．そのため，乾燥，破砕（粉砕），燃焼をトータルで考えることが必要になる．

一般に，おが粉，チップ，薪の一般的な水分率は20～60％と高いが，通常はそれをさらに人為的に10％レベルにまで乾燥させて用いている．ペレットなどは製造過程で動力を投入するが，その分，水分乾燥や発熱量向上という効果をもたらしている．木炭は文字通り炭化であり，空気の供給を遮断する熱分解（乾留）によって炭素の組成比率を70％以上に上げて発熱量を高めている．木質バイオマス燃料にはそれぞれメリット，デメリットがあるため，利用する用途（需要側）とその用途に相応しい燃料の提供先（供給）とをうまく結びつけ，地産地消のシステムとして機能させることが重要である．

◯ 16.4.2　和歌山県日高川町における木質パウダー燃料利用の取組み

a. 日高川町における森林施業と木質バイオマス燃料利用の検討

紀伊山地を源流とし和歌山県の中部を流れる，日高川という二級河川がある．総延長は熊野川，紀ノ川に次いで和歌山県を流れる河川の中で3番目であるが，二級河川としては日本一長い河川として知られる．

日高川の流域に，2005年に川辺町，中津村，美山村の3つが町村合併してできた，日高川町という人口約1万（2012年5月1日現在1万793）ほどの町がある．安珍・清姫伝説の舞台としても有名である．古くから林業が盛んな地域であり，木材運搬のため日高川では筏流しも行われてきた．

この日高川町において，2010年度から木質パウダーという全国で初の技術が導入され，日高川流域で発生する未利用の木質バイオマスを地域内で利活用するという地産地消の取組みが行われている．

日高川町の総面積は約3.3万haあり，その85％にあたる2.9万haが森林におおわれている．森林面積のうち7割以上が民有林である．主に合併前の3つの町村単位の森林組合，県のわかやま森林と緑の公社，民間企業の原見林業が間伐作業を担っている．

国では，森林の間伐などの実施促進に関する特別措置法を制定し，京都議定書の第一約束期間における森林吸収目標1300万炭素tの達成に向けて，現状の年間35万haの間伐に加え，2007年度からの6年間，全国で毎年20万haの追加的な間伐を行い，合計330万haの間伐を実施することによって，目標達成に寄与する取組みを行ってきた．

日高川町でも特定間伐推進計画を策定し，2008～2012年度までの5年間で5500haの森林を間伐する計画を推進している．2008年度の間伐面積は915haで，材積量で

7500 m³ の間伐材が搬出される.

　主伐や間伐により伐倒した樹木は，末木，枝条，根元部を切落して丸太とし，丸太のみ山林から集材される．丸太以外の部分は残材として山林に放置される（林地残材）.

　日高川町では年間 7500 m³ の間伐材搬出に伴い，750 t の林地残材が発生する．この残材のうち山中に残材を切り捨てながら間伐する際の残材（切り捨て残材）の搬出にはコストがかかるが，木材を搬出してから間伐する場合にはあまりコストがかからない（搬出残材）．さらに，下流の木材共販所では，大量の樹皮が発生する．林地残材には用材としての利用価値はほとんどなく，樹皮（バーク）は廃棄物として処理しなければならないため，日高川町では，これらをエネルギー利用する方法について検討を重ねてきた．

b. 木質パウダー燃料の導入

　様々な木質バイオマス燃料化技術を検討した結果，日高川町が採用したのが，木質パウダー燃料である．全国的にも事例が少なく，本格的な利用は日高川町が初めてといえる．現在，南紀にある新宮市も日高川町に続いて木質パウダー燃料を導入している．

　木質パウダーは水分率が低いためチップ，ペレットに比べ発熱量（低位）が高く，灯油や重油の約半分の発熱量を持つ．きな粉のような約 30 μm の形状で，この燃料をガスのように直接噴霧燃焼させる．

　チップやペレットであれば固体燃焼，いわゆる焚き火のような燃やし方である．これに対して，パウダーはガスや灯油のように噴霧燃焼に近い方式となるため，製造の際に乾燥工程が省略できるだけでなく，ボイラーも小型化される．また，瞬時の着火，消火が可能である．

　日高川町では野菜や花などのハウス栽培も盛んであるので，今後は間欠運転などのできるハウス用ボイラー燃料への活用などが期待される．安定運転のためには技術的な課題もあるが，技術革新による地域資源利用の新しい展開が期待される．

　現在，日高川町では公共の宿「きのくに中津荘」，「美山温泉愛徳荘」，および温泉館

図 16.10　木質パウダー製造設備　　　図 16.11　「きのくに中津荘」に設置された木質パウダーボイラー

「中津温泉あやめの湯鳴滝」の3施設において合計7機の木質パウダーボイラーを導入している．木質パウダーの製造設備は和歌山県森林組合連合会が導入した（図16.10，16.11）．

木質パウダー燃焼ボイラーは通常，最高温度を70度に設定して，ボタンを押すとボイラー内の温水が70度まで上がり，70度に上がると自動で消火する仕組みである．消火後に60度まで下がるとまた着火するように自動化されている．

c. なぜパウダー燃料か：木質パウダー燃料の利点と課題

木質燃料の水分率を減らすためには乾燥工程が必要である．寺澤（1994）によれば，木材中の水分移動には，大別して自由水（free water）と結合水（bound water）という2種類があるとされる[29]．

自由水は木材の細胞の内腔や空隙に存在する水分であり，結合水は木材の細胞の細胞壁に含まれる水分である[*3]．

木質燃料のような材料には，付着した水分がなくても材料内細管の内部に水分が閉じ込められているので，木材中の自由水が完全に消失しても水分率は15%程度存在する．細胞内腔の大きさが直径10 μm程度，細胞壁の厚さは数μm程度なので，木質ペレットの原料のように，おが粉程度に粉砕する場合でも結合水を取り除くことは難しく，加熱空気により材料の温度を高める乾燥法などを用いる過程でかなりの乾燥熱源が必要とされる．

これに対して，数十μm程度まで微粉砕するパウダー化では，微粉砕の過程で細胞壁を部分的に壊すことが可能であるため，結合水を蒸発しやすくする効果がある．木材乾燥では木材を一定の形状に保ったまま乾燥させることが条件となるため，木材の細胞形状を壊すことなく熱エネルギーを与えて乾燥させる方法を取らざるをえない．

しかし，木材を燃料とするのであれば，粉砕により結合水を蒸発させやすい形状へ変更を加えることで，粉砕時のエネルギー消費を差し引いても全体として乾燥工程でのエネルギー消費を大きく削減できる．木質パウダー化の技術はすでに開発されており，むしろ，安定的にパウダー燃料を燃焼させる技術を確立することが課題である．

d. 利活用へ向けた工夫

工夫の1つは低コスト施業である．和歌山県では高性能機械の導入や効率的な作業路網整備による低コスト林業が盛んに行われている．日高川町でも，美山村森林組合における低コスト施業時に発生する林地残材も含めて利活用の可能性が高まってきたことが，導入を後押しした．

次に，複数の廃棄物資源の利活用である．木材共販所では，「バーク」，「おが粉」な

＊3：細胞壁を布袋に見立てて，袋の中の水を自由水，布にしみこんだ水を結合水としてみると，袋を逆さにすれば自由水はすぐになくなるが，結合水はなかなか出て行かないという状態にたとえられる．

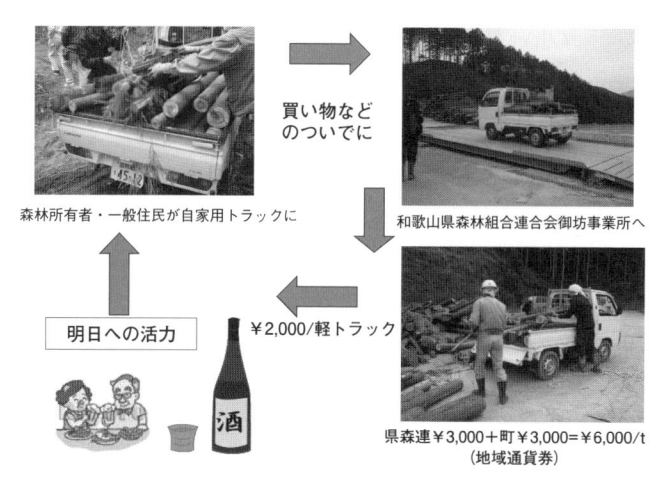

16.4 木質パウダー燃料による地域再生の試み

図 16.12 住民参加型木質資源活用モデル事業
日高川町まちみらい課資料より.

どのコスト要因となっているバイオマス廃棄物があり，これらの利活用が図れることが本技術の導入につながった．

さらに，低炭素の付加価値である．現在の装置を導入したことにより，日高川町全体で年間344 tのCO_2排出削減が見込まれる．国内排出権取引（クレジット）制度を利用すると，年間約34万円の収入となる．このクレジット売却収入を活用して「住民参加型木質資源活用モデル事業」を進めている（図16.12）．

地域内では日常，川上から川下の町に買い物に出るのが，山村の経済活動であり，日高川上流域の住民は買い物に週何回か，下流の御坊市に出かける．森林所有者が買い物のついでに軽トラックなどに林地残材を載せて，パウダー製造所に持って行き換金すれば，小規模ながら地産地消の仕組みを作ることができる．

通常，林地残材は3000円/t程度でしか買い取りできないが，このクレジット売却収入を活用して地域通貨券（商工会の商品券）として上乗せすることにより6000円/t，軽トラック1台分で2000円になる．

木質パウダー燃料の利用で，地元の販売事業者が温泉に供給していた灯油，重油などが削減されるなどバイオマス利活用により地域経済への影響が多少生じるが，地域限定の通貨券を発行することで，その影響を緩和し，安定的に地域に経済流を循環させることができる．買い物に使う軽トラックなので，林地残材を運ぶために追加的に発生するCO_2はわずかである．

◯ 16.4.3　木質バイオマス燃料利用による地域再生の展望

　ここでは，木質パウダー燃料という新しい技術を活用した地域の林業再生の新しい展開を目指す試みを紹介した．今後は搬出間伐だけでなく，切り捨て間伐に伴う林地残材をいかに低コストで収集できるかが課題となる．さらに，バイオマスエネルギー利活用を後押ししている再生可能エネルギー電力全量固定価格買取制度においても，既存の用途への影響が懸念されている．

　例えば，『バイオマス白書2010』では，木質バイオマスを大量に利用する石炭混焼におけるバイオマス買取価格が用材の価格よりも高くなった場合，本来は製材や合板，パルプ原料となる木材が発電に回る可能性があると指摘している．さらに，『森林・林業実務必携』では，木質のバイオマスエネルギーが再生可能（カーボンニュートラル）であることを保障するためには，バイオマスの再生産，特に主伐後の再造林が確実に行われる体制作りが不可欠であると述べられている．

　例えば，バイオマス発電事業者が支払う森林バイオマス買取費用の一部が，再造林費用などの森林資源の再生に回されるなどの，社会的な費用を内部化する仕組みを設けることは，買取価格をめぐる木質バイオマスの競合を緩和し，さらに森林バイオマスが安定的に再生産されるように支援する機能を果たすものと期待される．　　　［吉田　登］

文　献

27)　影山真由美（2010）：真庭市のバイオマス利活用への取り組みと「バイオマスタウン真庭」構想（特集：バイオマス技術と利活用の現状）．産業と環境，**39**(1)：47-50．
28)　郡上市薪ストーブ普及・推進協議会（2000）：森林資源の有効活用と地域の活性化を図る薪ストーブの普及・推進に関する検討報告書，郡上市．
29)　寺澤　眞（1994）：木材乾燥のすべて，海青社．
30)　東京農工大学農学部森林・林業実務必携編集委員会 編（2007）：森林・林業実務必携，朝倉書店．

IV. ケーススタディ

17 都市・地域戦略と広域連携

◯ 17.1 ◯ 都市郊外や都市縁辺部の住居系土地利用誘導事例

◯ 17.1.1 都市郊外や都市縁辺部における住居系土地利用計画の課題

人口減少時代の到来に伴い，市街地拡大の模索もまた終焉を迎えつつある．特に地方都市においては，現在では新規の市街地拡大ではなく，既成の郊外住宅地や郊外住宅団地の成熟・斜陽化に伴う再生が課題であり，低密度で広範に拡大した市街地のコンパクト化や計画的縮退をいかに進めるかが検討事項である．本節では都市郊外のさらに外側，つまり都市縁辺部や田園地域における集落地整備の2事例を紹介する．都市縁辺部における集落地は，今日その衰退が著しい事例が散見され，コミュニティ維持が大きな課題となっている．そこでは，市街地からの開発スプロールをいかに防止するかといった，これまでの土地利用誘導策とは異なり，既存環境を保全しつつ，いかに必要な箇所に必要な開発を入れるかといった，よりきめ細かな土地利用誘導策が求められている．つまり今後の土地利用誘導課題の解決処方策の一端を認めることができる．

◯ 17.1.2 集落地整備の事例：福岡県久山町の場合

都市計画法による地区計画制度は，建築物などに関する事項に加え道路などの地区施設を一体的に定めることができ，文字通り地区スケールにおいて詳細な市街地整備を可能とする制度であり，市街化調整区域（調整区域）においても導入が可能である．通常，調整区域においては開発許可制度によって開発の可否のみで土地利用が規定され，詳細な集落地整備や開発場所のコントロールには限界があったが，福岡県久山町では調整区域地区計画の導入により積極的な集落地域整備が進められている．

久山町は線引き実施（1970年）当時の小早川 新（あらた）町長の理念のもと，福岡市の近郊に位置しながら都市化の抑制や自然環境の保全を明快に推し進めてきた町として知られる．1980年代後半にはこうした理念を具体化した田園都市構想を打ち出し，集落地域整備法[*1]適用第一号（上久原（かみくばる）地区）を実現した．また田園都市構想策定時には，町内全8集落において将来の土地利用計画が立案され，敷地レベルで開発可能箇所を区域画定するという作業が集落ごとに行われた．こうした作業を通じ，将来の集落整備について

＊1：農地の保全や集団化，集落周辺の道路整備や住宅建築の適切な誘導などによる，集落地域の計画的整備方法を定めた法律．具体的には集落地区計画を規定している．

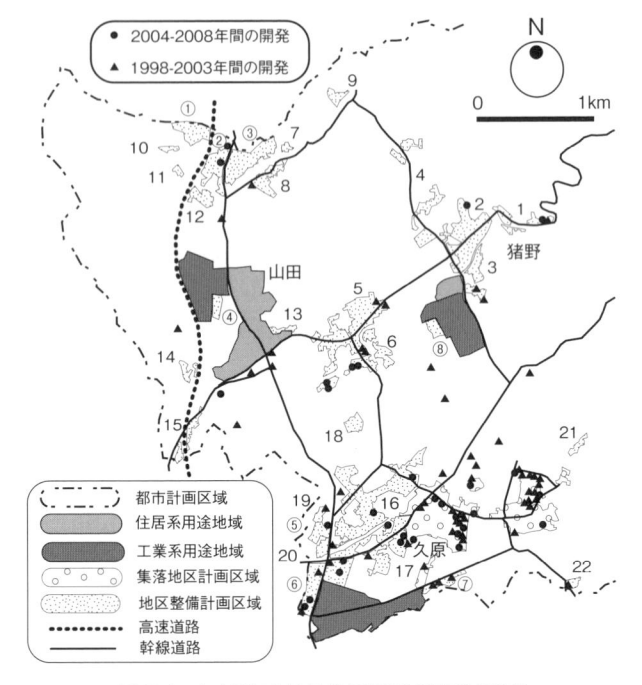

図 17.1 久山町における都市計画と開発分布状況
図中の番号は，表 17.1 の地区計画番号に一致する．

一定のコンセンサスが形成されてきた．しかし 1990 年代の後半になると，市街化区域人口が伸び悩む一方，福岡市へのアクセス条件がよい調整区域の久原地区で開発が多いという構造的問題が目立つようになってきた（図 17.1）．市街化区域の拡大は県から据え置かれる中で，将来の町勢発展の余地を確保したい町では地区計画によって調整区域の土地利用誘導を目指したのである．

その準備として，2005 年 4 月にはまちづくり条例が施行され（図 17.2），計画の位置づけや推進体制が規定された．つまり，住民参加を取り入れた「まちづくり推進地区」が規定され，これを町の上位計画である「総合まちづくり計画」の実施手段とした．「まちづくり推進地区」は法的実行力のある地区計画にすることが奨励され（図 17.3），町の上位計画を地区計画で実現するという体系が整備された．こうした体制のもと，2006～2008 年度間に新たに 22 の地区計画が加わり，計 30 となった（表 17.1）．

地区整備計画区域[*2] の画定に当たっては，人口フレームとの整合性を保つよう配慮さ

[*2]：地区計画では，「区域の整備，開発及び保全に関する方針」と「地区整備計画」を定めることができるが，後者を定める区域を指す．地区整備計画区域では，道路，公園などの地区施設や建築物などに関する事項を定めることができる．

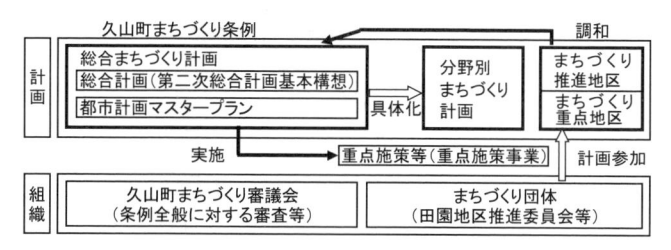

17.1 都市郊外や都市縁辺部の住居系土地利用誘導事例

図 17.2 久山町まちづくり条例の体系概念

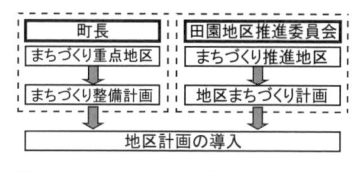

図 17.3 まちづくり推進地区と地区計画の関係
　➡：「策定に努める」の意．

れ，地区ごとに想定人口が設定されている．2000～2008年間の町の人口増加率約5%に対し，想定人口は約20%増の計画であるのでゆとりをみた設定である．しかし町内の市街化区域の住居系用途地域における人口密度が約33人/haであるのに対し，計画基準時点の全地区整備計画区域の人口密度は約34人/haであるから，比較的コンパクトな集落形成を計画しているといえる．

全30地区計画のうち，8カ所は業務系，22カ所は住居系であるが（表17.1），このうち，住居系の大半は既存集落そのもの[*3]に地区整備計画区域が画定されている．住居系地区計画の大半では，集落内の主要な既存道路のほとんどが地区施設（道路）に規定されている．これは狭小な現行道路の拡幅を目的とするものである．用途制限では，住宅，兼用住宅，4戸以内の共同住宅のみが可とされ，建蔽率50%，容積率80%，高さ12 m，セットバック（道路から1.5 m，隣地から1 m），最低敷地面積240 m^2 がほぼ共通する規定である．

久山町の調整区域地区計画は全調整区域人口の約96%を地区整備計画区域に含んでいる．実際の開発動向をみると（図17.1），1998～2003年間に比べて，地区計画が本格導入された2004～2008年間の開発は，ほとんどが地区整備計画区域内にあり，地区計画の策定が開発の吸引効果を持っていたことを示す．また，地区計画の策定によって開発許可件数が増加したという変化もなく，極端な規制緩和に働いているのでもない．このように，調整区域の都市的土地利用の全般に対し，地区計画よる土地利用誘導が機能し始めている．

久山町の住居系地区計画の大半は既存集落そのものに設定されたものであるので，既設の集落内道路に地区施設を計画した場合，道路の幅員設定に限界もみられる（例え

[*3]：既存集落地そのものとは，すでに住宅が建っている宅地に加え，人口フレームに基づいた将来の開発候補地としての農地を含んで線引きされた区域を示す．こうして区域画定された地区整備計画区域は既存集落の広がりに左右され，非整形の形状をとるため，既存集落そのものと表現する．

表 17.1 久山町における市街化調整区域地区計画一覧（面積の単位は ha）

番号	地区計画名	決定年月日	地区計画面積	地区整備計画区域面積	地区計画導入場所の特色
①	下山田前城谷	H18.2.21	5	5	既存集落隣接工業団地
②	名子山地区	H18.2.14	5.3	5.3	既存集落隣接
③	法立地区	H16.5.31	8.2	8.2	幹線道路沿道，既存集落隣接
④	国貞地区	H16.12.2	1.6	1.6	市街化区域（工専）隣接
⑤	下久原五反田	H19.2.21	2.2	2.2	既存集落隣接
⑥	下久原深井地区	H13.8.10	11.3	10.2	幹線道路沿道，市街化区域隣接
⑦	原第2工業団地	H11.10.7	2.8	2.8	工業団地隣接
⑧	小柳地区	H17.11.8	2	2	市街化区域（工専）隣接
1	猪野別所	H18.11.27	4.5	2.8	既存集落そのもの
2	猪野北部	H18.11.27	17.6	14.2	既存集落そのもの
3	猪野南部	H18.11.27	9.1	3.6	既存集落そのもの
4	草場	H18.11.27	21	4.1	既存住宅地そのもの
5	上山田北部	H18.11.27	23.4	15.8	既存集落そのもの
6	上山田南部	H18.11.27	9.6	6.3	既存集落そのもの
7	上山田格井原	H18.11.27	0.7	0.7	既存集落近接，既開発地区
8	上山田藤河	H18.11.27	3.4	3.1	既存集落そのもの
9	上山田黒河	H18.11.27	1.1	1.1	既存集落そのもの
10	下山田荒河原	H18.11.27	0.6	0.6	既存集落そのもの
11	下山田狭浦	H18.11.27	0.5	0.5	既存集落そのもの
12	下山田大谷	H18.11.27	2.6	2.6	既存集落そのもの
13	下山田原田	H18.11.27	0.7	0.7	市街化区域隣接集落
14	下山田伏谷	H18.11.27	2.2	1.2	既存集落そのもの
15	下山田牛見ヶ原	H18.11.27	3.8	2	既存集落そのもの
16	下久原北部	H18.11.27	25.7	22.2	既存集落そのもの
17	下久原南部	H18.8.16	15.8	15.8	既存集落そのもの
18	下久原小松ヶ丘地区	H18.11.27	2.1	2.1	既存集落そのもの
19	下久原小津	H18.11.27	0.9	0.9	既存集落そのもの
20	下久原寺ノ下深井地区	H18.11.27	1.2	1.2	既存集落そのもの
21	中久原芳野地区	H18.11.27	1.3	1.3	既存集落そのもの
22	東久原大浦地区	H18.11.27	0.9	0.9	既存集落そのもの

①～⑧は業務系，1～22は住居系の地区計画．

ば，幅員5mを設定している）．しかし将来の開発可能地を精査したうえで地区整備計画区域を画定しているので，通常の開発許可にありがちなバラ建ち開発の発生を防いでいる[*4]．調整区域の地区計画策定に際し，①上位計画と地区計画の関係の明示，②住民のコンセンサスを基底にした綿密な地区整備計画の設定が必要不可欠であることを久山町の事例は明快に示している．

◯ 17.1.3 住民参加よる集落地整備：兵庫県加古川市の事例

　兵庫県加古川市では，集落衰退が懸念される北部地域において兵庫県の特別指定区域制度に準じた取組みを，一部に独自施策を取り入れながら運用している．特別指定区域制度は都市計画法34条12号条例[*5]（3412号条例）を根拠に，住民参加型のまちづくり計画の策定を条件にして開発許可制度[*6]を一部緩和するものであるが，加古川市においては，都市計画マスタープランに調整区域の土地利用方針が示されたうえで，この方針に基づき特別指定区域制度が運用されている．加古川市の開発許可条例は2004年4月から施行されたが，特別指定区域の指定の初発は2007年度からである．

　特別指定区域は，自治区レベルで構成されるまちづくり協議会が地区まちづくり計画を策定し，市長から認定を受けた場合に，地区まちづくり計画の実現のために市長に申し出ることができるものであり，特別指定区域の前段に地区まちづくり計画の策定がある．同計画は田園まちづくり計画として手引きが作成されており，まちづくり協議会が市の委託事業として派遣されるコンサルタントのサポートを得ながら，通常約2年間をかけて策定されている．同計画は方針と土地利用計画図，まちづくり構想図などから構成されるが，まちづくり構想図には道路などの将来の施設整備構想が描き込まれており，担保性に課題はあるものの地区計画に準じた機能が想定されている．つまり，地元住民のまちづくりへの関心を高めることを重視し，協議会単位の田園まちづくり計画を認め，それを根拠に特別指定区域を設定しているわけである．

　加古川の特別指定区域には10のメニューが用意されており，一部は兵庫県のメニューとも重なるが，独自の区域設定が認められる（表17.2）．例えば駐車場の区域は，狭隘道路しかない集落では個々の住宅敷地ではなく集落内居住者用の集合駐車場の設置が想

---

*4：いわゆる分家住宅の開発は，開発者が地区整備計画区域外にしか土地がない場合に許可され，地区整備計画区域内にも土地がある場合には同区域内で開発するよう指導されている．そのため，分家住宅の開発は非常に少なくなっている．
*5：都市計画法34条12号では，開発区域周辺での市街化を促進する恐れがないなどの一定の条件のもとで，都道府県の条例で，開発を許可する区域や目的，予定建築物などの用途を定めることを認めている．兵庫県や加古川市では，これをもとに，独自の特別指定区域制度を運用している．
*6：開発に際し，許可を必要とする都市計画法による制度．調整区域の開発許可には，技術基準と立地基準があるが，脚注*5の都市計画法34条12号は立地基準に関わっている．すなわち，34条12号の条例に定められた開発は，許可される（原則禁止の規制が緩和される）．

表17.2 加古川市の特別指定区域のメニュー

番号	加古川市 名称	加古川市 内容	区分	兵庫県 名称
1	地縁者の住宅区域	集落に通算して10年以上居住する者の住宅が建築できる区域	予定建築物用途の立地制限緩和型	地縁者の住宅区域
2	新規居住者の住宅区域	居住者の減少に対処する必要のある集落における，新規居住者（集落に居住している期間が10年未満の者を含む）の住宅が建築できる区域		新規居住者の住宅区域
3	地縁者の小規模事業所区域	集落に通算して10年以上居住する者が経営する小規模事業所（商業施設を除く）が建築できる区域		地縁者の小規模事業所の区域
4	駐車場の区域	集落内居住者の自動車車庫が建築できる区域		既存事業所の拡張区域
5	既存事業所の拡張区域	建築後10年以上たっている事業所の敷地を拡張して建て替えできる区域		既存工業の用途変更区域
6	既存工場の用途変更区域	廃業等のため使用されなくなった工場が他の業種へ変更できる区域		資材置き場等の区域
7	営農活性化区域	新規就農者のための研修施設等が建築できる区域		地域振興のための工場区域
8	交流促進区域	市民農園利用者に必要な施設，農業体験施設，体験型施設利用者の宿泊施設等が建築できる区域		流通業務施設区域
9	利便施設区域	商業施設，広域住民を対象とする医療・福祉施設等の利便施設が建築できる区域		市町公営住宅区域
10	鉄道駅前区域	JR加古川線駅前において，駅利用者の利便性向上を図り，地域の活性化に資する施設を建築できる区域	目的型	駅・バスターミナル周辺区域
11				工場・店舗等周辺区域
12				人口減少の集落区域
13				公共施設が移転した区域

文献1などをもとに作成．

定されている．ただし2009年末時までに指定された7地区では，「地縁者の住宅区域」と「新規居住者の住宅区域」の指定事例しか実績がない．

2009年度までに11地区が計画の認定と特別指定区域の指定を受けているが（場所は図17.4），集落の戸数密度の整備水準は6～7戸/haが目安とされており，兵庫県の水準と同じである．新規居住者の住宅区域については，線引き以降の当該地区の過去最大人口値に戻すことを根拠に上限の目安が設定されている．つまり，過去の最大人口値から計画時の人口を引き，それを計画時の1戸当たり世帯人数で割ったものが計画戸数である．これに1戸当たりの面積をかけると新規居住者の住宅区域の上限面積が基本的に導かれる（加古川では特別指定区域の住宅の場合，最低敷地面積は300 m^2 である）．

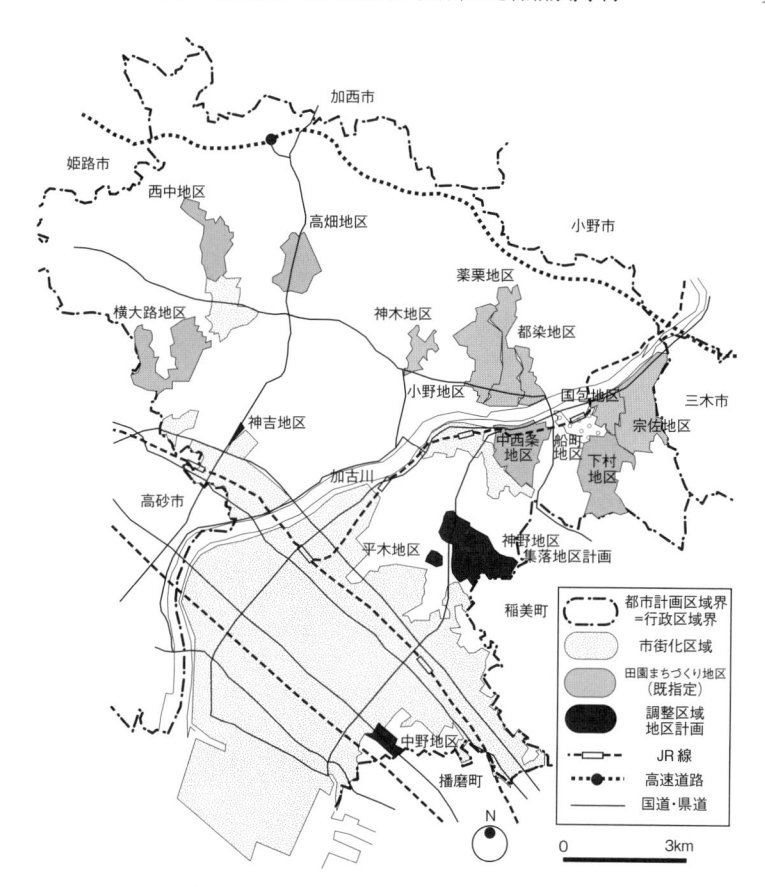

17.1 都市郊外や都市縁辺部の住居系土地利用誘導事例

図 17.4 加古川市田園まちづくり地区位置図

　実際の新規居住者の住宅区域の指定では，空き家や家が建っていた空き地といった，既存宅地か集落内の介在農地，雑種地に対して所有者の意向を確認しながら指定されるため，優良農地への指定や既存集落から飛び地の形で指定されることはなく，また特別指定区域の最初の指定時に計画戸数の上限まで指定するのでもない．例えば高畑地区は，地区内を南北に県道が貫通する，志方町に位置する世帯数約 120 程度の地区であるが（図 17.5），新規居住者の住宅区域は 3 カ所 5 戸分である．これらは宅地であった空き地か空き家に指定されており，地縁者の住宅区域内かその隣接地に指定されている．地縁者の住宅区域の指定基準は，「既存の集落の内又はそれに隣接する建築物で，敷地間の距離が概ね 50 m 以内の位置で土地利用計画の集落区域に定め」，「概ね 1 ha 以上」を目安とするため[1)]，ほぼ一団の集落地の形状で指定されている（図 17.5）．

　2009 年末時点で，新規居住者の住宅区域における開発許可は合計 3 件であり（2 件が

高畑地区，1件が国包地区），これまでに7地区で指定された新規居住者の住宅区域に活発な反応は起こっていない．田園まちづくり計画の策定から特別指定区域の指定に至る過程において，各地区の協議会に派遣されるコンサルタントは一部に県補助はあるものの市の委託事業であり，計画立案にかかる調査経費は市が負担している．手間と経費のかかる同制度を施行する行政側の狙いとしては，衰退集落の維持・管理には，長期的にみれば住民参画型の土地利用管理が得策であるとの考えがある．住民参画型のまちづくりのプロセスは時間がかかるが，今後の集落整備のあり方を考えるうえで示唆の多い事例だと考えられる． [浅野純一郎]

文　献

1) 加古川市（2007）：田園まちづくり計画策定の手引き．

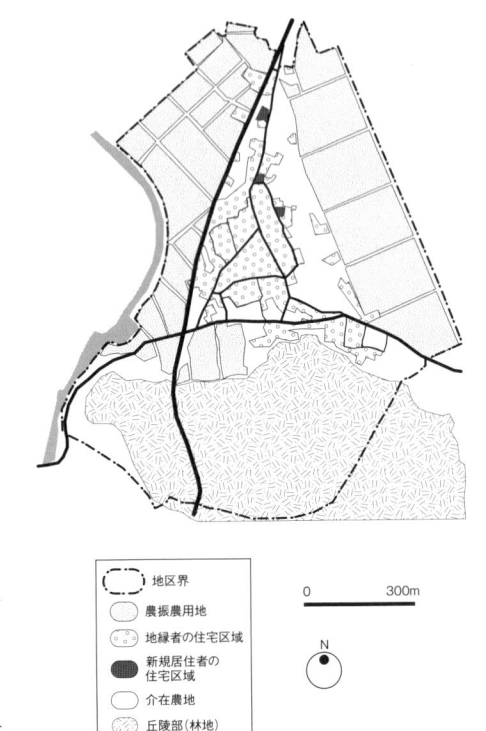

図 17.5　高畑地区の特別指定区域図

◯ 17.2 ◯　中山間地域における体験居住の取組み

◯ 17.2.1　自治体による移住・定住支援の取組み

　農林業の衰退と若者の都市部への流出により，多くの農山村地域では高度経済成長期以降，一貫して人口が減少し，過疎化が深刻な問題になっている．一方で，団塊の世代が退職年齢に達し時間に余裕のある世帯が増えたことや，農的な暮らしに対する再評価が進んだことなどから，最近は田舎暮らしに対する関心が高まってきている．このような状況のもと，農山村地域の一部の自治体では，過疎対策の1つとして都市部からの移住促進，および自市町村の住民の定住促進に積極的に取り組むようになってきている．自治体による移住・定住支援には，移住相談に関する担当窓口の設置，移住相談セミナーの開催，移住・定住支援に関する情報の提供，不動産情報の提供や空き家バンクの開設，移住・定住希望者が有利な条件で入居できる公的住宅の供給，自治体による分譲地の整

備・販売，住宅購入者に対する建築費用の助成，就農支援プログラムの提供など様々なメニューがあるが，その1つに「体験居住の提供」がある．体験居住とは，体験ツアーの提供や体験用住宅の整備などにより，移住希望者に移住先での暮らしを体験する機会を提供することで，移住促進を図る取組みである．現在，体験居住を提供している自治体は多くはないが，農山村地域ではさらなる人口減少に伴い，移住者や交流人口獲得のために今後取り組む自治体が増加してくる可能性が高い．

◯ 17.2.2 体験居住とは

体験居住は「体験ツアー」と「体験用住宅での滞在」に大別できる．前者は，自治体が企画する数日間のツアーに参加し，地域の見学や散策，体験プログラムへの参加，先輩移住者や地域住民との交流，自治体担当者による移住に関する説明などを通じて地域に対する理解を深めるというものであり，宿泊先には民宿などの民間宿泊施設を利用するケースが多い．後者は，新築または空き家を改修して整備された体験用住宅に数週間から数カ月間滞在し，移住先での暮らしを体験するというものである．滞在期間中は自由に過ごせるが，希望者に対して体験プログラムを用意している自治体もある．なお，あくまで移住検討のための利用を前提としており，民間の宿泊施設との競合を避けるため観光での利用は認められていない．

自治体はこのような機会を移住者獲得のための施策として提供している．田舎はあらゆるところにあるので，際立った魅力を持たない地域では何も対策を講じなければ移住者の確保は難しい．そのため，体験居住の機会を提供し，滞在を通して地域の魅力を知っ

表17.3 3市町村の体験住宅の概要

		飯山市	木曽町	阿智村
開設年度		2008年度 現在の住宅は2011年度から	2010年度	2010年度
住宅の出所		住民からの寄付	空き家の借り受け	空き家バンク登録物件の流用
入居期間		2週間〜6カ月間	原則1年間． 住民登録が必要	基本1〜3カ月間． 1日からの利用も可
自治体負担	改修費	無し	約2280万円 （2棟合わせて）	補助制度による 20万円のみ
	所有者への借料	無し	1号棟：7800円/月 2号棟：13800円/月	20000円/月
利用者負担 （利用料[*1]）		2週間コース 20000円 1カ月以上 35000円/月	年額 360000円	1カ月利用の場合[*2] 20000円

*1：利用料は，水光熱費，その他雑費を除く．
*2：日単位・週単位の利用の場合，利用日数によって異なる．

てもらうことで自市町村への移住につなげたいとの意図がある．また，農山村地域への移住には，買い物や医療などの生活サービス利用の不便さ，インフラ整備の遅れ，就業機会の少なさ，子供の教育環境の問題などがあり，さらに移住先の集落では地域独自の慣習に従うことや地域活動への参加などが求められる．そのため，せっかく念願叶って移住を実現しても，イメージしていた田舎暮らしの理想と現実のギャップに困惑することも少なくないことから，移住先での暮らしについて十分理解したうえで移住を判断する機会を提供するという目的もある．

以上，体験居住の概要について述べたが，実際の運用では地域の実情や担当者の考え方の違いにより，自治体ごとに特色を持った取組みが行われている．以下では，過疎化が急速に進む中山間地域を多く抱える一方で，首都圏や中京圏からのアクセスがよく退職後の移住先として人気が高い長野県に着目し，今後の体験居住の提供のあり方を探るため，飯山市，木曽町，阿智村の事例を紹介する（表17.3）．

◯ **17.2.3 体験居住の事例**

a． 飯山市「お試し暮らし体験ハウス」および「飯山まなび塾」，「百姓塾」

飯山市は長野県と新潟県との県境にある飯山盆地に位置しており，日本でも有数の豪雪地帯である．1950年には4万1386の人口を抱えていたが，冬場の厳しい気候や立地的な不利もあって有力産業を誘致できなかったことから，以後一貫して減少し，2010年には2万3545にまで減少してきている．最近はバブル崩壊後の不況や過当競争による一部スキー場の閉場など，地域経済のさらなる衰退に直面している．

このような状況のもと，飯山市では2003年に「飯山市ふるさと回帰支援センター」を立ち上げ，団塊世代を主なターゲットとして早くから移住政策に取り組んできた．利用の形態を「一時滞在」，「長期滞在」，「移住・定住」に分けて利用者のニーズに応じた様々な移住支援メニューを用意しているが，以下では「お試し暮らし体験ハウス」および「飯山まなび塾」，「百姓塾」について紹介する．

飯山市では，UIJターン推進のため，移住希望者自らが田舎での暮らしを一定期間体験し，田舎の雰囲気や北信州での移住生活の実現を確かなものにしてもらうことを目的に，2008年度から「お試し暮らし体験ハウス」を提供している．当初は，市の空き家バンクに登録されていた物件を購入者からの厚意により市が無償で借りて利用していたが，2011年度からは，新たに住民から寄付された別荘地に建つ中古住宅を体験ハウスとして運用している．中古住宅を利用する場合，運用に当たって住宅を改修するケースが多いが，当住宅は1993年築と比較的新しかったため改修を行っていない．また寄付のため所有者への借料の支払いもなく，少ない財政負担で運営できている点で飯山市の手法は評価できる．ただし，もともと別荘地に建てられたリゾート物件であるため，移住希望者が抱く田舎暮らしのイメージとは異なっており，2011年度の利用は夏季の1

図17.6 飯山市「百姓塾」

組だけに留まっている．

また飯山市では，体験ハウスとは別に，体験ツアーとして「飯山まなび塾」と「百姓塾」を実施している．もともと農協がグリーンツーリズムとして取り組んだ事業であるが，2006年11月に農協の元組合長が前市長に就任した際に市の事業として位置づけられた（2007年度までは農協主催，市共催）．「飯山まなび塾」は，2泊3日で四季折々の暮らしを体験するツアーで，春夏秋冬と年4回開催されている．空き家の見学，移住者宅訪問，温泉入浴のほか，季節に応じて，山菜やキノコなどの収穫，そば打ち体験，ブナ林のトレッキング，かまくらづくりなどを体験でき，滞在中は地元の食材を使った田舎料理を味わえる．一方，「百姓塾」は年7回の講座制で，各回1泊2日で農的暮らしを体験するツアーとなっている（図17.6）．5月から11月にかけて毎月，田植え，夏野菜の植え付け，草取り，土寄せ，野菜の収穫，稲刈りなどの農作業のほか，餅つき，おやきづくり，野沢菜漬け，村祭りの見学などを体験する．いずれも地元住民と交流する機会が設けられており，前述した体験ハウスの利用者も希望すれば参加できる．参加状況についてみると，飯山まなび塾は，2010，2011年度ともに計20組が参加している．また百姓塾は，延べ人数で2010年度に98人，2011年度に52人が参加しており，体験ハウスに比べて利用が多く，移住につながったケースもある．

b．木曽町「田舎暮らし体験住宅」

木曽町は，2005年11月に木曽福島町，日義村，開田村，三岳村が合併して誕生した．総面積の95.4%を山林が占める山あいの町で，江戸時代は中山道の宿場町として栄えた．近年は福島宿の歴史遺産，開田高原や御嶽山などの自然資源などを活かした観光中心の町となっているが，観光業の衰退に伴って今回取り上げた3市町村の中で最も人口減少が進んでおり，1955年に2万2241だった人口が2010年には1万2743にまで減少してきている．このような状況のもと，企画財政課まちづくり担当係が窓口となって移住政策に取り組んでおり，空き家情報の提供，住宅建設に対する助成，定住促進住宅の供給などと併せて，2010年度より空き家になっていた2軒の隣接する古民家を所有者から借り受けて「田舎暮らし体験住宅」を提供している（図17.7）．四季を感じて周囲の住民とともに生活し，長く体験して定住できるかどうかを判断してもらいたいとの主旨で実施しているため，利用期間は原則1年間と長めに設定されており，利用者が

木曽町に住民登録を行い生活拠点を置くことを義務づけている．飯山市や後述する阿智村に比べて利用条件は厳しいが，本格的な古民家に暮らせるという魅力もあり，2世帯の募集に対し8世帯の応募があった．町では応募者の中から抽選で毎年2組ずつ3年間の利用者6組を選定したが，2年目以降の利用者がキャンセルしたため，初年度の2世帯が2年目以降も継続して利用することになった．このう

図17.7　木曽町「田舎暮らし体験住宅」外観

ち1世帯は2年目の秋に町内の別の住宅に転居し，定住につながった．また，もう1世帯も木曽町での定住を希望しており，現在，住民の協力を得ながら物件を探している．このように利用条件を厳しくすることで，真に移住を希望している者の利用を促し，移住促進につなげられている点で木曽町の手法は高く評価できる．ただし，体験住宅としての活用に当たり，古民家を現在のライフスタイルに適応できるよう水回りを中心に改修しており，2棟で約2280万円の費用がかかっている．木曽町は過疎法の過疎地域指定を受けており，体験住宅の整備に過疎債を充当できたため高額の改修費をかけることができたのであり，どの地域にもこの方法を適用できるわけではない．

c. 阿智村「地域お試し住宅」

阿智村は長野県南部の下伊那郡に位置しており，2006年に浪合村，2009年に清内路村と合併して現在の阿智村がスタートした．2010年の人口は7036で，村内には年間70万人が訪れる昼神温泉や3つのスキー場がある．また，自動車部品会社の工場があり，隣接する飯田市への通勤も可能なことから，1970年代後半以降，人口は横ばいで推移してきた．しかし，2008年に起きたリーマンショックにより工業出荷額が大きく落ち込み，最近は毎年100人程度の人口減少となっている．このような状況のもと，阿智村では，第5次総合計画（計画期間2008～2018年）において定住人口の増加を重点施策の1つとして位置づけ，庁舎内に「定住支援センター」を設置して取り組んでいる．

阿智村では，空き家バンクに登録されていた物件を自治体担当者が体験居住に適当と判断し，所有者に了承を得て「地域お試し住宅」として運用している．もともと農家だった住宅で菜園も付いており，利用者は野菜作りも楽しめる．建物のコンディションがよかったため運用に当たって大規模な改修は行っておらず，村が空き家の利用促進のために設けている「ぬくもりの田舎暮らし推進事業補助金」（補助上限20万円）を活用して所有者が小規模の改修を行ったのみである．また，村が空き家所有者に払う借料は月2

万円であるが，お試し住宅の利用料も1カ月利用の場合2万円に設定されており，村の財政負担を抑えるように工夫されている．比較的コンディションのよい空き家を活用することで，財政負担を抑えつつ，田舎暮らしの機会を提供している点で好例といえ，他の地域にも応用しやすい現実的な手法と考えられる．

なお利用期間は1カ月を基本単位とし，移住希望者の状況に応じて1日からの利用も認めている．また，なるべく多くの移住希望者に利用してもらいたいという村の意向により，最長利用期間を3カ月程度に制限している．利用状況については，2010年度が9世帯228日，2011年度が5世帯199日となっており，季節に偏りなく幅広い年齢層に利用されている．　　　　　　　　　　　　　　　　　　　　　　　　　　　　　[谷　武]

文　献

2) 阿智村定住支援センターウェブサイト：(http://www.vill.achi.nagano.jp/iju-turn/)，2012年12月14日アクセス．
3) 飯山市ふるさと回帰支援センターウェブサイト：(http://www.furusato-iiyama.net/)，2012年12月14日アクセス．
4) 木曽町ウェブサイト：(http://www.town-kiso.com/)，2012年12月14日アクセス．
5) 国土交通省住宅局・すまいづくりまちづくりセンター連合会：住み替え・二地域居住支援サイト (http://www.sumikae-nichiikikyoju.net/)，2012年12月14日アクセス．

◎ 17.3 ◎　県境地域の広域連携：三遠南信地域の事例から

◎ 17.3.1　なぜ県境地域の広域連携か

a.　県境地域の広域連携

日本の県境が定まったのは1888年の香川県が最後とされており，その後120年以上が経過している．この間，市町村数は7万1314から1719（2013年1月）へと減少した．人々の行動も歩行から自動車利用に移行し行動圏も拡大しているが，県境は動いていない．一方，市町村への地方分権が進む中で住民生活を維持しようとすれば，広域連携の必要性は高まり，県境に隣接した市町村であれば隣接県の市町村との広域連携が想定される．ところが県境は各県の政策区域であり，市町村の広域連携が県の政策に優先することは難しい．また場合によっては，県境が中央省庁の支分局の境ともなっており，中部地方や関東地方などの各局事業を跨ることになる．このように，県境を跨った県境地域での市町村広域連携は政策調整が困難であり，広域連携の空白地域となりやすい．

陸域で県境に接する市町村を日本地図から選び出してみると，2010年3月時点で全国の市町村数の38%（約650市町村），人口の48%（約5700万），面積の48%（約180万km^2）に至る．県境市町村の人口比率を県別でみると，京都府（93%），佐賀県（83%），鳥取県（82%），三重県（80%）などは8割を越えている．こうした数値にみる限り，県境地域での広域連携は全国的に必要性の高いものといえよう．

b. 県境の障害と広域連携の効果

具体的に県境地域における県境の障害と広域連携の効果を確認してみる．まず障害について，県境によって行政事業や情報が分断されるものと，県境地域が県の中心部から離れるために起こるものに分けられる．第一に県境によって区分されるものとしては，「受験制度が県で異なり近接した他県の高校へ行けない」や「救急医療の情報が入ってこない」などの住民生活に直結する障害がある．また，行政計画や情報が途切れるために「県を越えた道路の接続が有効に行われない」，「災害時の判断を誰が行うのか明確でない」などの現象も生じる．情報に関しては，新聞発行やテレビ放送の区域と県境が重なる場合もあり生活情報の空白ともなりやすい．第二に県の中心部から離れるために生じる現象として，公共投資の遅れがある．県の縁辺部は中央部に比べ，公共投資の全県的な波及効果が期待しがたい面があり，道路投資などが遅れがちである[7]．

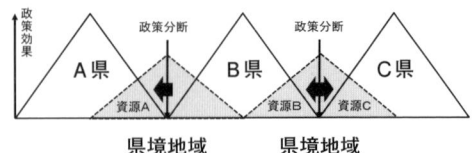

図 17.8 県境地域広域連携の政策効果

次に広域連携の効果を 3 点にまとめてみる．第一には障害の逆の捉え方になるが，地域資源の有効利用である．図 17.8 に示すように，県単位の政策では他県から利用されていない地域資源を，県境を越えて有効に活用できる．特に経済面での政策は，隣接県が競合関係にある場合が多く，例えば隣接県の港湾を使わないようにするなどの現象も生じる．また，食文化のように隣接県の異なる地域資源を組み合わせることで，新たな資源活用法が見出されることもある．第二には，行政単独でない地域経営の可能性である．県境が政策の境となっていることを逆に考えれば，県境地域には確定的な行政の担い手が存在しないことになる．つまり，県境地域の広域連携は行政一辺倒ではなく，経済や市民からの地域づくりの可能性がある．第三は，複数県がまとまる広域ブロックを形成する戦略である．広域ブロックは道州制などの議論もなされてきた．しかし広域ブロックの必要性は住民や地域企業からみて遠いものである．身近な県境地域の広域連携を組み合わせることによって，広域ブロックの役割を明確にすることが考えられよう[*7]．

17.3.2 三遠南信地域づくりの経緯

a. 三遠南信地域とは

県境地域の事例として，三遠南信地域[*8]を取り上げる．県境を越えて一体的な地域づ

[*7]：九州経済フォーラム主催「九州県際サミット（2011年2月2日）」では，全九州から県境に接する市町村の首長が集まり，県境を越える防災，防疫など，広域ブロックが機能しなければならない課題が議論されている．

[*8]：愛知県，静岡県，長野県の県境を跨いで広域連携を進める地域である．三遠南信の「三」は豊橋市を中心とする愛知県東三河地域，「遠」は浜松市を中心とする静岡県遠州地域，「南信」は飯田市を中心とする長野県南信州地域を意味する．

17.3　県境地域の広域連携：三遠南信地域の事例から

くりを進めるには一体化の根拠が重要であるが，三遠南信地域の場合は県境地域内の共通性と県庁所在地に対する対抗意識が挙げられる．まず地域内の共通性としては，天竜川・豊川の流域圏という歴史がある．県境が設定されるよりも古く，流域圏に民俗芸能などの文化的な一体性を持つことは，県境を越えて地域連携を行う地域理解を生んでいる．次に県庁所在地に対する対抗意識である．東三河地域，遠州地域，南信州地域は，いずれも一定の人口規模と産業集積を有する地域であるが，県の政策は県庁所在地を中心に展開され，県境地域が後回しにされる感があった．そこで県境を越えて広域連携を作ることが政策的に有効と考えられてきた．こうした観点から三遠南信地域を1つの地域として捉えると，2008年3月時点で，人口約230万（県16位），総面積約6000 km^2（県25位）は中位の県レベルの規模，産業では工業出荷額13.7兆円（県6位），農業産出額3000億円（県7位）は全国上位の県レベルにあり，これらを活かした資源の有効利用を図りうることとなる．また230万の人口集積は，中部圏で名古屋周辺都市圏に次ぐ規模であり，広域ブロックの中での存在感を主張してきた．

b. 地域計画立案と推進組織

三遠南地域では地域計画策定によって地域づくりの目標を形成し，その目標によって地域づくりの推進組織を立ち上げてきた．具体的に三遠南信地域の広域連携が進むのは，三遠南信地域の南北軸となる三遠南信自動車道が契機である．そして道路計画を地域づくりに展開するために，中部経済連合会の「三遠南信トライアングル構想（1985年）」が立案され，建設省などの5省庁による「三遠南信地域整備計画調査（1993年）」となった．国主導の地域計画ではあったが「職・住・遊・学」をテーマに地域整備のメニューが多様に示されることで，「三遠南信サミット（1994年～）」として地域交流の組織化が進んだ．

サミットによって三遠南信地域の市町村首長（発足当時59市町村），経済団体代表（発足当時63商工会議所・商工会）が毎年集まる機会が創出された．次にサミットに呼応して3県と市町村による「三遠南信地域整備連絡会議（1994年）」，市町村の「三遠南信地域交流ネットワーク会議（1996年）」，経済団体による「三遠南信地域経済開発協議会（1997年）」，2005年にはサミットに住民団体代表による「地域住民セッション」が設けられた．これらによって行政，経済，市民の代表が交流する場と，個別の組織活動が連動することとなった．またサミットがスタートしたことで，県境を越える様々な地域連携活動が促進され，1995年から2003年に活動数が倍増している．特に活動主体は，市民団体が4倍の伸びと顕著になっている[6]．

サミットの内容は，当初「サミット＆シンポジウム」という名称のもとシンポジウムに力点を置いたものであったが，第7回から行政サミットと経済サミットに分かれた意見交換が主となっている．そして第13回では，市町村と経済団体が主体となった地域計画として「三遠南信地域連携ビジョン」を策定することを決定しており，合意の場と

しての機能を持つようになった．続く第14回サミットでは，当時道州制の区域案に長野県が外れるものとなっていたことから，各県の方向性とは独立して三遠南信地域は1つの道州に属することを決議している．また第15回サミットでは「三遠南信地域連携ビジョン」の内容を合意し，翌年の第16回サミットではビジョンを推進するための「三遠南信地域連携ビジョン推進会議」の設立合意に至っている．サミット自体は交流の場として合意や決定の基準を有していないが，すべての市町村首長，経済団体の代表，市民団体の代表が一堂に会することで，合意機能を持つようになったといえる．特に，その組織構成から，官民連携による地域づくりの可能性を形成した．

◯ 17.3.3　広域連携の推進組織と事業内容
　a．推進組織

「三遠南信地域連携ビジョン」は，県境地域を一体とした推進体制を重視しており，2008年からの10年計画の初期4年間を「三遠南信地域連携ビジョン推進会議（略称SENA）」で運営し，その後の6年間に新・連携組織として広域連合などに発展することとしている．

SENAの構成は図17.9に示すように，SENA組織本体と構成団体，連携団体の3層となっている．SENA組織本体は構成団体のメンバーを包含しており，27市町村，48商工会議所・商工会，3県，中部経済連合会からなる．さらに地域住民組織，大学の参画が予定されている．組織内容は委員会，幹事会，専門委員会，事務局である．実務を担う事務局は行政主導であり，浜松市，豊橋市，飯田市の拠点的な3市から職員が出向した独立組織である．次に企画を行う幹事会は3市と3市の商工会議所で構成され，官

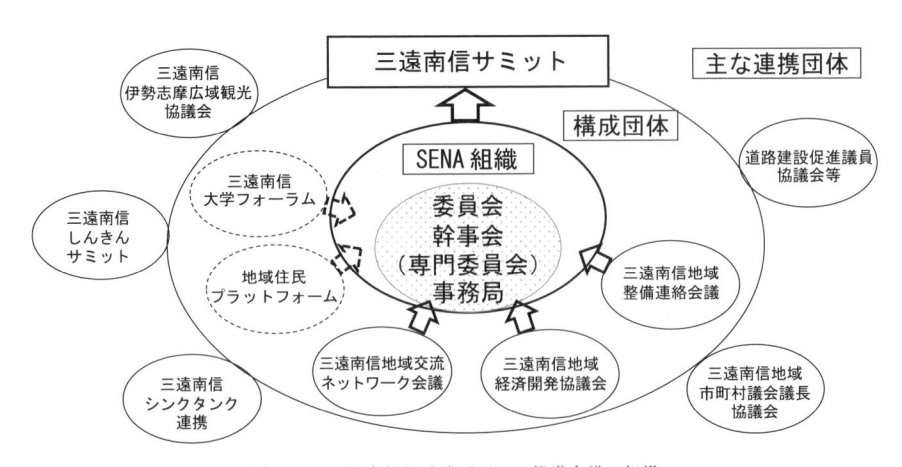

図17.9　三遠南信地域連ビジョン推進会議の組織

民の共同体制をとっている.特定のテーマを扱う専門委員会は,テーマによって参加者を選出することとなっている.最後に,決議を行う委員会は,構成団体のトップである市町村首長と商工会議所・商工会代表が主体である.

また現在は構成員となっていないが,連携団体として「三遠南信地域市町村議会議長協議会」,8信用金庫による「三遠南信しんきんサミット」などがあり,SENA組織を核として県境地域の組織連携を強めている.

b. 事業内容

SENAの事業内容は,合意形成事業,重点プロジェクト,連携事業の3種類に分けられ,SENA事務局,構成団体,連携団体が事業主体となっている.2011年度の事業例を紹介すると,合意形成事業としてはSENA事務局が実施する「三遠南信サミット」,ウェブサイトや新聞による県境を越える情報提供がある.重点プロジェクトとしては,SENA事務局が実施したコミュニティビジネスの育成があり,2年間で1070名のインターンシップと78法人の起業を行っている[*9].また,SENA事務局と連携団体が協力する事業としては,地域内資源の大都市での販売促進を狙ったアンテナショップなどを進めている.また構成団体が行う事業では,従来県別で計画されてきた産業育成機関について,県境を越えて産業別に担当機関を決める事業が挙げられる.連携事業では,構成団体が行う「教育サミット」や消防ヘリコプターの広域運用,連携団体が行う信用金庫などの中小企業のビジネスマッチングや観光事業の連携などが挙げられる.

[戸田敏行]

文 献

6) 戸田敏行・大貝 彰(2006):愛知・静岡・長野県境地域における地域連携活動の実態分析.日本建築学会計画系論文集,**602**:137-144.
7) 永柳 宏ほか(1990):県境地域における生活・生産行動の圏域特性と地域再編.日本都市計学会学術研究論文集,**25**:169-174.

◯17.4◯ 欧州の国境を跨ぐ広域連携の事例

◯17.4.1 Interreg制度と越境連携組織

欧州連合(EU)では,共同体全体の調和した発展促進のため,経済的,社会的,地域的結束の強化を行動原理として,特に共同体内の異なる地域発展水準と条件不利地域の後進性の不均衡を是正すべく,Interregプログラムによる越境地域連携(cross-border cooperation)が推進されている.

越境地域連携を推進するコア組織として越境連携組織オイレギオ(EUREGIO)があり,Interregプログラムの実施と成果創出に欠かせないものとなっている.オイ

[*9]:内閣府の「地域社会雇用創造事業」として2010,2011年に実施された.

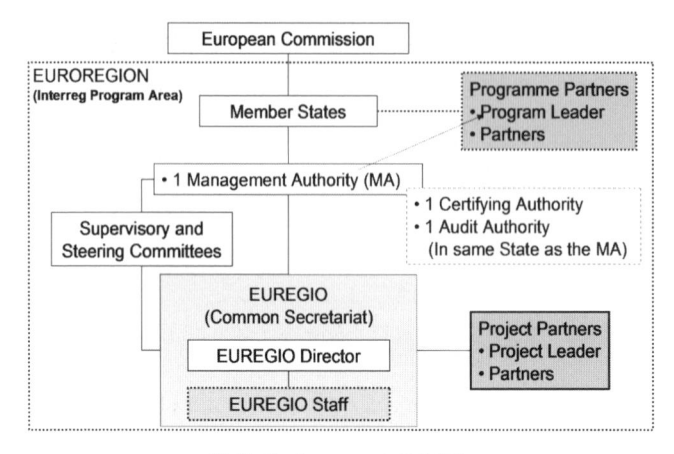

図17.10 Interreg-A の仕組み

レギオ[*10]は欧州地域（European region）を意味しており，通常は越境連携活動を推進する様々な組織を指す．1989年の Interreg プログラム開始後は，当該プログラムのプロジェクト推進を目的に設立された国境地域運営事務局もオイレギオと呼ばれる．EU 全体の調和した発展を目指して国境を越えた地域連携を推進する主体としてのオイレギオ組織の活動内容は，今後の日本における広域連携の参考となる．

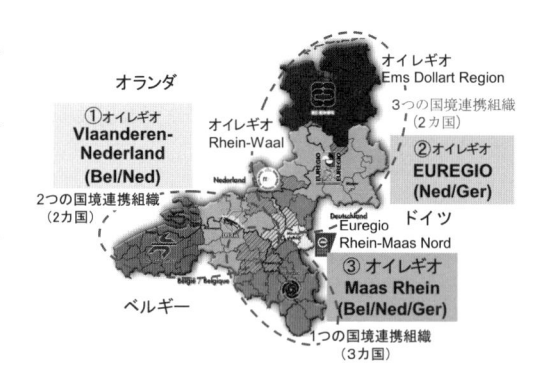

図17.11 ドイツ・オランダ・ベルギー国境地域のオイレギオ組織

オイレギオ組織の活動を理解するために，EU の地域政策・統合政策（regional policy/cohesion policy）について概説する．EU の地域政策は，EU 圏内の恵まれた地域とそうでない地域の格差を是正することを目的とし，その活動資金は EU 予算の最も大きなシェア（約45%）を占める．

予算は7年ごとに決められており，主に各加盟国から拠出されるが，加盟国の経済力によって金額は異なる．集められた資金は，地域間格差縮小のための援助，職業訓練と雇用創出施策，加盟国の交通インフラ整備や環境保全，越境連携強化の資金などに充

[*10]：ユーロリージョンと呼ぶ地域もある．

17.4 欧州の国境を跨ぐ広域連携の事例

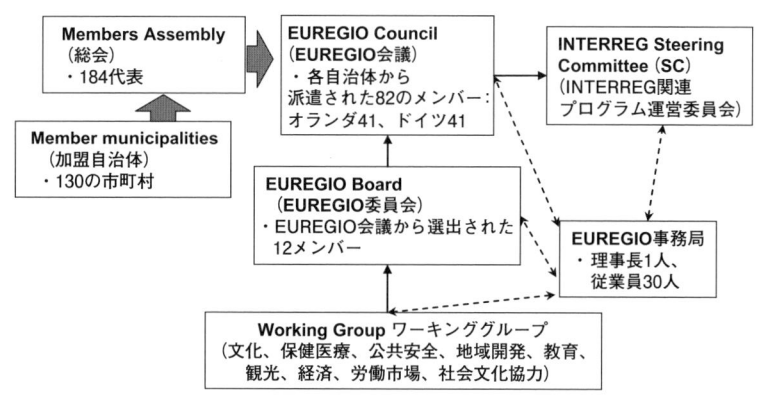

```
[Members Assembly (総会) ・184代表]
[Member municipalities (加盟自治体) ・130の市町村]
    ↓
[EUREGIO Council (EUREGIO会議) ・各自治体から派遣された82のメンバー：オランダ41、ドイツ41]
[EUREGIO Board (EUREGIO委員会) ・EUREGIO会議から選出された12メンバー]
[INTERREG Steering Committee (SC) (INTERREG関連プログラム運営委員会)]
[EUREGIO事務局 ・理事長1人、従業員30人]
[Working Group ワーキンググループ (文化、保健医療、公共安全、地域開発、教育、観光、経済、労働市場、社会文化協力)]
```

図 17.12　The EUREGIO の組織
　　　　　→：提言の流れ．

当される．その際，予算の多くは地域格差是正に必要な地域に分配される．近年 EU に加盟した諸国は相対的に EU の経済水準に達していないため，かなりの金額がそれらの国々に充てられ，加えて EU 圏内の国境地域のほとんどは経済の中心地から離れており，不利な状況にあると認められているため，国境付近地域に使われる資金も組まれる．

オイレギオの組織体制はそれぞれの地域で異なっている．EU の地域政策の一環である Interreg プログラム実施のために設置されるオイレギオ組織は，基本的に図 17.10 のような構成になっている．一方，Interreg プログラムが誕生する以前から国境を越えた地域連携活動を積極的に推進してきたオイレギオが存在する．このようなオイレギオ組織では Interreg プログラムはあくまで事業の一部で，Interreg プログラムを含む当該国境地域の越境連携活動をマネジメントすることを主目的としている．そのため Interreg 資金に加えて，独自の財源を持つ．Interreg プログラム実施のために設立されたオイレギオ組織と違って，国境を越えた経済的，社会的つながりが歴史的に強い地域で，ボトムアップ型で生まれた組織である．したがって組織は臨時的なものではなく，恒常性を有する．

図 17.11 は，ドイツ・オランダ・ベルギー 3 カ国を跨ぐ越境連携組織のエリアを示す．

オイレギオの1つ Vlaanderen-Nederland[13] は，ベルギーの5つの州とオランダの3つの州からなる国境地域を対象に，2007～2013 年の Interreg-IVA プログラム実施のため，2007 年 11 月に新設された組織である．本組織はあくまで Interreg-IVA プログラム推進を目的としているため，プログラム終了までの7年間の時限付き組織である．

一方，国境を越えた連携組織オイレギオの中で最も歴史が古い組織は，オランダとドイツの国境地域にあるオイレギオ The EUREGIO[12] である．Interreg プログラム開始以前の 1958 年に設立され，半世紀にわたって国境連携活動に取り組んでいる．図

17.12のように独自の事務局体制を持つ．主な活動は，当該国境地域の経済振興，観光開発，文化交流，インフラ整備，環境保全などであり，Interreg開始に伴ってInterregプログラムの事務局機能も加わった．Interregプログラムのプロジェクトは，図17.10の体制で行われるが，それ以外の従来からある広域連携プロジェクトは図17.12に示す体制で行われる．

◯ 17.4.2 国境を跨ぐ広域都市地域戦略

ここでは，スイス北部のバーゼル広域都市圏，ライン川を跨ぐストラスブール・オルテナウ広域都市圏における国境を跨いだ都市地域戦略と連携の枠組みを紹介する．

a. バーゼル広域都市圏[15,17]

バーゼル市は，スイス北部に位置する人口16万の小さな町である．しかしながら，図17.13に示すTEB（Trinational Eurodistrict Basel）内は，人口88万，面積1989 km^{2}に達する．強い経済力を有するスイス北部にあって，バーゼル市には薬品関係，保険，金融，物流，商業などのグローバルな大企業が立地し，経済成長も著しい．今後10年間で2万人の雇用増加が見込まれている．

バーゼル広域都市圏内ではスイス側への越境通勤者が多く，ドイツ側から3万1000人，フランス側から2万7500人が越境通勤している．3カ国はバーゼル市を中心に経済的結び付きが強く，1963年のレギオ・バジリエンシス[16]の設立以降，越境連携が模索されてきた．当初は，フランス側はフランスとバーゼル，ドイツ側はドイツとバーゼ

図 17.13　バーゼル広域都市圏の開発戦略2020[17]

ルといった2国間の視点からの計画しかなく，3カ国を跨いだ連携は行われていなかった．そのような状況のもと，1995年の3カ国の代表者会談で越境連携構想が持ち上がり，2001年に事務局が開設され，2007年にTEBが設立された．

TEBは3カ国の226自治体で構成され，非営利の協議会形式で運営される緩やかな連合体である．その役割は越境連携に関する課題を議論するプラットフォームであり，当該エリアの戦略策定とキープロジェクトの立案を担っている．しかし，TEBが作成した計画には法的権限がないため，作成された計画は各国に持ち帰って承諾を受ける形をとる．つまり，TEBの都市地域戦略を3カ国が共有し，計画を実現させる形式である．TEBでは2007年以降，Interreg IVとして公共交通，ランドスケープ，都市計画，観光，GISなどのプロジェクトが進められている．例えば公共交通分野では，バーゼル行きの公共交通機関の運行状況を15分に1本とする，TER（地域間急行列車）の計画などがある．バーゼル市では越境労働者の確保が非常に重要であり，自動車利用縮減の狙いもあって公共交通ネットワーク整備を進めているが，重要な点は土地利用と交通に関わる空間戦略を3カ国の自治体間で共有して事業を推進していることである．また，主要プロジェクトとして2007年からは国際建築展覧会 IBA Basel 2020[14]に取り組んでいる．

TEBの事務局には現在4名の常勤スタッフがおり，経済学者，地理学者，法律家など専門家で構成されている．2001年以前にも越境連携を検討する体制は存在したが，公務員の集まりでしかなく，うまく機能しなかった．2001年に現在の専門家からなる事務局が開設され，効率的な事業推進が図られている．

バーゼル広域都市圏は，バーゼル市という経済的ポテンシャルの高い都市を有し，3カ国間の越境連携を推進することで，さらに中心都市機能の強化とその広域都市圏全体の競争力強化を図っている．その基盤となっているのが，当該地域の自治体が緩やかに連携した協議会TEBであり，専門家集団の事務局を設置することで，戦略的な都市の開発・整備が行われている．

b. ストラスブール・オルテナウ広域都市圏

ストラスブール・オルテナウ広域都市圏（図17.14）は，フランス側の141のコミューン（市町村）からなるストラスブール都市圏共同体[11]とドイツ側のケール，オッフェンブルクラールといった主要都市を含むオルテナウ郡で構成され，圏域人口は85万である．

ストラスブールはフランス北東部のライン川左岸に位置し，面積約78 km^2，人口約27万（2007年）で，フランス国境都市の代表例である．広域圏全体の面積は，東部をシュバルツバルトで覆われたドイツ側のオルテナウ郡が7割以上を占める．一方，人口はフランス側とドイツ側でほぼ半々となっている．

歴史的に一体的な地域として発展してきた当地域は，19世紀の国家主義の台頭以後，国境であるライン川が地域経済発展の障害となっていた．しかし，戦後の欧州経済統合

の流れの中で1985年に調印されたシェンゲン協定による国境の自由通行が実現してからは，国境問題が解消される方向に向かった．ストラスブールは現在，欧州評議会の本部や欧州議会の本会議場が立地するなどフランスとドイツの「トランスボーダー都市」として欧州で最も注目される都市となっている．また，本広域都市圏はフランスの地域開発調査機関DATARが欧州の地域再編成の中軸に位置づけたエリア「ブルーバナナ」[10]に含まれ，国の枠にとらわれない機能的都市地域のレベルで地域戦略の取組みが始まっている[8]．

圏域の産業は，第一次産業：約20％，第二次産業：約40％，第三次産業：約40％であり，ドイツ側は精密機械産業と，クラスターと呼ばれる原材料の生産から販売まで行う木材加工業，フランス側はバイオテクノロジー，メディア産業が盛んである．国境を跨ぐ1日の越境労働者数はドイツ側からフランス側への2000～3000人に対し，フランス側からドイツ側へは約2万4000人と圧倒的に多い．ライン川を跨ぐ当地域は，歴史的にも経済的にも，さらには日常生活圏も一体となった地域であり，機能的都市地域として一体的な都市地域開発戦略の推進が必然的に求められる圏域である．

以上の当該地域の持つ特徴を背景に，エリゼ条件（1963年）締結40周年を記念し，2003年にフランス・ドイツ両国の友好のシンボルとしてEurodistrict設立が宣言された．欧州統合の考え方の1つ「形式から機能：Form to Function」を反映させた政治的意図によるトップダウン型の国境連携である．

従来のストラスブール都市整備マスタープラン（SDAU）では，ライン川を越えたドイツ側を空白にするなど，ドイツ側の状況を考慮せずに計画を行ってきた．またドイツ側も同様で，例えば大規模なごみ処理場をライン川沿いに設けるといった計画などがあった．しかし，機能的都市地域に着目した広域的な戦略の必要性を踏まえ，Eurodistrict設立後の2005年に，ストラスブール・オルテナウ広域都市圏の都市整備マスタープラン「トランスボーダー白書」[9]が策定される．その実施計画の1つとして，

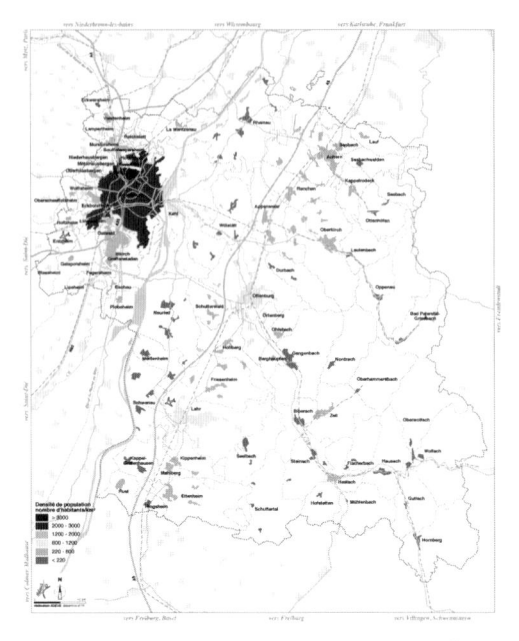

図17.14　ストラスブール・オルテナウ広域圏[9]

ストラスブールからライン川を越えドイツ側のケールまで，国境を越えたトラムの延線計画や，国境を越えた病院間の医療サービス連携などがInterregを活用して実践されている．

[大貝　彰]

文献

8) 手塚 章，呉羽正昭 編 (2008)：ヨーロッパ統合時代のアルザスとロレーヌ，二宮書店．
9) Agence de Développement et d'Urbanisme de l'Agglomération Strasbourgeoise (2004)：Livre Blanc de la région transfrontalière Strasbourg-Ortenau.
10) Brunet, R. (1989)：Les Villes Européennes, Rapport pour la DATAR, Reclus, La Documentation française.
11) Communauté Urbaine de Strasbourg ウェブサイト (http://www.strasbourg.eu/accueil)，2012年12月15日アクセス．
12) EUREGIO ウェブサイト (http://www.euregio.nl/)，2012年12月15日アクセス．
13) EUREGIO Vlaanderen-Nederland ウェブサイト：(http://www.grensregio.eu/)，2012年12月15日アクセス．
14) IBA Basel 2020 ウェブサイト (http://www.iba-basel.net/en/iba-basel-2020.html)，2012年12月15日アクセス．
15) MOT ウェブサイト (http://www.espaces-transfrontaliers.org/en/conurbations/)，2012年12月15日アクセス．
16) Regio Basiliensis ウェブサイト (http://www.regiobasiliensis.ch/d_home.cfm)，2012年12月15日アクセス．
17) Trinational Eurodistrict Basel ウェブサイト (http://www.eurodistrictbasel.eu/)，2012年12月15日アクセス．

◎17.5◎　空間計画と広域ガバナンスの事例

◎17.5.1　多層的ガバナンスと空間計画：オランダ・ランドシュタット

ランドシュタット（Randstad）は，アムステルダム，ロッテルダム，ハーグ，ユトレヒトの4大都市を含み，北ホラント，南ホラント，ユトレヒト，フレヴォラントの4州に跨る人口約710万の大都市圏である．異なる機能[*11]を持つ規模の近い都市が，鉄道でおおむね1時間程度で結ばれる日帰り可能な範囲に分散的に立地する多核的都市圏であり，4大都市を中心とした環状都市ネットワークが，グリーンハートと呼ばれる広域緑地を囲むように形成されている．

ランドシュタットは，都市の機能的な関係性に着目すると，複層的な空間構造を有する圏域として捉えることができ，これらの圏域においてインフォーマルな空間計画と広域ガバナンスが形成されている点に特徴がある[18]．

4大都市を中心とした日常生活圏（第1階層）では，都市域を超えた広域行政の必

---

*11：アムステルダムは金融・経済，ロッテルダムは欧州有数の港湾，ハーグは政治・行政，ユトレヒトは交通・大学などの特徴を持つ．

要性が高まったことを背景に，自治体間協力について定めた共同規約プラス法に基づく広域行政組織（stadsregio）が設置されている．しかし，広域行政が行われている圏域は，グローバル経済において地域の競争力を高めるうえでは規模が小さいとの認識が生じた．そこで，国土政策の影響を受けながらも，より広域な連担都市圏（第2階層）におけるインフォーマルな広域連携が展開されてきた．

ロッテルダム，ハーグを含むランドシュタット南部地域（サウスウィ

図17.15 アルメールの住宅地
アムステルダム市内やユトレヒト市内ではオフィスや住宅の開発用地が限られており，両大都市への通勤圏内にあるアルメールでの開発が見込まれている（2011年3月撮影）

ング，Zuidvleugel）では，南ホラント州，ロッテルダム市，ハーグ市などから構成されるサウスウィングプラットフォーム（Bestuurlijk Platform Zuidvleugel）と呼ばれる広域連携組織により，公共交通，都市政策，経済開発，ランドスケープの分野で取組みが行われている．アムステルダム，ユトレヒトを含む北部地域（ノースウィング，Noordvleugel）は，実態的にはアムステルダム大都市圏（Metropoolregio Amsterdam）とノースウィングユトレヒト（Noordvleugel Utrecht）とに分かれているが，双方の圏域は重なり合っており，州，大都市，最近開発が進むアルメール（図17.15）など周辺の都市と連携しながら，住宅供給目標や経済開発，インフラ・公共交通ネットワーク，環境保全などを含んだ将来空間ビジョンが策定されている．自然環境を保全することが良質な空間と活動を支え，経済的競争力にもつながるといった理念・目標が圏域で合意・共有され，構成自治体が法定の都市計画に反映することで実現を図る形となっている．

一方で国際競争力の観点からは，ランドシュタットスケール（第3階層）での広域的な取組みが必要であるとの主張がなされてきた．1998年にデルフト大学の教授と4大都市の空間計画担当助役により設立されたデルタメトロポリス（Deltametropool）は，住宅協会など13の公的機関，金融機関など11の民間企業が参加し，国際競争力の強化と居住労働環境の向上を目的とした調査研究活動を行っている．

このようにランドシュタットでは，多層的な空間構造と連携すべきテーマに応じて，連携分野を拡大しながら多様な広域ガバナンスが形成されている．連携の枠組みを形成するうえでの広域計画の役割も大きい．国は国土政策の中でランドシュタットを1つの都市ネットワークとして位置づけてきたが，経済成長を考える単位としてはウィングスケールが適当であるという判断から，現在策定中のインフラおよび空間計画に関する国

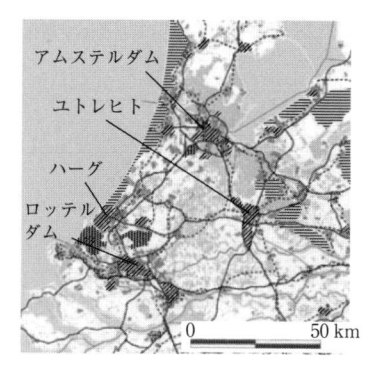

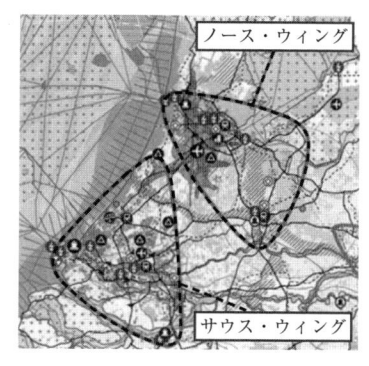

図17.16 ランドシュタットの土地利用現況(左)と国土政策戦略における都市地域圏の位置づけ(右)

左図の▨が住宅地,▥は事業所集積地,▤は緑地(インフラ及び空間計画に関する国土政策戦略[20]の図の一部を抜粋し地名を加筆).

土政策戦略では,ノースウィング/サウスウィングが都市地域圏として位置づけられ(図17.16),国が優先的にアクセスの改善を図る地域とされている.

一方でアムステルダム大都市圏では,将来ビジョンにおけるオフィスの供給戸数目標の合計が需要を上回っているといわれており,合意された計画が必ずしもベストなものとはいいがたい.サウスウィングでは,経済情勢の変化に迅速に対応して都市開発を進めたい大都市と,農村部を代表する州との間で軋轢もある.

このような課題もあるが,ランドシュタットの事例は,広域ガバナンスや都市・地域戦略の多様な可能性を示しているといえよう.

17.5.2 民主化・地方分権化と新たなガバナンス像の模索:インドネシア・ジャカルタ

インドネシアの首都ジャカルタは典型的なメガシティである.「ジャボデタベックジュール(Jabodetabekjur)」と呼ばれる人口1900万の大都市圏では,目覚ましい経済成長のもと,高層ビルやショッピングモールの建設,郊外ニュータウンの開発が活発に行われる一方,依然として少なからぬ人々が「カンポン(Kampung)」と呼ばれる自然発生的市街地に居住しており,かつ高密で劣悪な居住環境のもとにある(図17.17,17.18).

インドネシアでは1998年にスハルト政権が崩壊すると「改革(reformasi)」の名のもとに民主化,地方分権化とそれに伴う制度改革が進められ,現在,新たなガバナンス像が模索されている.スハルト時代を思わせる中央集権から地方分権への改革はその枢要をなすもので,1999年に成立した地方分権化2法では,中央政府から地方政府へ大

図 17.17 メガシティ・ジャカルタの都心部
経済成長のもと，都心部には高層ビルが林立している．

図 17.18 ジャカルタの二面性
民間ディベロッパーによるショッピングモール開発（左）と自然発生的市街地カンポン（右）．

幅な権限が委譲され[*12]，制度上，州政府と県・市政府の間に上下関係は存在しないとするなど（2004年の法改変で修正），アジア諸国の中でも急激な地方分権化が図られた．
　ガバナンスとの関連で興味深いのは，国家開発計画体系法（法律2004年第25号）に位置づけられた「開発計画会議（Musrengbang）」であろう．開発計画策定過程においてコミュニティレベルから地方（県，市，州），国家レベルに至る開発計画会議が開発され，コミュニティリーダーや宗教リーダー，NGOなど，様々な人々の参加によってボトムアップ的な開発ニーズとトップダウン的な開発ニーズの調整が図られる．ここでは地方分権化を受け，中央政府の指針によらず，地方政府による参加の枠組みを広げるための様々な取組みもみられ，また，インドネシアの開発行政において「社会化（sosialisasi,

---

*12：インドネシアの地方政府には広域自治体「州」と基礎自治体「県」（農村部）または「市」（都市部）がある．

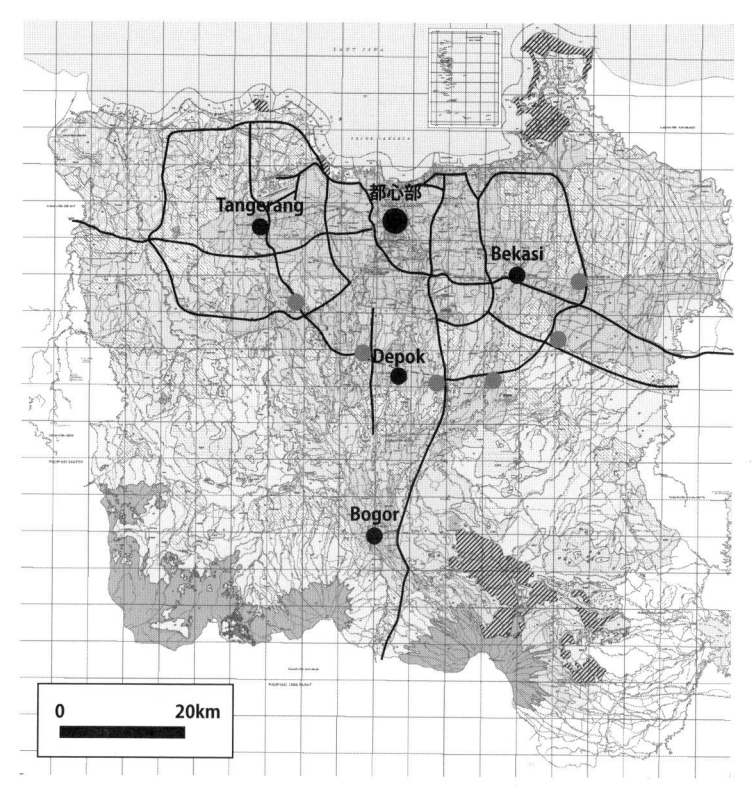

図 17.19 ジャカルタ都市圏の空間計画（空間構造および空間利用計画の方針）水源域の保全と都心部からの分散型開発を志向している（斜線は保全地域，灰色は開発予定の衛星都市）[21].

広く人々の意見を聴いたり周知すること）」という言葉をよく聞くようにもなるなど，地方分権化や参加型開発の主流化により，中央政府から地方政府へ，政府主導からパートナーシップへとガバナンスの枠組みが変容しつつあることの証左でもあろう．

また，インドネシアの都市・地域戦略において特筆すべきは，その枢要を担う空間計画法の改変（法律2007年第26号）であろう．同法により，大都市圏における都市圏空間計画の法的位置づけが強化され，それは当該都市圏内の地方政府の協力のもとで策定されることとなったのである．

都市圏空間計画の第一号である「ジャボデタベックジュール空間計画（Rencana Tata Ruang Kawasan Jabodetabekjur）」は，ジャカルタ首都特別州を中心とする面積およそ 7000 km^2 を対象とするもので，長く都市圏の課題とされてきた水源域の保全と分散型開発を基調としつつ，一体の都市圏として経済開発と環境保全を両立させること

を計画目標としている.将来の空間構造[*13]や空間利用[*14]の方針をみると(図17.19),前者を達成するために南部の河川上流域を保全地域に指定し,後者については都心部からおおむね15~20 km圏に「ジャカルタ第二外環状高速道路(Jalan Lingkar Luar Jakarta Kedua)」を整備し,沿道には既存の衛星都市タンゲラン(Tangerang)・デポック(Depok)・ベカシ(Bekasi)に加えて新たに6つの衛星都市を開発するとしている.ただし,都市圏空間計画はあくまで方針を示したものであるため,その実効性は地方政府(州政府,県・市政府)によって策定される空間計画やゾーニング条例によって担保される.ジャカルタ都市圏ではすべての州政府,県・市政府による「ジャボデタベックジュール開発協力局(BKSP Jabodetabekjur)」などを通して1970年代より協力の枠組みが形成されてはいるものの,地方分権化のもと,地方政府の足並みは必ずしもそろわないようである.

民主化・地方分権化の進むインドネシアにおいて,ジャカルタ都市圏の空間計画の事例は,様々な課題を抱えつつも,アジア諸国のメガシティにおける新たな都市・地域戦略とガバナンスの枠組みを示す嚆矢的事例であり,今後の動向は注目に値しよう.

[片山健介・志摩憲寿]

文　献

18) 片山健介(2012):多核的大都市圏における広域計画とガバナンス形成プロセスに関する研究――オランダ・ランドシュタット大都市圏を事例として.都市計画論文集, **47**(2):144-153.
19) 志摩憲寿(2012):アジア諸国の民主化・地方分権化とガバナンス型都市計画の地平.都市計画, **300**:43-50.
20) Ministerie van Infrastructuur en Milieu (2012):Structuurvisie Infrastructuur en Ruimte.
21) Republik Indonesia (2008):Peraturan Presiden Republik Indonesia Nomor 54 Tahun 2008 tentang Penataan Ruang Kawasan Jakarta, Bogor, Depok, Tangerang, Bekasi, Puncak, Cianjur.

---

*13:市街地とインフラネットワークとの関係を示す.
*14:保全地域と開発地域などの土地利用を示す.

索引

あ行

2項リスクモデル 85
4K 142
100年の森づくり構想 140

BCP 71
BDF 50
BE 49
BOD 26
CBD 166
CCS 171
CDM 165
CO_2 44
CO_2 吸収源 95
CO_2 排出源 95
COD 26, 47
community primary production 150
CUE 39
CV 41
EST 65
EST モデル事業 67
EU 197
EUREGIO 197
Eurodistrict 202
EV 41
FIT 174
Interreg 197
ITS 64
MGB工法 22
net primary production 150
NO_x 44
OSL 20
PM2.5 2, 7
quality of life 68, 94
RTK-GPS 18
SENA 196
SO_x 44
SPM 43
TDM 64
TEB 200
TL 20
TOD 91
Walrasアルゴリズム 40

愛知ターゲット 167
赤潮 147
空き家 103
浅場 147
アダプティヴマネジメント 147
渥美半島表浜海岸保全対策検討会 158
雨粒の衝突エネルギー 139
アムステルダム大都市圏 204
「アメリカ2050」プログラム 134
荒地 138

飯山まなび塾 191
意思決定樹 82
石田梅岩 173
移住・定住支援 188
移植放流 152
維持流量 25
一部事務組合 99
一般環境大気測定局 60
一般局 60
移動発生源 5
—— の環境負荷排出原単位 43, 44
田舎暮らし 188
インターチェンジ 102
インフラ 103
インフラおよび空間計画に関する国土政策戦略 204

上杉鷹山 173
後ろ向き帰納法 84
内家族 111
埋立て 147
埋戻し 152

永続事業 83
エコドライブ 64
越境地域連携 197
越境通勤者 200
越境連携組織 197
エネルギー収支 159
沿岸災害 21
延期オプション 81, 82
遠州灘沿岸海岸保全基本計画 158
沿道対策 64

オイルショック 101
欧州空間発展展望 133
欧州連合 197
応用一般均衡分析 75
応用都市経済モデル 39
オゾン輸送 9
オプションゲーム 80
温室効果ガス 161, 171

か行

海岸侵食 14
介在農地 187
海水ろ過速度 148
開発許可条例 107
開発許可制度 101
開発計画会議 206
開発水準 101
外部費用 159
外部便益 159
買い物難民 125
革新的社会基盤事業 88
拡大産業連関モデル 161
河床材料 145
河床の掘削 144
霞ヶ浦流域 160
課税率 163
河川環境 24
寡占市場 85
河川の類型 28
過疎地域 110
過疎地域自立促進計画 114
過疎法 110
価値収支 159
渇水 25

河畔林　31, 143
カープーリング　64
カーボンニュートラル　49, 180
環境アセスメント制度　65
環境意識　33
環境影響項目の貨幣換算評価　69
環境影響評価法　65
環境管理　33
環境基準　2, 6, 26, 60
環境・経済波及効果モデル　38
環境修復技術　159
環境修復事業　151
環境総合評価　159
環境負荷の削減　164
環境負荷排出原単位　43
乾性沈着　29
間接効用関数　41
間接的な被害　72
完全競争　82
カンポン　205
管理主体　33

気候変動　131
気候変動緩和　171
技術係数　73
機能的都市地域　202
機能分担型連携　124
木の駅　142
基盤サービス　166
基盤整備　101
キャッシュフロー　82
供給サービス　166
協働型連携　124
京都議定書　63, 161, 174
京都議定書目標達成計画　63
居住地の凝集化　98
拠点集落　98
切り捨て残材　177
均衡条件　40
均衡土地需要　40
近代都市計画　90

空間計画　133
空間計画法　207
空間的一般均衡モデル　47
空間の相互作用　47
串団子型のコンパクトシティ　105

クールノーナッシュ均衡　86
クルベジ　172
クレジット制度　179
グローバル化　130

計画堆砂容量　154
蛍光砂　19
経済系空間　96
経済波及効果　74
恵南豪雨　139
結合水　178
限界集落　94
県境地域　193

広域ガバナンス　131
広域巨大災害　94
広域巨大地震災害　93
広域地方計画　136
広域的集約　121
広域的連携態様　124
広域ブロック　194
広域防災拠点　95
広域防災計画　95
広域連携　33, 193
広域連合　99, 196
公害国会　5
光化学スモッグ　5
公共交通網　105
公共投資　194
工業用水　25
航空レーザープロファイラ　17
洪水　25
交通拠点　106
交通公害問題　59
交通市場均衡解　39
交通需要予測モデル　39
交通容量拡大策　64
交通流円滑化対策　64
高度経済成長　100
高流動性社会　96
高齢化・福祉社会　104
国土空間　95
国土形成計画法　92, 136
国土総合開発法　92
国土保全機能　94
国土利用計画法　92
国内排出権取引制度　179
戸数密度　186
国境地域　199

固定価格買取制度　57
固定発生源　5, 44
コミュニティビジネス　197
コミュニティプランナー　172, 173
コンソーシアム　88
コンパクト化　93, 106
コンパクトシティ　91, 104, 111, 121
　　串団子型の——　105

さ　行

再結合ノード　84
最小補償額　41
再生可能エネルギー電力全量固定価格買取制度　174
財政難　120
最大化問題　162
最大支払い意思額　41
最適地域環境税率　162
最適な走行速度　64
サンドバイパス　21
サウスウィングプラットフォーム　204
作業路網　178
削減シナリオ　161
佐久間ダム　154
サステイナビリティ　103
サプライチェーン　71
砂防　13
三遠地域　38
三遠南信サミット　195
三遠南信地域　8, 47, 114, 193
三遠南信トライアングル構想　195
産業連関表　72
山村境界基本調査　140
サンドリサイクル　22
サンドレイズ工法　22

市街化区域　106
市街化調整区域　106
市街地のコンパクト化　106
時間短縮効果　46
事業継続計画　71
資源配分の効率性　74
自主条例　109
市場経済システム　75
地震の事前・事後　71

索　引   *211*

自然営力　144
自然再生事業　145
自然素材　144
持続可能性　68
持続可能な自治体経営　93
持続可能な都市形態　91
持続集落　98
持続的発展　131, 133, 135
湿性沈着　29
質の荒廃　139
私的費用　159
私的便益　159
自動車交通量抑制対策　64
自動車排ガス規制　5
自動車排出ガス測定局　60
自動車部品　73
シナジー効果　88
しなやかな地域社会　95
自排局　60
資本コスト　83
資本ストック　73
シミュレーション　75, 160
市民社会　135
遮音壁　65
社会的革新　88
社会的サービス機能　120
社会的費用　159
社会的便益　159, 162, 163
ジャボデタベックジュール空間計画　207
囚人のジレンマ　87
自由水　178
住宅供給公社　100
住民参加　108
集約化施業　141
集落活性化策　115
集落地　181
集落地域整備法　181
集落地区計画　181
集落内道路　183
集落の形態　115
重力モデル　41
シュタッケルベルク　86
出水時の攪乱　146
樹皮　177
浚渫窪地　152
準都市計画区域　108
順応的管理　147
生涯学習都市　173

商業サービス機能　125
少子高齢化　93, 111, 120
蒸発散　25
正味現在価値　88
乗用車部門の投入構造　73
食料・農業・農村基本法　112
素人山主　142
新規居住者　186
新規参入　83
人口減少　93, 111, 120, 130
人口減少時代　102
人口フレーム　182
森林環境税　112, 141
森林組合　141
森林ボランティア　142
森林・林業基本計画　174

水源涵養機能　94
水源基金　141
水質汚濁物質　161
水質浄化機能　149
垂直的連携　124
水道水源保全基金　169
水平的連携　124
水利権　26
数値模擬実験　149
ストック型管理　37
ストラスブール都市圏共同体　201
スプロール　100
スマートグロース　134
スマートコミュニティ　80
スラム　130

生活系空間　96
生活の質　94
生活用水　25
製材業者　142
政策手段　161
生産者負担主義　161
清浄大気　1
生息環境　146
生存権　113
生態系サービス　166, 168
生態系モデル　151
生態・流域圏　96
成長管理　134
『成長の限界』　90
生物多様性　166

積極的撤退論　111
摂食圧　150
セーフコミュニティ　173
線形化重回帰分析　41
線引き制度　101, 106

相互依存関係　71
総合土砂管理　16, 17
総窒素　47
総量規制　5, 151
総リン　47
素材生産業者　142
外家族　111

　　　　た　行

大気汚染　59
大気汚染物質　2, 161
大気汚染防止法　60
大気環境　1
　──の広域管理　8
体験居住　189
堆砂率　20
代替法　112
タイミングオプション　82
濁水対策　30
濁度　19
多自然川づくり　143
多自然護岸　31
多面的機能　112
炭素クレジット　95
地域科学　75
地域環境税-補助金政策　160
地域環境問題　59
地域間産業連関表　74
地域拠点　97
地域空間戦略　133
地域経済　70
地域圏　113
地域循環圏　56
地域政策　198
地域生存権　113
地域内総生産　76
地域ブランド　57
地縁者　186
地球温暖化係数　163
地球温暖化対策推進法　63
地球温暖化問題　59
地区計画　109, 182

索　引

畜産農家　160
畜産廃棄物　160
地区整備計画　182
地区まちづくり計画　185
地区レベルの計画　108
地形モニタリング　17
地産地消　179
治水　24
地籍調査　140
窒素飽和　29
チップ　175
チップ業者　142
地方分権　131, 135
着色砂　19
中核的都市　97
中山間地域　94, 110
中心拠点　97
中心市街地の空洞化　102
中心地システム　127
中心地指定　128
超過利益　83
　――の劣化速度　85
調整区域地区計画　107, 181
調節サービス　166
直接的な被害　71

低公害車　64
低コスト施業　178
定住自立圏構想　99, 126, 136
底生生物　148
低騒音舗装　65
低炭素社会　93
デルタメトロポリス　204
テレワーク　65
田園地域　181
田園まちづくり計画　185
展開型ゲーム　86
天竜川ダム再編事業　157
電力の充足率　164

ドイツ　122, 127
東海豪雨　139
東海地域　75
動学最適化　73
等価騒音レベル　62
等価的偏差　41
統合政策　198
投資機会の排他性　80
投資決定の柔軟性　81

当事者主権　113
投資の不可逆性　80
道州制　194
投入係数　73
東濃森づくりの会　142
道路構造対策　64
道路交通センサス　38
道路交通騒音　59
特定用途制限地域　108
特別指定区域制度　185
都市縁辺部　181
都市型災害　93
都市型環状線　102
都市計画法　101
都市計画法 34 条 12 号条例　185
都市計画マスタープラン　104, 183, 185
都市郊外　100
都市・地域計画　90, 91
都市地域圏　130
都市のコンパクト化　93
都市の持続可能性　103
土砂管理　13
土砂災害　13
土地市場　40
徒歩圏単位　106
とよた森林学校　143
豊田森林組合　143
トランスボーダー都市　202
トランスボーダー白書　202
トレードオフ　162
トレードオフ関係　70

な 行

内部費用　159
内部便益　159
ナッシュ均衡　86
菜の花事業　52
波による砂礫の選択的供給手法　22

二酸化炭素換算温室効果ガス　164
二酸化炭素排出量　103
日本住宅公団　100
ニューアーバニズム　91, 104
ニュータウン　100

熱ルミネッセンス　20
年金の永続価値式　83
年少人口比率　110
農業用水　25
農振農用地区域　108
農村コミュニティ　103
農地転用許可　108
農薬　29
ノースウィングユトレヒト　204

は 行

バイオ炭　171
バイオマス　48
バイオマスエネルギー化プラント　160
バイオマスタウン　56, 175
バイオマス賦存量　53
排砂ゲート　20
排砂バイパストンネル　20
排出権取引制度　57
排出権取引き　165
排出量取引き　173
売電　165
配当 δ　82
バイパス道路　102
パウダー　175
バーク　177
パーク＆ライド　64
ハゲ山　138
バーゼル　200
バックキャスティング　73
発生源対策　64
パートナーシップ　88, 131
花祭り　118
バブル経済　101
パレート最適　87
搬出残材　177

干潟　145, 147
干潟・浅場造成　152
光励起ルミネッセンス　20
飛砂　19
久山町（福岡県）まちづくり条例　183
非線形計画法　161
非線引き白地区域　108
非線引き都市計画区域　108

索引

ヒ素　27
百姓塾　191
費用便益基準　41
微量温室効果ガス　162
貧酸素化　147
貧酸素水塊　147

ファーストフラッシュ　30
フィジカルプランニング　90
富栄養化　26
フォアキャスティング　73
複眼型の定住自立圏　127
複占市場　85
不耕作地の増大　103
復興投資　71
物質収支　159
部分ゲーム完全均衡　86
浮遊土砂濃度　19
浮遊粒子状物質　43
ブラックショールズ方程式　84
プランニングスクール　172, 173
ブルーバナナ　202
ブルントラント委員会　91
プレカット業者　142
フロー　72
フロー型管理　36, 37
文化サービス　166
分家住宅　185
分流式　30

平均トリップ長　44
ヘッジポートフォリオ法　84
ペレット　175

ポアソン回帰分析　41
防災・減災　71
防災投資　71, 77
放射性物質　3

補償的偏差　41
ボラティリティ　82

ま 行

薪　175
まちづくり協議会　185
まちづくり条例　109
まちづくり推進地区　182
マルチビームソナー　18

水循環　32
水とみどりの森の駅　143
未利用バイオマス　171, 173
民間ディベロッパー　101
民主化　135

無期限アメリカンコール　81
無効分散　152

メガシティ　134
メガ地域　133
メタン発酵　50

木質バイオマス　174
木質パウダーの発熱量　177
木炭　175
目的関数　162
目的税　161
モータリゼーション　101
モーダルシフト　65
モデルシミュレーション分析　160
モビリティマネジメント　65
森づくり会議　141
森づくり条例　140

や 行

矢作川水系森林ボランティア協議会　140

矢作川流域　139, 168
矢作川流域圏懇談会　35
矢作ダム　139

有害大気汚染物質　3
優良農地　187

幼生供給ネットワーク　152
ヨシ原再生　146
四日市ぜんそく　4

ら 行

ランドシュタット　203

リアルオプション　80
利水　24
リスク中立確率　84
立地均衡　40
立地均衡モデル　39
流域管理　159
流域圏　94, 195
流下能力　145
流砂系　17
流出源　28
流入負荷量　147
林地残材　177

連携管理　34

ろ過食性マクロベントス　148
ロードサイドショップ　102
ロードプライシング　65
ローマクラブ　90

わ 行

割引期待値　87
ワンド　31

編著者略歴

<ruby>大<rt>おお</rt></ruby><ruby>貝<rt>がい</rt></ruby> <ruby>彰<rt>あきら</rt></ruby>
1953 年　福岡県に生まれる
1979 年　九州大学大学院工学
　　　　研究科修士課程修了
現　在　豊橋技術科学大学
　　　　大学院工学研究科
　　　　建築・都市システム学系
　　　　教授，工学博士

<ruby>宮<rt>みや</rt></ruby><ruby>田<rt>た</rt></ruby> <ruby>譲<rt>ゆずる</rt></ruby>
1954 年　東京都に生まれる
1980 年　北海道大学大学院環境科学
　　　　研究科博士前期課程修了
現　在　豊橋技術科学大学
　　　　大学院工学研究科
　　　　建築・都市システム学系
　　　　教授，学術博士

<ruby>青<rt>あお</rt></ruby><ruby>木<rt>き</rt></ruby> <ruby>伸<rt>しん</rt></ruby><ruby>一<rt>いち</rt></ruby>
1957 年　香川県に生まれる
1983 年　大阪大学大学院工学研究科
　　　　修士課程修了
現　在　大阪大学大学院工学研究科
　　　　地球総合工学専攻
　　　　教授，工学博士

都市・地域・環境概論
－持続可能な社会の創造に向けて－　　　　定価はカバーに表示

2013 年 4 月 10 日　初版第 1 刷
2016 年 1 月 25 日　　　第 2 刷

　　　　　　　編著者　大　貝　　　彰
　　　　　　　　　　　宮　田　　　譲
　　　　　　　　　　　青　木　伸　一
　　　　　　　発行者　朝　倉　邦　造
　　　　　　　発行所　株式会社　朝　倉　書　店
　　　　　　　　　　　東京都新宿区新小川町 6-29
　　　　　　　　　　　郵便番号　162-8707
　　　　　　　　　　　電　話　03（3260）0141
　　　　　　　　　　　FAX　03（3260）0180
〈検印省略〉　　　　　　http://www.asakura.co.jp

© 2013〈無断複写・転載を禁ず〉　　　　　印刷・製本 東国文化

ISBN 978-4-254-26165-3　C 3051　　Printed in Korea

JCOPY　<（社）出版者著作権管理機構　委託出版物>

本書の無断複写は著作権法上での例外を除き禁じられています．複写される場合は，
そのつど事前に，（社）出版者著作権管理機構（電話 03-3513-6969，FAX 03-3513-
6979，e-mail: info@jcopy.or.jp）の許諾を得てください．